21世纪高职高专创新精品规划教材

SQL Server 2012 项目教程
——分销系统项目导向

主　编　梁竞敏

副主编　宋广科　黄华林　巫志勇

U0286925

中国水利水电出版社
www.waterpub.com.cn

内 容 提 要

本书以项目为导向，采用任务驱动的组织模式，选用分销管理系统模型，深入浅出地将
Microsoft SQL Server 2012 数据库的知识介绍和技能训练有机结合起来，力求实现"教学做"
一体化，重点突出实际技能的训练。

本书实用性强，除预备知识外，共分 8 大任务，每一任务都有明确的任务目标，读者可
通过完成一系列分解的任务从而达到学习目标。

本书可作为高职院校、应用型本科计算机、信息管理等相关专业学生的教材，也可作为
Microsoft SQL Server 2012 数据库软件的培训和自学教材，对于开发信息管理系统的技术人
员来说也有较高的参考价值。

图书在版编目（C I P）数据

SQL Server 2012项目教程：分销系统项目导向 /
梁竞敏主编. -- 北京：中国水利水电出版社，2015.1
21世纪高职高专创新精品规划教材
ISBN 978-7-5170-2725-6

Ⅰ．①S… Ⅱ．①梁… Ⅲ．①关系数据库系统－高等
职业教育－教材 Ⅳ．①TP311.138

中国版本图书馆CIP数据核字(2014)第289180号

策划编辑：杨庆川 责任编辑：李 炎 加工编辑：杨继东 封面设计：李 佳

书　　名	21世纪高职高专创新精品规划教材 **SQL Server 2012 项目教程——分销系统项目导向**
作　　者	主 编 梁竞敏 副主编 宋广科 黄华林 巫志勇
出版发行	中国水利水电出版社 （北京市海淀区玉渊潭南路 1 号 D 座　100038） 网址：www.waterpub.com.cn E-mail：mchannel@263.net（万水） 　　　　sales@waterpub.com.cn 电话：（010）68367658（发行部）、82562819（万水）
经　　售	北京科水图书销售中心（零售） 电话：（010）88383994、63202643、68545874 全国各地新华书店和相关出版物销售网点
排　　版	北京万水电子信息有限公司
印　　刷	北京蓝空印刷厂
规　　格	184mm×260mm　16 开本　17.25 印张　434 千字
版　　次	2015 年 1 月第 1 版　2015 年 1 月第 1 次印刷
印　　数	0001—3000 册
定　　价	32.00 元

凡购买我社图书，如有缺页、倒页、脱页的，本社发行部负责调换

前　　言

数据库（Database）是按照数据结构来组织、存储和管理数据的仓库，是计算机技术中应用最为广泛的一个分支。随着信息技术的高速发展，信息管理系统在各行各业都得到了广泛的应用，信息系统的一个核心就是数据管理，而实现数据管理则必需有数据库系统的支持。

分销系统是企业中应用最为广泛的信息管理系统之一。本书采用了一个标准的分销管理系统模型，以项目为导向，采用任务驱动的组织模式，实现"教学做"一体化，将 Microsoft SQL Server 2012 数据库中的知识介绍和技能训练有机地结合起来。

本书除预备知识外，共分 8 大任务，每一任务都有明确的任务目标，读者通过完成一系列分解的任务训练达成任务目标，掌握相应的知识与技能。同时，在完成所有任务之后，也就完成了一个完整的分销管理系统的设计与开发。另外，本书还提供了一个学生成绩管理系统的项目实训，可用于课后练习或强化训练。

本书注重解决具体问题的方法和技术，淡化枯燥的理论讲解，强调"理论在实践中获得，突出应用，强化技能训练"，按数据库开发工作的规范进行组织。读者按书中任务一步步做下去，不仅可对数据库的知识有比较全面的理解，同时可具备较好的数据库开发技能。

本书各章节的主要内容构成如下：

预备知识：讲解了一些数据库最基本的知识，以及分销系统的需求分析和设计建模的知识。读者通过阅读和完成本部分的任务，可以初步了解数据库的基础概念以及分销系统的架构。

任务 1：分销管理系统的规划和设计方法，以及如何在数据库中实现。通过阅读和完成本任务，读者可以掌握分销系统的架构设计以及相应数据库的创建方法。

任务 2：数据表格的创建和维护。本任务主要通过分销系统的数据表格的创建，数据插入、修改、删除、维护等操作，完成分销系统数据表格的创建以及相应的数据录入。读者通过完成这些任务，可以很好地掌握数据库中的数据表格的操作。

任务 3：对数据表格进行查询操作。包含了基本查询、条件查询、聚合查询、筛选、计算和汇总、内连接外连接查询、交叉查询、联合查询等。通过本任务的练习，读者可以熟练掌握 Select 语句的使用。

任务 4：索引及视图的应用，是对数据库表进行查询的优化解决方案。

任务 5：存储过程的应用。存储过程是数据库开发中非常重要的部分，本任务通过完成几个分销系统中最常见的存储过程，让读者掌握存储过程的设计方法，并初步掌握如何分析这些存储过程的算法。

任务 6：触发器的设计。在一个信息系统中，存在着大量的触发器。触发器的使用像一把双刃剑，设计是否合理，直接影响数据库的性能和效率。本任务清晰地描述了触发器的使用方法，同时还侧重介绍如何合理地设计触发器。

任务 7：关于数据的安全问题。数据库的安全问题是信息系统中必须关注的问题，本任务为读者归纳了数据安全管理中必须掌握的基本技能。

任务 8：主要让读者了解前台的程序如何连接后台的数据库。本书采用了 ASP.NET 为例子，供读者参考。

本书采用项目导向，以任务驱动的组织模式展开，读者在学习过程中，一方面需要多上机练习，另一方面可以采用"不求甚解"的学习方法，也就是如果碰到难以理解的概念、原理，可先不必理会，继续按书中任务往下练习，在逐步练习的过程中，很多难点会随着任务的进行迎刃而解。

本书由梁竞敏任主编，宋广科、黄华林、巫志勇任副主编，其中预备知识至任务 3 由梁竞敏编写，任务 4～7 以及附录、作业部分由宋广科编写，任务 8 由黄华林编写，巫志勇完成全书 SQL 语句的调试校对，梁竞敏负责全书统稿。

如果您在使用本书的过程中有好的想法或建议，或者发现书中的纰漏和笔误，请不吝批评指正。编者的电子邮箱是 gzmliang@126.com。

编　者
2014 年 10 月

目　录

前言

预备知识 ……………………………………… 1
　0.1　数据库概述 …………………………… 1
　0.2　分销系统的需求分析 ………………… 9
　0.3　数据库建模分析 ……………………… 15
任务 1　分销系统数据库的设计与生成 … 25
　1.1　分销系统数据库的规划设计 ………… 25
　　1.1.1　分销系统数据库的需求分析 …… 26
　　1.1.2　分销系统数据库的概念模型设计 … 26
　　1.1.3　分销系统数据库的逻辑设计 …… 27
　1.2　分销系统数据库的创建 ……………… 29
　　1.2.1　SQL Server 数据库基本知识 …… 29
　　1.2.2　使用 SQL Server Management
　　　　　 Studio 创建数据库 …………… 32
　　1.2.3　Transact-SQL 创建数据库 ……… 33
　　1.2.4　Transact-SQL 删除数据库 ……… 35
任务 2　表的创建与维护 ………………… 36
　2.1　SQL Server 表概述 …………………… 36
　　2.1.1　数据表的概念 ………………… 37
　　2.1.2　表的类型 ……………………… 37
　　2.1.3　系统数据类型 ………………… 38
　2.2　分销系统数据表的创建与维护 ……… 41
　　2.2.1　分销系统中的表 ……………… 41
　　2.2.2　使用 SQL Server Management Studio
　　　　　 创建表 ………………………… 47
　　2.2.3　使用 Transact-SQL 创建表 …… 54
　　2.2.4　使用 Transact-SQL 修改表结构 … 57
　　2.2.5　删除表 ………………………… 58
　2.3　实现数据库的完整性 ………………… 59
　　2.3.1　规则 …………………………… 59
　　2.3.2　约束 …………………………… 60
　2.4　插入、修改和删除分销系统数据表
　　　 的数据 ………………………………… 67
　　2.4.1　使用 SQL Server Management Studio

　　　　　 对表数据进行维护 …………… 71
　　2.4.2　使用 Transact-SQL 对表数据
　　　　　 进行维护 …………………… 72
任务 3　对分销系统数据库进行查询操作 … 76
　3.1　基本查询 ……………………………… 76
　　3.1.1　SELECT 语句的语法格式 ……… 77
　　3.1.2　SELECT 子句 ………………… 77
　　3.1.3　WHERE 子句 ………………… 81
　　3.1.4　ORDER BY 子句 ……………… 86
　3.2　包含聚合函数的高级查询 …………… 87
　　3.2.1　常用的聚合函数 ……………… 87
　　3.2.2　分组筛选 ……………………… 88
　3.3　嵌套查询 ……………………………… 90
　　3.3.1　IN 子查询 ……………………… 90
　　3.3.2　比较子查询 …………………… 92
　3.4　连接查询 ……………………………… 94
　　3.4.1　连接谓词 ……………………… 94
　　3.4.2　JOIN 关键字 ………………… 95
　　3.4.3　内连接 ………………………… 95
　　3.4.4　外连接 ………………………… 97
　　3.4.5　交叉连接 ……………………… 99
　　3.4.6　自连接 ………………………… 99
　3.5　联合查询 ……………………………… 100
任务 4　分销系统数据库索引和视图的设计 … 103
　4.1　分销系统索引的设计 ………………… 103
　　4.1.1　索引的基础知识 ……………… 104
　　4.1.2　索引的分类 …………………… 105
　　4.1.3　索引的操作 …………………… 107
　　4.1.4　设置索引的选项 ……………… 109
　　4.1.5　分销系统中的索引 …………… 110
　4.2　分销系统视图的设计 ………………… 110
　　4.2.1　视图的概念 …………………… 111
　　4.2.2　视图的创建 …………………… 112

4.2.3　管理视图 ································ 114

4.2.4　视图的应用 ···························· 116

4.2.5　分销系统中的视图 ················· 117

任务 5　数据库存储过程的规划与设计 ········119

5.1　SQL Server 存储过程概述 ············119

5.1.1　存储过程的概念 ···················119

5.1.2　创建和执行存储过程 ············ 120

5.1.3　游标 ······························· 122

5.1.4　事务 ······························· 124

5.2　分销系统存储过程的创建 ·········· 126

5.2.1　项目中需要设计的存储过程 ···· 126

5.2.2　库存计算存储过程设计实例 ···· 126

5.2.3　项目中其他需要设计的存储过程 ··· 128

任务 6　触发器的规划与设计 ·············· 132

6.1　SQL Server 触发器基础知识 ·········· 132

6.1.1　触发器的概念 ···················· 132

6.1.2　触发器的分类 ···················· 132

6.1.3　触发器的创建 ···················· 134

6.1.4　触发器的实例 ···················· 137

6.1.5　查看、修改和删除触发器 ········· 139

6.1.6　DDL 触发器 ······················· 142

6.2　分销系统触发器的设计 ·············· 146

6.2.1　分销系统触发器规划 ············· 146

6.2.2　分销系统触发器设计 ············· 146

任务 7　数据库安全管理与维护 ············ 151

7.1　数据库安全管理概述 ················· 151

7.1.1　SQL Server 2012 的安全机制 ········ 151

7.1.2　SQL Server 的身份验证模式 ········ 152

7.1.3　SQL Server 账户管理 ·············· 153

7.1.4　管理数据库用户 ··················· 156

7.1.5　角色 ······························· 158

7.1.6　权限管理 ··························· 159

7.1.7　创建新的登录账户 ················· 161

7.1.8　创建和管理数据库用户 ············ 165

7.2　数据库维护概述 ······················ 166

7.2.1　数据库备份和恢复概述 ············ 166

7.2.2　数据库备份操作 ··················· 167

7.2.3　数据库还原操作 ··················· 168

7.2.4　数据库分离操作 ··················· 171

7.2.5　数据库附加操作 ··················· 172

7.2.6　数据库维护计划操作 ··············· 174

7.3　分销系统安全管理与维护 ··········· 179

7.3.1　添加数据库用户 ··················· 179

7.3.2　分销系统数据库备份 ·············· 180

7.3.3　分销系统数据库还原 ·············· 180

7.3.4　分销系统数据库分离 ·············· 181

7.3.5　分销系统数据库附加 ·············· 181

7.3.6　分销系统数据库维护计划 ········· 181

任务 8　ASP.NET 连接数据库 ············· 183

8.1　什么是 ASP.NET ······················ 183

8.1.1　.NET Framework ···················· 183

8.1.2　ASP.NET 新特性 ···················· 183

8.2　ASP.NET 的安装 ····················· 185

8.2.1　需要什么 ··························· 185

8.2.2　Visual Studio .NET ·················· 185

8.3　.NET Web 页面访问分销系统数据库 ··· 185

8.3.1　Web Form ·························· 185

8.3.2　我的第一个 Page ·················· 186

8.3.3　Web Form 连接数据库 ············· 187

本书 SQL 语句汇总 ························· 200

作业　学生成绩管理系统 ··················· 246

预备知识

0.1 数据库概述

1. 什么是数据库

数据库是计算机学科领域中发展最为迅速的重要分支，在各行各业中得到了非常广泛的应用。

在日常工作中，常常需要把某些相关的数据放进"仓库"，并根据管理的需要进行相应的处理。例如，企业或事业单位的人事部门为了方便管理，常常需要把本单位职工的基本情况（职工号、姓名、出生年月、性别、籍贯、工资等）存放在如下的职工基本情况表（表 0-1）中。

表 0-1　职工基本情况表

职工号	姓名	出生年月	性别	籍贯	工资
zs100001	蔡碧清	1982-6-4	女	广东新会	5000
zs100002	陈洪明	1963-5-7	男	湖南郴州	4500
zs100003	党少申	1982-3-9	男	湖北武汉	3100
zs100004	龚自真	1986-10-10	男	云南大理	3200
zs100005	何少华	1975-3-1	女	广西百色	4600

我们可以把表 0-1 看成是一个数据库中的一张数据表，它存储了员工的相关信息，当很多张这种表格放在一起就组成了记录各种数据的"数据仓库"。有了这个"数据仓库"我们就可以根据需要随时查询职工的各种情况。以往这类表格的内容我们是记录在纸张上，需要查询什么数据就去翻开相应的表格并找到相应的记录就可以了。如果有几百张表格，而且每张表格的数据很多，达到上千上万甚至数十万条的数据，用传统纸质表格存储这些数据的，查看、更新等操作的效率就相当缓慢，但当我们把这些数据存储在计算机里，效率就可以得到很大的提高。因此可以这么理解：所谓数据库，就是将我们所需要的相关数据用计算机存储起来的一个"数据仓库"。在财务管理、仓库管理、学生学籍管理、图书馆藏书管理、生产管理等也同样需要建立众多的这种"数据仓库"。数据库在信息管理工作中不可或缺，是所有信息管理系统的核心组成部分。

总而言之，初学者不必要把数据库看得很深奥，简单地理解为"把各数据表按照一定数据结构来组织、存储和管理数据的仓库"就可以了。

J.Martin 给数据库下了一个比较完整的定义：数据库是存储在一起的相关数据的集合，这些数据是结构化的，无有害的或不必要的冗余，并为多种应用服务；数据的存储独立于使用它的程序；对数据库插入新数据，修改和检索原有数据均能按一种公用的和可控制的方式进行。当某个系统中存在结构上完全分开的若干个数据库时，则该系统包含一个"数据库集合"。

使用数据库可以带来许多好处，例如对于用户来说提高了查询的效率和准确性，从数据管理角度来说减少了数据的冗余度，节省了数据的存储空间，还可以实现数据资源的充分共享等。数据库技术还为用户提供了非常简便的使用手段，使用户易于编写有关数据库应用程序等。近年来推出的运行于微型计算机的关系数据库管理系统如 MS-SQL Server、Oracle、Access 等，操作直观，使用灵活，编程方便，数据处理能力极强，而且随着计算机硬件的飞速发展，这些关系数据库管理系统的数据处理能力甚至已经超过了早期的小型机的数据处理能力。

在计算机中，数据库是通过数据库管理系统（Database Management System，DBMS）软件来实现数据的存储、管理与使用的，例如上面所提到的 MS-SQL Server、Oracle、Access 等就是数据库管理系统软件。

数据库通常分为层次式数据库、网络式数据库和关系式数据库 3 种。而不同的数据库是按不同的数据结构来联系和组织的。本书不打算详细介绍这 3 种数据库的技术细节，目前微型计算机上常用的数据库主要还是基于关系结构模型的，这里着重介绍关系数据库的一些基本概念。

2. 关系数据库

关系数据库中的所谓"关系"，是数学上的一种二元关系的描述，我们可以简单地把关系数据库理解为最常见的二维表格的集合（一个数据库由许许多多的二维表组成）。

关系式数据结构把一些复杂的数据结构归结为简单的二元关系。例如表 0-1 就是一个二元关系。这个 6 行 6 列的表格的每一列称为一个字段（即属性），字段名相当于标题栏中的标题（属性名称）；表的每一行是包含了 6 个属性（职工号、姓名、出生年月、性别、籍贯、工资）的一个六元组，即一个人的记录。这个表格清晰地反映出该单位职工的基本情况。

表中每一行表示一条记录值，每一列表示一个属性（即字段或数据项）。表 0-1 共有 5 条记录，每个记录包含 6 个属性。

作为一个关系的二维表，必须满足以下条件：

（1）表中每一列必须是基本数据项（即不可再分解）。

（2）表中每一列必须具有相同的数据类型（例如字符型或数值型）。

（3）表中每一列的名字必须是唯一的。

（4）表中不应有内容完全相同的行。

（5）行的顺序与列的顺序不影响表格中所表示的信息的含义。

由关系数据结构组成的数据库系统被称为关系数据库系统，对于初学者而言，可以这么认为：所谓关系数据库，就是很多关系表格（二维表格）的集合。而对关系数据的操作，就是对关系型数据库管理系统（DBMS）中的某个或多个表格的操作，包括通过关系表格的创建，数据的插入、查询、连接、删除等运算来实现数据的管理。MS-SQL Server、Oracel、Access、MySQL 等就是这类数据库管理系统的典型代表。

3. SQL 简介

SQL 是英文 Structured Query Language 的缩写，意为结构化查询语言。按照 ANSI（美国国家标准协会）的规定，SQL 被作为关系型数据库管理系统的标准语言。SQL 语句用于执行前面所提及的各种各样的数据库操作，主要包括数据库的创建与删除，数据表格的创建、更新、删除，数据表格中数据的输入、更新、查询等。目前，绝大多数流行的关系型数据库管理系统，如 Oracle、Sybase、MS-SQL Server、Access 等都遵循了 SQL 语言标准。虽然很多数据库系统都对 SQL 语句进行了再开发和扩展，但包括 Select、Insert、Update、Delete、Create，以及 Drop 在内的标准的 SQL 命令仍然可以被用来完成几乎所有的数据库操作。

SQL 数据库的数据体系结构中，关系模式（模式）称为"基本表"（base table）；存储模式（内模式）称为"存储文件"（stored file）；子模式（外模式）称为"视图"（view）；元组称为"行"（row）；属性称为"列"（column）。

SQL 数据库的组成结构如下：

（1）一个 SQL 数据库是表（table）的集合，它由一个或多个 SQL 模式定义。

（2）一个 SQL 表由行集构成，行是列的序列（集合），列与行的交叉处对应一个数据项。

（3）一个表或者是一个基本表或者是一个视图。基本表是实际存储在数据库的表，而视图是由若干基本表或其他视图构成的表的定义。

（4）一个基本表可以跨一个或多个存储文件，一个存储文件也可以存放一个或多个基本表。每个存储文件与外部存储中的一个物理文件对应。

（5）用户可以用 SQL 语句对视图和基本表进行查询等操作。从用户角度来看，视图和基本表是一样的，没有区别，都是关系（表格）。

（6）SQL 用户可以是应用程序，也可以是终端用户。SQL 语句可嵌入在宿主语言的程序中使用，宿主语言有 FORTRAN、COBOL、PASCAL、PL/I、C 和 Ada 语言等。SQL 用户也能作为独立的用户接口，供交互环境下的终端用户使用。

下面通过一个案例练习来初步认识 SQL 语句的主要特点。

案例描述：

在正确安装 MS-SQL Server 系统后，运行 SQL Server Management Studio，进入系统后运行"新建查询"，分别如图 0-1 和图 0-2 所示。

图 0-1

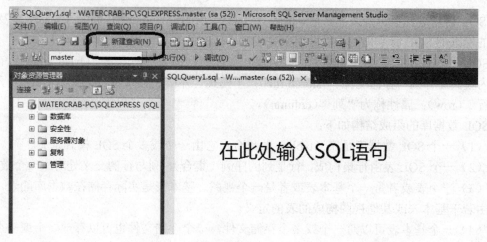

图 0-2

（1）创建一个数据库 my_first_database。

在查询窗口输入以下 SQL 语句，然后用鼠标选中该语句，单击菜单栏上的"执行"按钮，执行完毕后在查询窗口的下方显示"命令已成功完成"，同时在"对象资源管理器"中，可以看到新建成功的数据库图标，如图 0-3 所示。请留意图中圈起的部分。

```
create database my_first_database
```

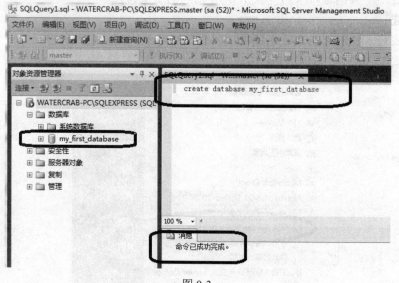

图 0-3

（2）建立如表 0-1 所示结构的二维数据表 employee。

同理，在查询窗口输入以下 SQL 语句，然后用鼠标选中该语句，单击菜单栏上的"执行"按钮，创建第一张二维数据表 employee，表格结构参考表 0-1。

```
create table employee  (职工号     char(10),
                        姓名       varchar(12),
                        出生年月   date,
                        性别       char(4),
```

籍贯　　　　　varchar(10),

工资　　　　　numeric(10,2)　　)

成功运行语句后可在"对象资源管理器"中找到新建的表格，如图 0-4 所示。

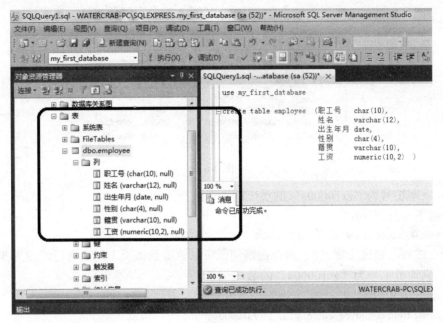

图 0-4

（3）将表 0-1 中的数据插入 employee 表中。

执行以下几条 SQL 语句，插入数据到 employee 表中：

```
insert into employee values('zs100001','蔡碧清', '1982-06-04', '女', '广东新会',5000)
insert into employee values('zs100002','陈洪明', '1963-5-7', '男', '湖南郴州',4500)
insert into employee values('zs100003','党少申', '1982-3-9', '男', '湖北武汉',3100)
insert into employee values('zs100004','龚自真', '1986-10-10', '男', '云南大理',3200)
insert into employee values('zs100005','何少华', '1975-3-1', '女', '广西百色',4600)
```

（4）查询 employee 表所有的员工信息。

执行以下 SQL 语句：

```
select * from employee
```

在查询窗口中显示如图 0-5 所示结果。

```
select * from employee
```

	职工号	姓名	出生年月	性别	籍贯	工资
1	zs100001	蔡碧清	1982-06-04	女	广东新会	5000.00
2	zs100002	陈洪明	1963-05-07	男	湖南郴州	4500.00
3	zs100003	党少申	1982-03-09	男	湖北武汉	3100.00
4	zs100004	龚自真	1986-10-10	男	云南大理	3200.00
5	zs100005	何少华	1975-03-01	女	广西百色	4600.00

图 0-5

（5）查询 employee 表中工资大于 4000 元的员工的信息。

执行以下 SQL 语句：

```
select * from employee where 工资>4000
```

结果如图 0-6 所示，只有符合条件（工资>4000）的员工信息才显示出来。

```
select * from employee where 工资>4000
```

	职工号	姓名	出生年月	性别	籍贯	工资
1	zs100001	蔡碧清	1982-06-04	女	广东新会	5000.00
2	zs100002	陈洪明	1963-05-07	男	湖南郴州	4500.00
3	zs100005	何少华	1975-03-01	女	广西百色	4600.00

图 0-6

（6）将职工号为"zs100003"的员工的工资改为 5000 元。

执行以下 SQL 语句：

```
update employee set 工资=5000 where 职工号='zs100003'
```

执行完成后，通过步骤（5）的查询语句就可以查看到该员工的工资已经改为 5000。

（7）删除员工号为"zs100004"的数据记录。

执行以下 SQL 语句：

```
delete from employee where 职工号='zs100004'
```

执行完成后，通过步骤（5）的查询语句就可以查看到该员工的信息在表中已经不存在。

（8）删除数据表 employee。

执行以下 SQL 语句：

```
drop table employee
```

执行完成后，表 employee 在数据库中不复存在。

（9）删除数据库 my_first_database。

执行以下 SQL 语句：

```
use master
drop database my_first_database
```

以上例子中相关的详细知识将在书中逐步介绍，读者先大概了解即可。

SQL 语句是非常简洁、高效的语句，核心的操作动词主要就是上面例子中的 create、insert、select、update、delete、drop 共 6 个，几乎所有的关系数据库系统软件都支持这些基本语句。

数据库系统正是利用了这些简洁而高效的 SQL 语句完成包括了对数据库的创建与删除，数据表格的创建、更新、删除，数据表格中数据的输入、更新、查询等操作。这些几乎所有的关系数据库系统软件都支持的 SQL 语句也就是我们常听到的"标准 SQL 语句"或 ANSI-SQL 语句。

除了标准 SQL 语句外，各大厂商所开发的数据库系统软件在其实践过程中都对 SQL 规范作了某些编改和扩充，其中微软 MS-SQL Server 系统所使用的是 Transact-SQL（简称 T-SQL）语句标准。

另外，对数据库的操作传统上都是使用 SQL 语句，后来各厂商也分别开发出了方便用户使用的图形工具，使得用户在数据库的操作上更直观、方便。

4. *数据库范式设计基本知识

关系数据库设计是需要遵守一定的规则的，尤其是数据库设计范式。如果不遵守这些范式，往往会出现数据库表组织凌乱、数据大量冗余等问题，由于初学者理解范式往往有些困难，这里先简单介绍 1NF（第一范式）、2NF（第二范式）、3NF（第三范式）和 BCNF。如果读者对范式的内容觉得吃力或不能理解，可以先跳过直接往下学习，当对数据库有了一定理解以后再来理解范式会更好。

5. 第一范式（1NF）

在关系模式 R 中的每一个具体关系 r 中，如果每个属性值都是不可再分的最小数据单位，则称 R 是第一范式的关系。例如：职工号、姓名、电话号码组成一个表（一个人可能有一个单位电话号码和一个住宅电话号码），规范成为 1NF 有 3 种方法：

（1）重复存储职工号和姓名。这样，关键字只能是电话号码。

（2）职工号为关键字，电话号码分为单位电话和住宅电话两个属性。

（3）职工号为关键字，但强制每条记录只能有一个电话号码。

以上 3 种方法中第 1 种方法最不可取，可按实际情况选取后两种情况。

6. 第二范式（2NF）

如果关系模式 R(U,F)中的所有非主属性都完全依赖于任意一个候选关键字，则称关系 R 是属于第二范式的。

例：选课关系 SC(SNO,CNO,GRADE,CREDIT)，其中 SNO 为学号，CNO 为课程号，GRADE 为成绩，CREDIT 为学分。由以上条件可知该关系关键字为组合关键字(SNO,CNO)。

在应用中使用以上关系模式有以下问题：

（1）数据冗余，假设同一门课由 40 个学生选修，学分就重复 40 次。

（2）更新异常，若调整了某课程的学分，相应的元组 CREDIT 值都要更新，有可能会出现同一门课学分不同。

（3）插入异常，如计划开新课，由于没人选修，没有学号关键字，只能等有人选修才能把课程和学分存入。

（4）删除异常，若学生已经结业，从当前数据库删除选修记录。某些门课程新生尚未选修，则此门课程及学分记录无法保存。

原因：非关键字属性 CREDIT 仅函数依赖于 CNO，也就是 CREDIT 部分依赖组合关键字(SNO,CNO)而不是完全依赖。

解决方法：分成两个关系模式 SC1(SNO,CNO,GRADE)，SC2(CNO,CREDIT)。新关系包括两个关系模式，它们之间通过 SC1 中的外关键字 CNO 相联系，需要时再进行自然联接，恢复原来的关系。

7. 第三范式（3NF）

如果关系模式 R(U,F)中的所有非主属性对任何候选关键字都不存在传递信赖，则称关系 R 是属于第三范式的。

例：关系 S1(SNO,SNAME,DNO,DNAME,LOCATION)各属性分别代表学号、姓名、所在系、系名称、系地址。

关键字 SNO 决定各个属性。由于是单个关键字，没有部分依赖的问题，肯定是 2NF。但此关系肯定有大量的冗余，有关学生所在系的几个属性 DNO,DNAME,LOCATION 将重复存储，插入、删除和修改时也将产生类似上例的情况。

原因：关系中存在传递依赖造成的。即 SNO -> DNO，而 DNO -> SNO 却不存在，DNO -> LOCATION，因此关键字 SNO 对 LOCATION 函数决定是通过传递依赖 DNO -> LOCATION 实现的。也就是说，SNO 不直接决定非主属性 LOCATION。

解决目的：每个关系模式中不能留有传递依赖。

解决方法：分为两个关系 S(SNO,SNAME,DNO)，D(DNO,DNAME,LOCATION)

注意：关系 S 中不能没有外关键字 DNO。否则两个关系之间就会失去联系。

8．BCNF

如果关系模式 R(U,F)的所有属性（包括主属性和非主属性）都不传递依赖于 R 的任何候选关键字，那么称关系 R 是属于 BCNF 的。或者关系模式 R 的每个决定因素都包含关键字（而不是被关键字所包含），则是 BCNF 的关系模式。

例：配件管理关系模式 WPE(WNO,PNO,ENO,QNT)分别表示仓库号、配件号、职工号、数量。有以下条件：

（1）一个仓库有多个职工。

（2）一个职工仅在一个仓库工作。

（3）每个仓库里一种型号的配件由专人负责，但一个人可以管理几种配件。

（4）同一种型号的配件可以分放在几个仓库中。

分析：由以上得 PNO 不能确定 QNT，而由组合属性(WNO,PNO)来决定，存在函数依赖(WNO,PNO)->QNT。由于每个仓库里的一种配件由专人负责，而一个人可以管理几种配件，所以有组合属性(WNO,PNO)才能确定负责人，有(WNO,PNO)-> ENO。因为一个职工仅在一个仓库工作，有 ENO->WNO。由于每个仓库里的一种配件由专人负责，而一个职工仅在一个仓库工作，有(ENO,PNO)-> QNT。

找一下候选关键字，因为(WNO,PNO) -> QNT，(WNO,PNO)-> ENO，因此(WNO,PNO)可以决定整个元组，是一个候选关键字。根据 ENO->WNO，(ENO,PNO)->QNT，故(ENO,PNO)也能决定整个元组，为另一个候选关键字。属性 ENO、WNO、PNO 均为主属性，只有一个非主属性 QNT。它对任何一个候选关键字都是完全函数依赖的，并且是直接依赖，所以该关系模式是 3NF。

分析一下主属性。因为 ENO->WNO，主属性 ENO 是 WNO 的决定因素，但是它本身不是关键字，只是组合关键字的一部分。这就造成主属性 WNO 对另外一个候选关键字(ENO,PNO)的部分依赖，因为(ENO,PNO)-> ENO，但反过来不成立，而 PNO->WNO，故(ENO,PNO)-> WNO 也是传递依赖。

虽然没有非主属性对候选关键字的传递依赖，但存在主属性对候选关键字的传递依赖，同样也会带来麻烦。如一个新职工分配到仓库工作，但暂时处于实习阶段，没有独立负责对某些配件的管理任务。由于缺少关键字的一部分 PNO 而无法插入到该关系中去。又如某个人改成不管配件了而去负责安全，则在删除配件的同时该职工也会被删除。

解决办法：分成管理关系 EP(ENO,PNO,QNT)，关键字是(ENO,PNO)；工作关系 EW(ENO,WNO)，其关键字是 ENO。

缺点：分解后函数依赖的保持性较差。如此例中，由于分解，函数依赖(WNO,PNO)-> ENO 丢失了，因而对原来的语义有所破坏。没有体现出每个仓库里一种部件由专人负责。有可能出现一个部件由两个人或两个以上的人来同时管理。因此，分解之后的关系模式降低了部分完整性约束。

一个关系分解成多个关系，要使得分解有意义，最起码的要求是分解后不丢失原来的信息。这些信息不仅包括数据本身，而且包括由函数依赖所表示的数据之间的相互制约。进行分解的目标是达到更高一级的规范化程度，但是分解的同时必须考虑两个问题：无损联接性和保持函数依赖。有时往往不可能做到既保持无损联接性，又完全保持函数依赖。需要根据需要进行权衡。

从 1NF 直到 BCNF 的 4 种范式之间有如下关系：

$$BCNF \subseteq 3NF \subseteq 2NF \subseteq 1NF$$

目的：规范化目的是使结构更合理，消除存储异常，使数据冗余尽量小，便于插入、删除和更新。

原则：遵从概念单一化"一事一地"原则，即一个关系模式描述一个实体或实体间的一种联系。规范的实质就是概念的单一化。

方法：将关系模式投影分解成两个或两个以上的关系模式。

要求：分解后的关系模式集合应当与原关系模式"等价"，即经过自然联接可以恢复原关系而不丢失信息，并保持属性间合理的联系。

注意：一个关系模式继续分解可以得到不同关系模式集合，也就是说分解方法不是唯一的。最小冗余的要求必须以分解后的数据库能够表达原来数据库的所有信息为前提来实现。其根本目标是节省存储空间，避免数据不一致性，提高对关系的操作效率，同时满足应用需求。实际上，并不一定要求全部模式都达到 BCNF 不可。有时故意保留部分冗余可能更方便数据查询。尤其对于那些更新频度不高，查询频度极高的数据库系统更是如此。

在关系数据库中，除了函数依赖之外还有多值依赖、联接依赖的问题，从而提出了第四范式、第五范式等更高一级的规范化要求。一般在数据库设计中比较少用到，这里就不介绍了。

0.2 分销系统的需求分析

1. 分销系统简介

分销管理系统是流通性企业所使用的最常见的信息系统，其目标是实时为大中型生产企业以及商品流通批发企业提供分销价值链合作伙伴、企业分支机构和（或）专卖店的订货、虚拟库存、销售退货等方面的即时和汇总数据，同时这些数据可以按照单品、产品分类、地域、分销机构统计，为企业调整订货计划、产品市场策略等提供更加准确的决策依据。由于互联网的快速发展，分销管理系统更得到广泛的应用。本书中将以一个简化的分销系统来展开数据库的学习。

2. 分销系统的总体结构

简单的分销系统主要包括采购管理模块、仓库管理模块、销售管理模块和财务管理模块。图 0-7 是典型分销系统的结构图。

3. 功能描述

（1）采购管理模块。

采购管理系统主要核算企业采购货品的业务过程，可以与供应商签订相应的订单，然后在收到货品时根据订单为货品办理入库手续。采购货款则可以通过付款单予以支付。该模块的主要处理对象为供应商资料和采购订单，具体如图 0-8 至图 0-10 所示。

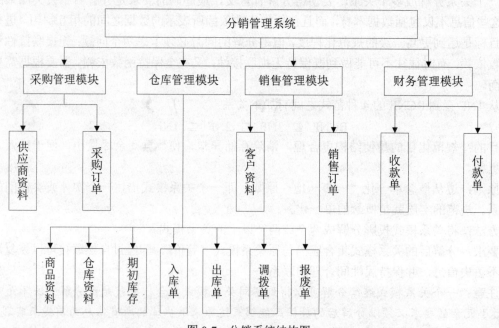

图 0-7　分销系统结构图

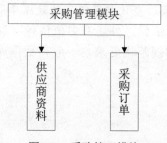

图 0-8　采购管理模块

供应商资料

供应商编码：G0001 供应商名称：金花食品有限公司

联系人：张三风电话：020-88888888

传真：020-88888888

地址：广州市北京路 219 号

图 0-9　供应商资料

（2）销售管理模块。

销售管理模块提供客户管理、销售订货信息管理等。由分销系统根据现有的库存情况，将对应商品办理出库手续，并通过收款单收取客户所欠的货款。该模块的主要处理对象为销售订单和客户资料，具体如图 0-11 至图 0-13 所示。

采购订单								
采购订单号：CG0001			日期：2008-12-25					
供应商编码：G0001 供应商名称：金花食品有限公司								
联系人：张三风联系电话：020-88888888								
总金额： 1900								
备注：								
序号	商品编码	商品名称	规格型号	单位	数量	单价	金额	备注
01	SP01	美好时光海苔	10X5 克/包	包	100	15	1500	
02	SP002	洽洽瓜子	250 克/包	包	200	2	400	

图 0-10　采购订单

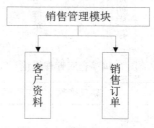

图 0-11　销售管理模块

销售订单								
销售订单号：XS0001			日期：2008-12-25					
客户编码： C0001			客户名称：好又多超市					
联系人：张三联系电话：020-85530888								
送货地址：中山五路 219 号								
总金额： 2600								
备注：								
序号	商品编码	商品名称	规格型号	单位	数量	单价	金额	备注
01	SP001	美好时光海苔	10X5 克/包	包	100	20	2000	
02	SP002	洽洽瓜子	250 克/包	包	200	3	600	

图 0-12　销售订单

客户资料

客户编码：C0001 客户名称：好又多超市

联系人：张三电话：020-85530888

传真：020-85530888

地址：中山五路 219 号

送货地址：中山五路 219 号

图 0-13　客户资料

（3）仓库管理模块。

仓库管理模块主要对商品资料进行维护，并配合销售模块和采购模块进行相应的出库、入库的操作。仓库管理模块还提供对不同仓库的库存管理，包括期初库存、仓库之间的商品调拨，仓库商品报废的功能。该模块的主要处理对象包括商品资料、仓库资料、期初库存、入库单、出库单、调拨单和报废单，具体如图 0-14 至图 0-21 所示。

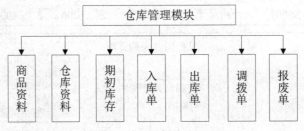

图 0-14　仓库管理模块

商品资料

商品编码：SP001 商品名称：美好时光海苔

规格型号：10X5 克/包单位：包

主供应商编码：C0001 参考单价　　　15

备注：

图 0-15　商品资料

仓库资料

仓库编码：CK0001　　　　　　　　仓库名称：海珠食品仓

仓库位置：新港西路 219 号

备注：存放食品类商品

仓位编码	仓位名称	备注
A	A 区	
B	B 区	
C	C 区	

图 0-16　仓库资料

期初库存

仓库编码：CK0001　　　　　　　仓库名称：海珠食品仓

商品编码：SP001 商品名称：美好时光海苔

规格型号：10X5 克/包 单位：包

期初数量：1000 期初单价　　　　15

期初金额：　　15000

备注：

图 0-17　期初库存

入库单

入库单号：CG0001　　　　　　　日期：2008-12-25

供应商编码：G0001 供应商名称：金花食品有限公司

联系人：张三风联系电话：020-88888888

总金额：　　　1900

备注：

序号	采购订单号	商品编码	商品名称	规格型号	单位	数量	单价	金额	仓库编码	仓位编码	备注
01	CG0001	SP01	美好时光海苔	10X5 克/包	包	100	15	1500	CK0001	A	
02	CG0001	SP002	洽洽瓜子	250 克/包	包	200	2	400	CK0001	B	

图 0-18　入库单

出库单

出库单号：　　CG0001　　　　　日期：2008-12-25

客户编码：　　C0001　　　　　　客户名称：好又多超市

联系人：张三联系电话：020-85530888

送货地址：中山五路 219 号

总金额：　　　2600

备注：

序号	销售订单号	商品编码	商品名称	规格型号	单位	数量	单价	金额	仓库编码	仓位编码	备注
01	XS0001	SP001	美好时光海苔	10X5 克/包	包	100	20	2000	CK0001	A	
02	XS0001	SP002	洽洽瓜子	250 克/包	包	200	3	600	CK0001	B	

图 0-19　出库单

调拨单

调拨单号：	DB0001	调拨日期：2008-12-25
调出仓库编码：CK0001		调出仓位编码：A
调入仓库编码：CK0002		调入仓位编码：A
调拨人：吴海		
备注：		

序号	商品编码	商品名称	规格型号	单位	可用库存	调拨数量	备注
01	SP001	美好时光海苔	10X5 克/包	包	100	20	

图 0-20　调拨单

报废单

报废单号：	BF0001	报废日期：2008-12-25
报废人：吴海		
备注：		

序号	仓库编码	仓位编码	商品编码	商品名称	规格型号	单位	报废数量	报废原因	备注
01	CK0001	A	SP001	美好时光海苔	10X5 克/包	包	5	包装破损	

图 0-21　报废单

（4）财务管理模块。

财务管理模块主要是对应收款、应付款的管理。包括对应销售模块的收款单和采购模块的付款单，并对应收款、应付款进行维护。该模块主要处理对象为收款单和付款单。具体如图 0-22 至图 0-24 所示。

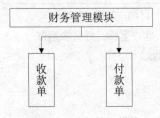

图 0-22　财务管理模块

收款单

收款单号：	SK0001	收款日期：2008-12-25
客户编码：	C0001	客户名称：好又多超市
应收总额：	50000	收款金额：	20000
备注：		

图 0-23　收款单

```
                              付款单

付款单号：     BF0001              付款日期：2008-12-25

供应商编码：G0001 供应商名称：金花食品有限公司

应付总额：      30000           付款金额：      20000

备注：
```

图 0-24 付款单

0.3 数据库建模分析

数据库建模指的是对现实世界各类数据的抽象组织，确定数据库需管辖的范围、数据的组织形式等直至转化成现实的数据库。将经过系统分析后抽象出来的概念模型转化为物理模型后，在 Visio 或 PowerDesigner 等工具建立数据库实体以及各实体之间关系的过程（实体一般是表）。

在数据库建模时，一般根据现有的表格对其中的数据进行分析，同时要兼顾数据库设计范式，一般我们设计出来的数据库模型起码要符合 2NF 以上才算是合格的关系数据库。

下面以采购订单为例分析数据库建模的过程。

图 0-25 是一个采购订单的实际单据。其中，有关供应商的资料**供应商编码、供应商名称、联系人、联系电话**等，因为对于采购订单来说，这些资料是会重复存储的，而且供应商的资料也可能不止这几个字段，所以，对于供应商的资料应另外建一个表"供应商资料"来存储这些数据。接下来看下面的有关商品资料的几个字段。

```
                              采购订单

采购订单号：CG0001              日期：2008-12-25

供应商编码：G0001 供应商名称：金花食品有限公司

联系人：张三风联系电话：020-88888888

总金额：     1900

备注：
```

序号	商品编码	商品名称	规格型号	单位	数量	单价	金额	备注
01	SP001	美好时光海苔	10X5 克/包	包	100	15	1500	
02	SP002	洽洽瓜	250 克/包	包	20	2	400	

图 0-25 采购订单

可以看出，对于一张采购订单来说，可能存在多个商品的信息。根据规范化的需求，则要把这几个字段单独建立一个"采购订单明细表"来存储这些数据。另外，对于"采购订单"和"采购订单明细表"，我们需要对这两个表的某个字段做关联，即外键关联关系，所以对"采购订单明细表"还必须加上一个字段"采购订单号"来标识这些数据是属于哪张采购订单的。另外，对于商品资料的信息，还必须另外建立一个表"商品资料"来存储所有商品的信息。

　　这样，对于图 0-25 采购订单的分析，可以得出 4 个数据库表格："供应商资料"、"采购订单"、"采购订单明细表"、"商品资料"。具体见表 0-2 至表 0-5。

表 0-2　供应商资料

字段名称	数据类型	是否允许为空	是否为主键	备注
供应商编码	varchar(20)	否	是	
供应商名称	varchar(100)	否	否	
联系人	varchar(20)	否	否	
电话	varchar(50)	否	否	
传真	varchar(50)	是	否	
地址	varchar(200)	是	否	

表 0-3　采购订单

字段名称	数据类型	是否允许为空	是否为主键	备注
采购订单号	varchar(20)	否	是	
日期	datetime	否	否	
供应商编码	varchar(20)	否	否	外键：供应商资料（供应商编码）
供应商名称	varchar(100)	否	否	
联系人	varchar(20)	否	否	
联系电话	varchar(50)	否	否	
总金额	numeric(12,4)	否	否	
备注	varchar(500)	是	否	

表 0-4　采购订单明细表

字段名称	数据类型	是否允许为空	是否为主键	备注
采购订单号	varchar(20)	否	组合主键	外键：采购订单（采购订单号）
序号	int	否		
商品编码	varchar(20)	否	否	外键：商品资料（商品编码）
商品名称	varchar(50)	否	否	
规格型号	varchar(100)	否	否	
单位	varchar(8)	否	否	
数量	numeric(12,2)	否	否	
单价	numeric(12,4)	否	否	
金额	numeric(12,4)	否	否	
备注	varchar(500)	是	否	

表 0-5　商品资料

字段名称	数据类型	是否允许为空	是否为主键	备注
商品编码	varchar(20)	否	是	
商品名称	varchar(50)	否	否	
规格型号	varchar(100)	否	否	
单位	varchar(8)	否	否	
主供应商编码	varchar(20)	是	否	外键：供应商资料（供应商编码）
参考单价	numeric(12,4)	是	否	
备注	varchar(500)	是	否	

　　数据库建模大概是按上面的原则来进行的。当然，怎样的数据库模型是最好的，要根据具体情况来分析。所以对于数据库建模来说，不同的人，不同的经验，不同的客户需求，都可能造成模型的不同。对于整个分销系统，下面分模块来给出数据库模型（不再进行详细的分析），当然这个模型只是简单的模型，只供读者学习数据库时参考用，并不代表该模型能适合实际的客户需求。

1.　采购管理模块

　　描述采购管理模块的表格共有 3 个：供应商资料表、采购订单表和采购订单明细表（表0-2 至表 0-4）。其中采购订单表因为一张采购订单可以对应多个商品，根据数据库的规范化，将其拆分成采购订单和采购订单明细两个表。使用 PowerDesigner 定义这 3 个表的字段，以及每个表的主键、外键和引用关系，如图 0-26 所示。

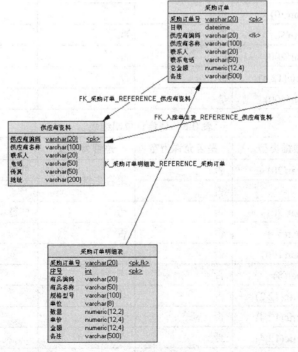

图 0-26

2. 销售管理模块

描述销售管理模块的表格共有 3 个：客户资料表、销售订单表和销售订单明细表（表 0-6 至表 0-8）。其中销售订单因为一张销售订单可以对应多个商品，根据数据库的规范化，将其拆分成销售订单和销售订单明细两个表。使用 PowerDesigner 定义这 3 个表的字段，以及每个表的主键、外键和引用关系，如图 0-27 所示。

表 0-6　客户资料

字段名称	数据类型	是否允许为空	是否为主键	备注
客户编码	varchar(20)	否	是	
客户名称	varchar(100)	否	否	
联系人	varchar(20)	否	否	
电话	varchar(50)	否	否	
传真	varchar(50)	是	否	
地址	varchar(200)	是	否	
送货地址	varchar(200)	是	否	

表 0-7　销售订单

字段名称	数据类型	是否允许为空	是否为主键	备注
销售订单号	varchar(20)	否	是	
日期	datetime	否	否	
客户编码	varchar(20)	否	否	外键：客户资料（客户编码）
客户名称	varchar(100)	否	否	
联系人	varchar(20)	否	否	
联系电话	varchar(50)	否	否	
送货地址	varchar(200)	否	否	
总金额	numeric(12,4)	否	否	
备注	varchar(500)	是	否	

表 0-8　销售订单明细表

字段名称	数据类型	是否允许为空	是否为主键	备注
销售订单号	varchar(20)	否	组合主键	外键：销售订单（销售订单号）
序号	int	否		
商品编码	varchar(20)	否	否	外键：商品资料（商品编码）
商品名称	varchar(50)	否	否	
规格型号	varchar(100)	否	否	
单位	varchar(8)	否	否	
数量	numeric(12,2)	否	否	
单价	numeric(12,4)	否	否	
金额	numeric(12,4)	否	否	
备注	varchar(500)	是		

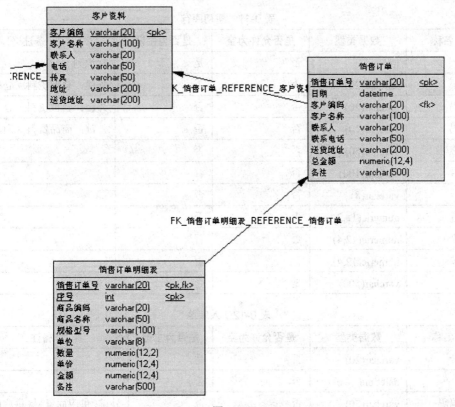

图 0-27

3. 仓库管理模块

描述仓库管理模块的表格共有 13 个：其中仓库资料、入库单、出库单、调拨单、报废单，根据数据库的规范化，将它们都拆分成主表和明细表的形式（表 0-5、表 0-9 至表 0-19）。使用 PowerDesigner 定义这 13 个表的字段，以及每个表的主键、外键和引用关系，如图 0-28 和图 0-29 所示。

表 0-9　仓库资料

字段名称	数据类型	是否允许为空	是否为主键	备注
仓库编码	varchar(20)	否	是	
仓库名称	varchar(50)	否	否	
仓库位置	varchar(500)	否	否	
备注	varchar(500)	是	否	

表 0-10　仓位资料

字段名称	数据类型	是否允许为空	是否为主键	备注
仓库编码	varchar(20)	否	否	外键：仓库资料（仓库编码）
仓位编码	varchar(20)	否	是	
仓位名称	varchar(50)	否	否	
备注	varchar(500)	是	否	

表 0-11　期初库存

字段名称	数据类型	是否允许为空	是否为主键	备注
序号	int	否	是	标识列
仓库编码	varchar(20)	否	否	外键：仓库资料（仓库编码）
仓位编码	varchar(20)	否	否	外键：仓位资料（仓位编码）
商品编码	varchar(20)	否	否	外键：商品资料（商品编码）
商品名称	varchar(50)	否	否	
规格型号	varchar(100)	否	否	
单位	varchar(8)	否	否	
期初数量	numeric(12,2)	否	否	
期初单价	numeric(12,4)	否	否	
期初金额	numeric(12,4)	否	否	
备注	varchar(500)	是	否	

表 0-12　入库单

字段名称	数据类型	是否允许为空	是否为主键	备注
入库单号	varchar(20)	否	是	
日期	datetime	否	否	
供应商编码	varchar(20)	否	否	外键：供应商资料（供应商编码）
供应商名称	varchar(100)	否	否	
联系人	varchar(20)	否	否	
联系电话	varchar(50)	否	否	
总金额	numeric(12,4)	否	否	
备注	varchar(500)	是	否	

表 0-13　入库单明细表

字段名称	数据类型	是否允许为空	是否为主键	备注
入库单号	varchar(20)	否	组合主键	外键：入库单（入库单号）
序号	int	否		
采购订单编号	varchar(20)	是	否	外键：采购订单（采购订单号）
商品编码	varchar(20)	否	否	外键：商品资料（商品编码）
商品名称	varchar(50)	否	否	
规格型号	varchar(100)	否	否	
单位	varchar(8)	否	否	
数量	numeric(12,2)	否	否	
单价	numeric(12,4)	否	否	
金额	numeric(12,4)	否	否	
仓库编码	varchar(20)	否	否	外键：仓库资料（仓库编码）

续表

字段名称	数据类型	是否允许为空	是否为主键	备注
仓位编码	varchar(20)	否	否	外键：仓位资料（仓位编码）
备注	varchar(500)	是	否	

表 0-14　出库单

字段名称	数据类型	是否允许为空	是否为主键	备注
出库单号	varchar(20)	否	是	
日期	datetime	否	否	
客户编码	varchar(20)	否	否	外键：客户资料（客户编码）
客户名称	varchar(100)	否	否	
联系人	varchar(20)	否	否	
联系电话	varchar(50)	否	否	
送货地址	varchar(200)	否	否	
总金额	numeric(12,4)	否	否	
备注	varchar(500)	是	否	

表 0-15　出库单明细表

字段名称	数据类型	是否允许为空	是否为主键	备注
出库单号	varchar(20)	否	组合主键	外键：出库单（出库单号）
序号	int	否		
销售订单编号	varchar(20)	是	否	外键：销售订单（销售订单号）
商品编码	varchar(20)	否	否	外键：商品资料（商品编码）
商品名称	varchar(50)	否	否	
规格型号	varchar(100)	否	否	
单位	varchar(8)	否	否	
数量	numeric(12,2)	否	否	
单价	numeric(12,4)	否	否	
仓库编码	varchar(20)	否	否	外键：仓库资料（仓库编码）
仓位编码	varchar(20)	否	否	外键：仓位资料（仓位编码）
金额	numeric(12,4)	否	否	
备注	varchar(500)	是	否	

表 0-16　调拨单

字段名称	数据类型	是否允许为空	是否为主键	备注
调拨单号	varchar(20)	否	是	
调拨日期	datetime	否	否	
调出仓库编码	varchar(20)	否	否	外键：仓库资料（仓库编码）
调出仓位编码	varchar(20)	否	否	外键：仓位资料（仓位编码）

续表

字段名称	数据类型	是否允许为空	是否为主键	备注
调入仓库编码	varchar(20)	否	否	外键：仓库资料（仓库编码）
调入仓位编码	varchar(20)	否	否	外键：仓位资料（仓位编码）
调拨人	varchar(20)	否	否	
备注	varchar(500)	是	否	

表 0-17　调拨单明细表

字段名称	数据类型	是否允许为空	是否为主键	备注
调拨单号	varchar(20)	否	组合主键	外键：调拨单(调拨单号)
序号	int	否		
商品编码	varchar(20)	否	否	外键：商品资料（商品编码）
商品名称	varchar(50)	否	否	
规格型号	varchar(100)	否	否	
单位	varchar(8)	否	否	
可用库存	numeric(12,2)	是	否	
调拨数量	numeric(12,2)	否	否	
备注	varchar(500)	是	否	

表 0-18　报废单

字段名称	数据类型	是否允许为空	是否为主键	备注
报废单号	varchar(20)	否	是	
报废日期	datetime	否	否	
报废人	varchar(20)	否	否	
备注	varchar(500)	是	否	

表 0-19　报废单明细表

字段名称	数据类型	是否允许为空	是否为主键	备注
报废单号	varchar(20)	否	组合主键	外键：报废单(报废单号)
序号	int	否		
仓库编码	varchar(20)	否	否	外键：仓库资料（仓库编码）
仓位编码	varchar(20)	否	否	外键：仓位资料（仓位编码）
商品编码	varchar(20)	否	否	外键：商品资料（商品编码）
商品名称	varchar(50)	否	否	
规格型号	varchar(100)	否	否	
单位	varchar(8)	否	否	
报废数量	numeric(12,2)	否	否	
报废原因	varchar(200)	是	否	
备注	varchar(500)	是	否	

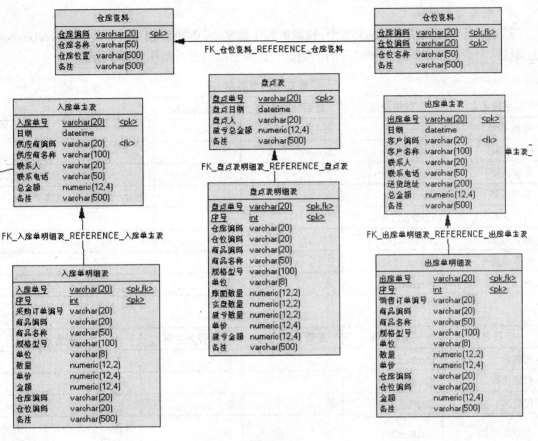

图 0-28

图 0-29

4. 财务管理模块

描述财务管理模块的表格共 2 个：收款单和付款单（表 0-20 和表 0-21）。使用 PowerDesigner 定义这两个表的字段，以及每个表的主键、外键和引用关系，如图 0-30 所示。

表 0-20　收款单

字段名称	数据类型	是否允许为空	是否为主键	备注
收款单号	varchar(20)	否	是	
收款日期	datetime	否	否	
收款人	varchar(100)	否	否	
客户编码	varchar(20)	否	否	外键：客户资料（客户编码）
客户名称	varchar(100)	否	否	
应收总额	numeric(12,2)	否	否	
收款金额	numeric(12,2)	否	否	
备注	varchar(500)	是	否	

表 0-21　付款单

字段名称	数据类型	是否允许为空	是否为主键	备注
付款单号	varchar(20)	否	是	
付款日期	datetime	否	否	
付款人	varchar(100)	否	否	
供应商编码	varchar(20)	否	否	外键：供应商资料（供应商编码）
供应商名称	varchar(100)	否	否	
应付总额	numeric(12,2)	否	否	
付款金额	numeric(12,2)	否	否	
备注	varchar(500)	是	否	

图 0-30

任务 1 分销系统数据库的设计与生成

面对纷繁复杂的海量信息，如何对其进行有效的管理和利用？数据库技术应运而生，并发展成为一门综合性数据管理技术。由 Microsoft 发布的 SQL Server 产品是一款典型的关系型数据库管理系统，应用越来越广泛。

一、任务目标

1. 掌握数据库、数据库管理系统和数据库系统的基本概念。
2. 了解数据模型的概念、掌握管理数据结构，掌握关系数据库的定义。
3. 了解并基本掌握 E-R 实体联系图。
4. 掌握 SQL Server 数据库的基本组成和有关知识。
5. 初步了解 Transact-SQL 语句的基础知识。
6. 掌握数据库的创建。

二、教学任务

1. 介绍数据库的基本概念。
2. 介绍数据库系统模型。
3. 介绍关系模型的完整性约束。
4. 介绍关系型数据库范式理论。
5. 设计分销系统数据库。
6. 介绍 SQL Server 数据库的常用对象、数据库结构和系统数据库等基本知识。
7. SQL Server Management Studio 的初步使用。
8. 用图形化工具创建数据库。
9. 使用 Transact-SQL 创建数据库。

1.1 分销系统数据库的规划设计

分销系统是对营销业务中的客户资料、销售订单、供应商资料、采购订单、付款单、收款单以及仓库物资等进行管理，设计良好的数据库能给系统的高效运作提供保障。

数据库系统设计包括数据模型设计以及围绕数据模型的应用程序开发两大部分，这里主要介绍数据模型设计，也就是设计一组二维表，定义这些表的列名、列的数据类型以及表的数据完整性约束规则。

数据库设计过程一般包括：需求分析、概念模型设计、逻辑设计、物理设计和实施维护。

1.1.1 分销系统数据库的需求分析

用户的需求具体体现了各种信息的提供、保存、更新和查询，这就要求数据库结构能充分满足各种信息的输入和输出。收集基本数据、数据结构以及数据处理的流程，组成一份详尽的数字字典，为后面的具体设计打下基础。

在分析调查了有关分销系统信息需求的基础上，将得到如图 1-1 所示的分销系统部分数据流图。

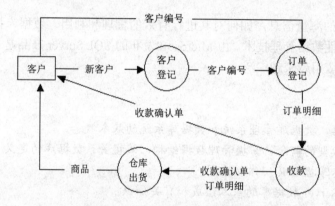

图 1-1   分销系统部分数据流图

通过对分销系统的业务流程和数据流的分析，设计如下的数据项和数据结构。

客户资料：包括客户编号、客户名称、联系人、电话、传真、地址、送货地址和备注等数据项目。

销售订单：包括销售订单号、日期、客户编号、客户名称、联系人、联系电话、送货地址、总金额等数据项目。

销售订单明细：包括销售订单号、序号、商品编码、商品名称、规格型号、单位、数量、单价、金额和备注等数据项目。

收款单：收款单号、收款日期、收款人、客户编号、客户名称、应收总额、收款金额和备注等数据项目。

出库单：出库单号、日期、客户编号、客户名称、联系人、联系电话、送货地址、总金额等数据项目。

出库明细：出库单号、序号、销售订单号、商品编码、规格型号、单位、数量、单价、金额等数据项目。

1.1.2 分销系统数据库的概念模型设计

根据上面的设计规划出的实体有客户实体、销售订单实体、销售订单明细实体、收款单实体、出库单实体、出库明细实体等。部分实体具体的 E-R 图描述如图 1-2 至图 1-4 所示。

对于其他实体 E-R 图类似的可以很容易画出，实体与实体之间的关系也不难得出。

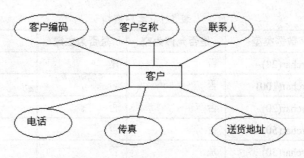

图 1-2 客户实体 E-R 图

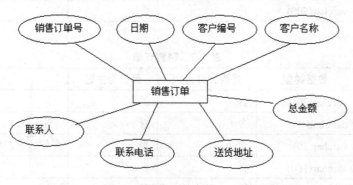

图 1-3 销售订单实体 E-R 图

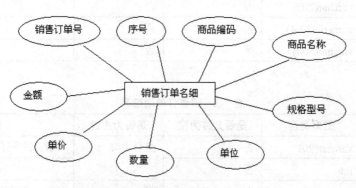

图 1-4 销售订单明细实体 E-R 图

1.1.3 分销系统数据库的逻辑设计

现在需要把数据库概念结构转化为 SQL Server 数据库系统所支持的实际数据模型也就是数据库的逻辑结构。

分析逻辑概念中的实体与实体之间的关系，再形成数据库中表与表之间的关系。

分销系统的部分表设计结果见表 1-1 至表 1-4，每个表格表示数据库中的一个表。

表 1-1   客户资料

字段名称	数据类型	是否允许为空	是否为主键	备注
客户编码	varchar(20)	否	是	
客户名称	varchar(100)	否	否	
联系人	varchar(20)	否	否	
电话	varchar(50)	否	否	
传真	varchar(50)	是	否	
地址	varchar(200)	是	否	
送货地址	varchar(200)	是	否	
备注	varchar(500)	是	否	

表 1-2   销售订单

字段名称	数据类型	是否允许为空	是否为主键	备注
销售订单号	varchar(20)	否	是	
日期	datetime	否	否	
客户编码	varchar(20)	否	否	外键：客户资料（客户编码）
客户名称	varchar(100)	否	否	
联系人	varchar(20)	否	否	
联系电话	varchar(50)	否	否	
送货地址	varchar(200)	否	否	
总金额	numeric(12,4)	否	否	
备注	varchar(500)	是	否	

表 1-3   销售订单明细表

字段名称	数据类型	是否允许为空	是否为主键	备注
销售订单号	varchar(20)	否	组合主键	外键：销售订单（销售订单号）
序号	int	否		
商品编码	varchar(20)	否	否	外键：商品资料（商品编码）
商品名称	varchar(50)	否	否	
规格型号	varchar(100)	否	否	
单位	numeric(12,4)	否	否	
数量	numeric(12,4)	否	否	
单价	numeric(12,4)	否	否	
金额	numeric(12,4)	否	否	
备注	varchar(500)	是	否	

表 1-4　收款单

字段名称	数据类型	是否允许为空	是否为主键	备注
收款单号	varchar(20)	否	是	
收款日期	datetime	否	否	
收款人	varchar(100)	否	否	
客户编码	varchar(20)	是	否	外键：客户资料（客户编码）
客户名称	varchar(100)	是	否	
应收总额	numeric(12,2)	是	否	
收款金额	numeric(12,2)	否	否	
备注	varchar(500)	是	否	

1.2　分销系统数据库的创建

数据库主要是存储了数据的表的集合以及其他的数据库对象。

SQL Server 可以同时支持许多数据库，每一个数据库既可以存储与另一个数据库相关的数据，也可以存储不相关的数据。

1.2.1　SQL Server 数据库基本知识

1. 数据库对象

SQL Server 数据库中的数据在逻辑上被组织成一系列对象，当一个用户连接到数据库后，他所看到的是这些逻辑对象，而不是物理的数据库文件。

SQL Server 中有以下数据库对象：关系图、表、视图、存储过程、规则、默认、用户自定义的数据类型、用户自定义函数等。

2. 标识符命名规则

SQL Server 中，常规标识符命名规则如下：

（1）标识符长度是 1～128 个字符。

（2）第一个字符必须是大小写字母，以及来自其他语言的字母字符，也可以是汉字、下划线（_）、at 符号（@）或数字符号（#）。标识符以单个字符@开始，表示该标识为局部变量或参数，以两个字符@@开始，表示该标识为全局变量；标识符以单个字符#开始，表示该标识为临时数据库对象，以两个字符##开始，表示该标识为全局临时数据库对象。

（3）后续字符可以是字母、基本拉丁字母、十进制数字、at 符号（@）、美元符号（$）、数字符号（#）或下划线（_）。

（4）标识符不能是 Transact-SQL 的保留字。

（5）不允许嵌入空格或其他特殊字符。

3. 数据库结构

（1）数据库文件。

SQL Server 用文件来存放数据库，数据库中的所有数据和对象，例如表、触发器和视图，都存储在数据库文件中，数据库文件有 3 类。

- 主数据文件（Primary File）：用来存放数据，该文件是数据库的起点，每个数据库都必须有且只有一个主数据文件。
- 数据文件（Secondary File）：也用来存放数据，这些次数据文件是可选的，它们可以存储那些不在主数据文件中的全部数据和对象。一个数据库可以没有也可以有多个次数据文件。
- 事务日志文件（Transaction Log File）：存放事务日志，这些事务日志文件保存了用于恢复数据库的全部事务日志信息。每个数据库都必须有一个或多个日志文件。

一般情况下，一个简单的数据库可以只有一个主数据文件和一个事务日志文件。如果数据库很大，则可以设置多个次数据文件和事务日志文件，并将它们放在不同的磁盘上。

默认情况下，数据库文件存放在\MSSQL\DATA\目录下，数据文件名为"数据库名_Data.MDF"，日志文件名为"数据库名_Log.LDF"。数据库的创建者可以在创建时指定其他的路径和文件名，也可以添加次数据文件和更多的事务日志文件。

（2）数据库文件组。

文件组就是文件的集合。为了管理和分配数据的方便，文件组允许多个数据库文件组成一个组，对它们整体进行管理。比如，可以将 3 个数据文件（data1.mdf、data2.mdf 和 data3.mdf）分别创建在 3 个盘上，将这 3 个文件组成文件组 fgroup1，在创建表的时候就可以指定一个表创建在文件组 fgroup1 上。这样该表的数据就可以分布在 3 个盘上，在对该表执行查询时，可以并行操作，大大提高了查询效率。

（3）文件和文件组规则。

SQL Server 的数据库文件和文件组必须遵循以下规则：

- 一个文件或文件组只能被一个数据库使用，不能用于多个数据库。
- 一个文件只能属于一个文件组。
- 一个数据库的数据信息和日志信息不能放在同一个文件或者文件组中，数据文件和日志文件总是分开的。
- 日志文件永远也不能是任何文件组的一部分，日志文件总是分开的。

（4）数据库空间管理。

SQL Server 可管理的最小空间是以页为单位的，每一页的大小是 8KB，即 8192 字节。在表中，每一行数据不能跨页存储。这样，表中每一行的字节数不能超过 8192 字节。每 8 个连续页称为一个簇，即簇的大小是 64KB。每个表或者索引最少要占一个簇的空间，也就是说每一个表或者索引最小也是 64KB。

4．事务日志

每个数据库都有一个相关的事务日志，事务日志记录了 SQL Server 所有的事务和由这些事务引起的数据库的变化，即事务日志记录了对数据库的所有修改操作。在数据库中数据的任何改变写到磁盘之前，这个改变首先在事务日志中做了记录。

事务日志记录了每一个事务的开始、对数据的改变和取消修改的足够信息，随着对数据库的操作，日志是连续增加的。SQL Server 使用数据库的事务日志来恢复事务。所以事务日志可以具有以下 3 个作用。

（1）恢复单个事务。

当执行 ROLLBACK 语句，或 SQL Server 发现错误时，回滚未完成的事务所做的修改。

（2）在 SQL Server 启动时恢复所有未完成的事务。

当 SQL Server 出错停机时，事务的改变可能一部分被写入数据库文件，而另一部分还没有被写入，这样就造成了数据库中数据的不一致。事务日志可以使 SQL Server 在重新启动时回滚所有未完成的事务，以保证数据库的一致状态。

（3）恢复数据库时，将数据库向前滚动到出错前一秒的状态

数据库从全库备份或差异备份恢复后，利用事务日志可以回滚所有未完成的事务，使数据库恢复到出错前一秒的状态。

5. 系统数据库

打开 SQL Server Management Studio，在创建任何数据库之前，展开对象资源管理器的"数据库"节点，可以看到已经有了"系统数据库"节点，该节点下有 4 个数据库。它们是 SQL Server 的系统数据库。与用户数据库不同，系统数据库是在安装 SQL Server 时由安装程序自动创建的。

SQL Server 有 4 个系统数据库，它们分别是：master 数据库、tempdb 数据库、model 数据库和 msdb 数据库。

（1）master 数据库。

它记录了 SQL Server 系统级的信息，包括系统中所有的登录账户、系统配置信息、所有数据库信息、所有用户数据库的主文件地址等，这些信息都记录在 master 数据库的表中。为了与用户创建的表相区别称为系统表，表名都以 sys 开头。

master 数据库中还有很多系统存储过程和扩展存储过程。

（2）tempdb 数据库。

用于存放所有连接到系统的用户的临时表和临时存储过程，以及 SQL Server 产生的其他临时性的对象。tempdb 是 SQL Server 中负担最重的数据库，因为几乎所有的查询都需要使用它。

在 SQL Server 关闭时 tempdb 数据库中的所有对象被删除，每次启动 SQL Server 时都会重新创建 tempdb 数据库。

tempdb 数据库可以按照需要自动增长，每次系统启动时，tempdb 数据库都被重置为默认的大小（8MB）。在以后的工作中，当 tempdb 数据库空间不够时，系统都将自动扩展 tempdb 数据库的大小。

（3）model 数据库。

model 数据库是系统所有数据库的模板，这个数据库相当于一个模子，所有在系统中创建的新数据库的内容，在刚创建时都和 model 数据库完全一样。

刚刚完成 SQL Server 安装时，model 数据库就已经有了 18 个表以及一些视图和存储过程，因此用户创建的每个数据库中都将有这些对象。这 18 个表是另一类的系统表，它们的表名也是以 sys 开头的，其内容是有关数据库的结构等重要信息。

（4）msdb 数据库。

SQL Server 代理（SQL Server Agent）使用 msdb 数据库来计划警报和作业，并记录操作员备份和还原历史记录。

6. 估算数据库的空间需求

数据库管理员的主要任务之一就是创建数据库，并且需要为每个文件指定容量。必须尽

可能准确地估算数据库容量，以免浪费磁盘空间资源或者因估计不足造成数据库的空间不够。

许多因素会影响数据库最终的大小，在估算数据库容量时要考虑如下因素：

- 每行记录的大小。
- 记录数量。
- 表的数量。
- 索引的数量及索引大小。
- 数据库的对象的数量和大小。
- 事务日志的大小。
- 数据库的计划增加量。

7. 确定数据库的数目

当一个企业或部门确定要建立数据库系统之后，接着就要确定这个数据库系统与企业中其他部分的关系。因此，需要分析企业的基本业务功能，确定数据库支持的业务范围，是建立一个综合的数据库，还是建立若干个专门的数据库。

从理论上讲，可以建立一个支持企业全部活动的包罗万象的大型综合数据库，也可以建立若干个支持范围不同的公用或专用数据库。

一般来讲，前者难度较大，效率也不高；后者比较分散，但相对灵巧，必要时可通过联接操作将有关数据联接起来，而数据的全局共享一般可利用建立在数据库上的应用系统来实现。在各种规模的企业中，同时在不同部门内维护众多中小型数据库已成为一种常见现象。通常情况下，这些数据库或服务器被置于 IT 部门负责日常维护管理的系统范畴之外，因此，它们无法达到企业在设计、实现及维护方面所制订的 IT 标准。

1.2.2 使用 SQL Server Management Studio 创建数据库

使用数据库存储数据，首先要创建数据库。前面已介绍过，一个数据库必须至少包含一个主数据文件和一个事务日志文件。所以创建数据库就是创建主数据文件和事务日志文件。在 SQL Server 中，可以使用 SQL Server Management Studio 创建数据库，也可以使用 Transact-SQL 创建数据库。

任务 1-1：使用 SQL Server Management Studio 创建分销系统数据库。

具体步骤如下：

（1）启动 SQL Server Management Studio，登录服务器类型为"数据库引擎"，并使用 Windows 或 SQL Server 身份验证建立连接。

（2）连接成功后，在对象资源管理器中，右击"数据库"节点，从弹出的快捷菜单中选择"新建数据库"命令，打开"新建数据库"窗口，如图 1-5 所示。

（3）默认显示的是"常规"页面。首先，在"数据库名称"文本框中输入数据库名称"分销系统"。再输入数据库所有者，用户可以使用"默认值"，也可以应通过单击文本框右边的"浏览"按钮选择所有者。

（4）在下面的"数据库文件"列表中列出了数据库包含的主数据文件和事务日志文件的逻辑名称、文件类型、文件组、初始大小、自动增长和路径等。用户可以自行设置初始大小、自动增长值和数据库存放的位置。

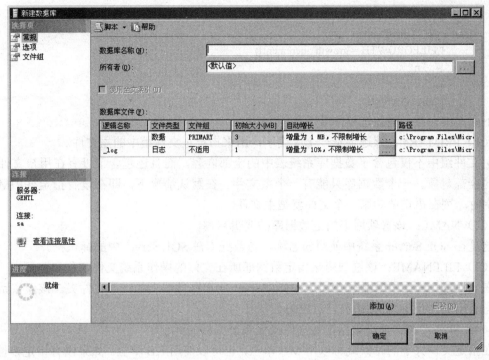

图 1-5　"新建数据库"对话框

（5）在"选项"页面中可以定义所创建数据库的排序规则、恢复模式、兼容级别、恢复、游标等其他选项。

（6）在"文件组"页面中可以查看数据库中的所有文件组，包括主文件组和次文件组。还可以通过单击"添加"或"删除"按钮来添加或删除次文件组。

（7）全部设置完毕后，单击"确定"按钮即可完成分销系统数据库的创建。在对象资源管理器中右击"数据库"节点，从弹出的快捷菜单中选择"刷新"命令。展开"数据库"节点，可看到创建好的"分销系统"数据库正在列表中。

1.2.3　Transact-SQL 创建数据库

在 SQL Server 中，可以使用 Create Database 语句来创建数据库，语法格式如下：

```
CREATE DATABASE database_name
    [ON
    {[PRIMARY](NAME = logical_file_name,
    FILENAME = 'os_file_name'
    [,SIZE = size]
    [,MAXSIZE = max_size]
    [,FILEGROWTH = groth_increment])
    }[,…n]
    ]
FILEGROUP filegroup_name < filespec > [ ,…n ]
[LOG ON
    { (NAME = logical_file_name,
    FILENAME = 'os_file_name'
```

```
        [,SIZE = size]
        [,MAXSIZE = max_size]
        [,FILEGROWTH = growth_increment])
        }[,…n]
        ]
        [FOR RESTORE]
```

下面详细介绍一些各选项的含义。

（1）PRIMARY：该选项是一个关键字，用来指定主文件组中的主文件。

主文件组中不仅包含了数据库系统表中的全部内容，而且还包含了没有在用户文件组中包含的全部对象。一个数据库只能有一个主文件。在默认情况下，即在没有指定 PRIMARY 关键字时，列在语句中的第一个文件就是主文件。

（2）NAME：该选项用来指定数据库的逻辑名称。

这是在 SQL Server 系统中使用的名称，是数据库在 SQL Server 中的标识符。

（3）FILENAME：该选项用来指定数据库所在文件的操作系统文件名称和路径。

在 os_file_name 中的路径必须是 SQL Server 所在服务器上的一个文件夹。该操作系统文件名与 NAME 的逻辑名称是一一对应的。

（4）SIZE：该选项用来指定数据库操作系统文件的大小。

在指定文件大小的时候既可以用 MB 单位，也可以使用 KB 单位。如果没有指定单位，系统默认的单位是 MB。文件最小是 1MB，也就是说，数据库所在的文件不能小于 1MB。在默认情况下，数据库数据文件的大小是 1MB，数据库日志文件的大小也是 1MB。

（5）MAXSIZE：该选项用来指定操作系统文件可以增长的最大尺寸。

在指定文件增长尺寸时，既可以使用 MB 单位，也可以使用 KB 单位。如果没有指定单位，系统默认的单位是 MB。如果没有指定文件可以增长的最大尺寸，系统的增长是没有限制的，可以占满整个磁盘空间。

（6）FILEGROWTH：该选项用来指定文件的增量。当然该选项不能与 MAXSIZE 选项有冲突。该选项指定的数据值为 0 时，表示文件不能增长。该选项可以用 MB、KB 和百分比指定。

任务 1-2：创建一个数据库，名称为 student。

```
CREATE   DATABASE   student
```

任务 1-3：创建一个数据库 CUSTOMER，该数据库的主数据文件的逻辑名称是 CUSTOMER_DATA，操作系统文件是 CUSTOMER_DATA.MDF，大小是 15MB，最大是 30MB，以 20% 的速度增加；该数据库的日志文件的逻辑名称是 CUSTOMER_LOG，操作系统文件是 CUSTOMER_LOG.LDF，大小是 3MB，最大是 10MB，以 1MB 的速度增加。

注：以下代码的前提是硬盘上存在目录 E:\yxl\，或者将 E:\yxl\改成一个已经存在的目录，否则将不能成功执行。

```
CREATE DATABASE   CUSTOMER
ON
        PRIMARY (NAME = customer_data,
        FILENAME='e:\yxl\customer_data.mdf',
        SIZE = 15MB,
        MAXSIZE = 30MB,
```

```
        FILEGROWTH=20%)
LOG ON
    (NAME = customer_log,
     FILENAME = 'e:\yxl\customer_log.ldf',
     SIZE = 3MB,
     MAXSIZE = 10MB,
     FILEGROWTH = 1MB)
```

1.2.4　Transact-SQL 删除数据库

删除数据库的语法如下：

```
DROP DATABASE database_name
```

任务 1-4：删除任务 1-2 建立的 student 数据库。

```
DROP   DATABASE   student
```

任务 1-5：删除任务 1-3 建立的 CUSTOMER 数据库。

```
DROP   DATABASE   CUSTOMER
```

任务 2　表的创建与维护

SQL Server 2012 的主要任务就是管理数据库及其对象，而在使用数据库的过程中，接触最多的就是数据库中的表（关系表）。表是最重要的数据库对象，所有的数据都使用表来存储。因此，在存储数据之前需要构造符合实际要求的表，然后按表中结构存入数据，并实现对数据的加工处理。

在 SQL Server 2012 中创建表有两种方式：一种是使用 SQL Server Management Studio 创建，一种是使用 Transact-SQL 创建。

一、任务目标

1. 掌握创建表、修改表和删除表的操作。
2. 掌握主键、外键和其他约束的建立。
3. 熟悉对表数据进行插入、修改和删除的操作。

二、教学任务

1. 介绍 SQL Server 2012 表的类型、常用的系统数据类型。
2. 使用 SQL Server Management Studio 创建表。
3. 使用 Transact-SQL 创建表。
4. 在"表设计器"中修改表结构、删除表。
5. 使用 Transact-SQL 修改表结构、删除表。
6. 在"表设计器"中创建主键、在"关系图"中创建外键。
7. 使用 Transact-SQL 创建主键、外键。
8. 创建其他约束。
9. 在表数据编辑窗口中插入、修改、删除记录。
10. 使用 Transact-SQL 对数据表进行插入、修改、删除记录的操作。

2.1　SQL Server 表概述

在数据库中，表是最重要的数据库对象。在关系数据库中每个关系都体现为一张表。表是数据库的基本构成模块，用来实际存储和操作数据的逻辑结构。对数据库的各种操作，实际上就是对数据库中表的操作。

2.1.1　数据表的概念

表是包含数据库中所有数据的数据库对象。表与电子表格相似，其结构包含行和列，这样数据在表中就按行和列的格式来组织排列。每行代表唯一的一条记录，是组织数据的单位；而每列代表记录中的一个域，用来描述数据的属性。例如，表 2-1 即表示每一行代表一个客户，各列分别表示客户的详细资料。

表 2-1　客户资料

客户编码	客户名称	电话	传真	联系地址
C0001	好又多超市	020-85530888	020-85530888	中山大道 188 号
C0002	百佳超市	020-83278030	020-83278032	中山五路 219 号
C0003	家乐福超市	020-36637408	020-36637418	康王中路 656 号
C0004	万佳百货	020-81930608	020-81930604	中山八路 10 号

SQL Server 是一个关系数据库，它使用由行和列组成的二维表来表示实体及其联系。SQL Server 中每个表都有一个名称，以标识该表，表 2-1 的名称为客户资料。

与表紧密关联的几个名词如下：

（1）记录：每个表包含若干行数据，表中的一行为一条记录。

（2）字段：每个记录由若干数据项构成，将构成记录的每个数据项称为字段，例如表中的"客户编码"、"电话"等是字段。

（3）主键：数据表通常都有一列或多个列的组合可以唯一地标识表中的每一行。这种具有标识作用的列或列组称为主键。

（4）外键：外键是用于建立和加强两个表数据之间的联系的一列或多列。通过将保存表中主键值的一列或多列添加到另一个表中，可创建两个表之间的联系。这个列就成为第二个表的外键。

2.1.2　表的类型

在 SQL Server 2012 中，表可以分为 4 种类型：标准表、分区表、临时表和系统表。

1．标准表

在数据库中，最常用的就是标准表，它用来为数据库提供存储数据的空间，标准表简称为表，是最重要、最基本的表。表 2-1 就是用户定义的一个标准表。

2．临时表

所谓临时表，就是临时创建的、不能永久保存的表。它通常用来存储查询过程中出现的一些临时数据或信息。临时表有两种：局部临时表和全局临时表。局部临时表只是对一个数据库实例的一次连接中的创建者是可见的。在用户断开数据库的连接时，局部临时表就被删除。全局临时表创建后对所有的用户和连接都是可见的，并且只有所有的用户都断开临时表相关的表时，全局临时表才会被删除。

3．系统表

系统表用来保存一些服务器配置信息数据，用户不能直接查看和修改系统表，只有通过专门的管理员连接才能查看和修改。不同版本的数据库系统的系统表一般不同，在升级数据库系统时，一些使用系统表的应用可能需要重新改写。

4. 分区表

当表很大时，可以水平地把数据分割成一些单元，放在同一个数据库的多个文件组中。用户可以通过分区快速地访问和管理数据的某部分子集而不是整个数据表，从而便于管理大表和索引。

2.1.3　系统数据类型

包含数据的对象都具有一个相关的数据类型。数据类型描述了该对象所能包含的数据种类，也约束了什么样的信息可以存储在该对象中。

SQL Server 支持 4 种基本数据类型：字符和二进制数据类型、日期时间数据类型、逻辑数据类型、数字数据类型，用于各类数据值的存储、检索和解释。此外，还有其他的一些数据类型，如可变数据类型、表类型等。

SQL Server 提供的部分系统数据类型见表 2-2。

表 2-2　SQL Server 提供的部分系统数据类型

数据类型	符号标识
字符型	char、varchar、text
Unicode 字符型	nchar、nvarchar、ntext
整数型	int、smallint、tinyint、bigint
精确数值型	decimal、numeric
浮点型	float、real
货币型	money、smallmoney
位型	bit
日期时间类型	datetime、smalldatetime
二进制型	binary、varbinary、image
其他	sql_variant、table、timestamp、uniqueidentifier

1. 字符型

字符数据类型用于存储汉字、英文字母、数字符号和其他各种符号。输入字符型数据时要用单引号（'）将字符括起来。字符型数据有定长字符型 char、变长字符型 varchar 和文本型 text 三种。

char 数据类型的定义形式为 char[(n)]。以 char 类型存储的每个字符和符号占一个字节的存储空间。n 表示所有字符所占的存储空间，n 的取值为 1~8000，即可容纳 8000 个 ANSI 字符。若不指定 n 值，则系统默认为 1。若输入数据的字符数小于 n，则系统自动在其后添加空格来填满设定好的空间；若输入的数据过长，将会截掉其超出部分。

varchar 数据类型的定义形式为 varchar[(n)]。它与 char 类型相似，n 的取值也为 1~8000，若输入的数据过长，将会截掉其超出部分。不同的是，varchar 数据类型具有变动长度的特性，因为 varchar 数据类型的存储长度为实际数值长度，若输入数据的字符数小于 n，则系统不会在其后添加空格来填满设定好的空间。

一般情况下，由于 char 数据类型长度固定，因此它比 varchar 类型的处理速度快。

text 数据类型用于存储大量文本数据，超过 8KB 的 ASCII 数据可以使用 text 数据类型存储。例如，因为 HTML 文档全部都是 ASCII 字符，并且在一般情况下长度超过 8KB，所以这些文档可以 text 数据类型存储在 SQL Server 中。

2. Unicode 字符型

Unicode 字符数据类型包括 nchar、nvarchar 和 ntext。

在 Microsoft SQL Server 中，传统的非 Unicode 数据类型允许使用由特定字符集定义的字符。在 SQL Server 安装过程中，允许选择一种字符集。使用 Unicode 数据类型，列中可以存储任何由 Unicode 标准定义的字符。在 Unicode 标准中，包括了以各种字符集定义的全部字符。

在 SQL Server 中，Unicode 数据以 nchar、nvarchar 和 ntext 数据类型存储。使用这种字符类型存储的列可以存储多个字符集中的字符。当列的长度变化时，应该使用 nvarchar 字符类型，这时最多可以存储 4000 个字符。当列的长度固定不变时，应该使用 nchar 字符类型，同样，这时最多可以存储 4000 个字符。当使用 ntext 数据类型时，该列可以存储多于 4000 个字符。

nchar、nvarchar 和 ntext 的用法分别与 char、varchar 和 text 相同，只是 Unicode 支持的字符范围更大、存储 Unicode 字符所需的空间更大。

3. 整数型

有 4 种整数数据类型：int、smallint、tinyint、bigint，用于存储不同范围的数值。

int 类型的数据的存储长度是 4 个字节，可存储 $-2^{31} \sim 2^{31}-1$ 之间的整数。

smallint 类型的数据的存储长度是 2 个字节，可存储 $-2^{15} \sim 2^{15}-1$ 之间的整数。

tinyint 类型的数据的存储长度是 1 个字节，可存储 $0 \sim 255$ 之间的整数。

bigint 类型的数据的存储长度是 8 个字节，可存储 $-2^{63} \sim 2^{63}-1$ 之间的整数。

4. 精确数值型

精确数值数据类型用于存储有小数点且小数点后位数确定的实数。SQL Server 支持两种精确的数值数据类型：decimal 和 numeric。这两种数据类型几乎是相同的，定义格式如下：

    decimal[(p[,s])]
    numeric[(p[,s])]

这两种数据类型可以提供小数所需的实际存储空间，但也有一定的限制，可以用 $2 \sim 17$ 个字节来存储从 $-10^{38}+1 \sim 10^{38}-1$ 之间的数值。p 和 s 确定了精确的比例和数位。其中 p 表示可供存储的值的总位数（不包括小数点），默认值为 18；s 表示小数点后的位数，默认值为 0。p 和 s 须遵守以下规则：$0 <= s <= p <= 38$。例如：decimal(15,5)，表示共有 15 位数，其中整数 10 位，小数 5 位。numeric(15,5) 和 decimal(15,5) 是一样的。

5. 浮点型

浮点数据类型用于存储十进制小数。浮点数值的数据在 SQL Server 中采用上舍入（Round up 或称为只入不舍）方式进行存储。所谓上舍入是指，当（且仅当）要舍入的数是一个非 0 数时，对其保留数字部分的最低有效位上的数值加 1，并进行必要的进位。若一个数是上舍入数，其绝对值不会减少。如：对 3.14159532658979 分别进行 2 位和 12 位舍入，结果为 3.15 和 3.141595326590。

SQL Server 中的浮点型包括 float 数据类型和 real 数据类型。

float 数据类型可精确到第 15 位小数，其范围为-1.79E+308～+1.79E+308。每个 float 类型的数据占用 8 个字节的存储空间。

real 数据类型可精确到第 7 位小数，其范围为-3.40E+38～+3.40E+38。每个 real 类型的数据占用 4 个字节的存储空间。

float 数据类型可写为 float(n)的形式。n 指定 float 数据的精度。n 为 1～53 之间的整数值。当 n 取 1～24 时，实际上是定义了一个 real 类型的数据，系统用 4 个字节存储它；当 n 取 25～53 时，系统认为其是 float 类型，用 8 个字节存储它。

6. 货币型

SQL Server 专门提供了两种货币数据类型：money 和 smallmoney。

money 数据类型存储长度为 8 个字节，货币数据值介于-2^{63}～2^{63}-1 之间。

smallmoney 数据类型与 money 数据类型类似，存储长度为 4 个字节。

输入货币数据时必须在货币数据前加$符号，如果未提供该符号，则被当成浮点数，可能会损失值的精度，甚至被拒绝。

7. 位型

SQL Server 的逻辑数据类型也称为位数据类型，适用于判断真/假的场合，长度为 1 个字节。位数据类型取值为 1、0 或 NULL。非 0 的数据当成 1 处理，位列不允许建立索引，多个位列可以占用同一个字节。如果一个表有不多于 8 个的位列，SQL Server 将这些列合在一起用一个字节存储。

8. 日期和时间数据类型

日期和时间数据类型包括 datetime 和 smalldatetime 两种类型。smalldatetime 精度较差、只覆盖较小的日期范围，占用较小的空间。

datetime 数据类型用来存储从 1753 年 1 月 1 日到 9999 年 12 月 31 日间所有的日期和时间数据，精确到三百分之一秒。它存储两个长度为 4 个字节的整数：日期和时间。对于定义为 datetime 数据类型的列，并不需要同时输入日期和时间，可省略其中的一个。

smalldatetime 数据类型用来存储从 1900 年 1 月 1 日到 2079 年 6 月 6 日间所有的日期和时间数据，精确到分钟。但它只需要 4 个字节的存储空间，时间值是按小时和分钟来存储。输入数据时，日期时间值以字符串形式传给服务器。

9. 二进制类型

二进制数据类型包括 binary、varbinary 和 image。

binary 数据类型既可以是固定长度的(binary)，也可以是变长度的。binary 数据类型的定义形式为 binary[(n)]。其中，n 的取值范围是从 1～8000，若不指定则 n 默认为 1。binary 数据用于存储二进制字符，例如程序代码和图形数据。长度为 n 字节的固定长度二进制数据，其中 n 是从 1～8000 的值。存储大小为 n 字节。若输入的数据不足 n 个字节，则补足后存储。若输入的数据超过 n 个字节，则截断后存储。

varbinary[(n)]是 n 位变长度的二进制数据，与 binary 数据类型基本相同，但通过存储输入数据的实际长度而节省存储空间，但存储速度比 binary 类型要慢。n 的取值范围为 1～8000。存储大小为所输入数据的实际长度+2 个字节。所输入数据的长度可以是 0 字节。

image 数据类型与 text 数据类型类似，可存储 1～2^{31}-1 个字节的二进制数据。image 数据类型存储的是二进制而不是文本字符，不能用作变量或存储过程的参数。这些数据通常由相应的应用程序来解释，而不是由 SQL Server 来解释。例如，应用程序可以使用 BMP、TIFF、GIF 和 JPEG 格式把数据存储在 image 数据类型中，需要的时候，应用程序将数据读取出来进行解析。

10. 其他类型

SQL Server 还支持其他数据类型，如 sql_variant、table、timestamp、uniqueidentifier 等。

sql_variant：可变数据类型。该类型的变量可用来存放大部分 SQL Server 数据类型的值，最大长度为 8016 字节，不支持 text、ntext、timestamp 和 sql_variant 类型。

table：表类型。这是一种特殊的数据类型，存储供以后处理的结果集。

timestamp：时间戳数据类型，用于自动记录插入或删除操作的时间。用户可以在表生成语句中使用 timestamp 数据类型来创建一个具有时间戳列的表。列名可以是由用户自己输入的任意合法的名称。一个表只能含有一个时间戳列。

uniqueidentifier：GUID 类型（Global Unique Identifier，全局唯一标识符）。uniqueidentifier 是一个保存全局唯一标识符的 GUID 数据类型。GUID 是一个保证唯一的二进制数，因此几乎没有别的计算机会产生同一个值。

GUID 的唯一值是由计算机网卡的标识数加上一个 CPU 时钟产生的唯一数而得到的。网卡制造商至少在下一个 100 年内能保证网卡的唯一性。

uniqueidentifier 值不能像 IDENTITY 属性那样自动产生。要想为你的表格对象产生 uniqueidentifier 值，必须指定 NEWID()函数为 column 的默认值。

2.2 分销系统数据表的创建与维护

表创建与维护，可以在表设计器中完成，也可以使用 Transact-SQL 来实现。

2.2.1 分销系统中的表

前面，我们已经了解到项目中要用到的部分表以及表与表之间的关系，在整个分销系统中需要创建 20 个表，各表的结构见表 2-3 至表 2-22。

表 2-3 供应商资料

字段名称	数据类型	是否允许为空	是否为主键	备注
供应商编码	varchar(20)	否	是	
供应商名称	varchar(100)	否	否	
联系人	varchar(20)	否	否	
电话	varchar(50)	否	否	
传真	varchar(50)	是	否	
地址	varchar(200)	是	否	

表 2-4　采购订单

字段名称	数据类型	是否允许为空	是否为主键	备注
采购订单号	varchar(20)	否	是	
日期	datetime	否	否	
供应商编码	varchar(20)	否	否	外键：供应商资料（供应商编码）
供应商名称	varchar(100)	否	否	
联系人	varchar(20)	否	否	
联系电话	varchar(50)	否	否	
总金额	numeric(12,4)	否	否	
备注	varchar(500)	是	否	

表 2-5　采购订单明细表

字段名称	数据类型	是否允许为空	是否为主键	备注
采购订单号	varchar(20)	否	组合主键	外键：采购订单（采购订单号）
序号	int	否		
商品编码	varchar(20)	否	否	外键：商品资料（商品编码）
商品名称	varchar(50)	否	否	
规格型号	varchar(100)	否	否	
单位	varchar(8)	否	否	
数量	numeric(12,2)	否	否	
单价	numeric(12,4)	否	否	
金额	numeric(12,4)	否	否	
备注	varchar(500)	是	否	

表 2-6　客户资料

字段名称	数据类型	是否允许为空	是否为主键	备注
客户编码	varchar(20)	否	是	
客户名称	varchar(100)	否	否	
联系人	varchar(20)	否	否	
电话	varchar(50)	否	否	
传真	varchar(50)	是	否	
地址	varchar(200)	是	否	
送货地址	varchar(200)	是	否	

表 2-7　销售订单

字段名称	数据类型	是否允许为空	是否为主键	备注
销售订单号	varchar(20)	否	是	
日期	datetime	否	否	

续表

字段名称	数据类型	是否允许为空	是否为主键	备注
客户编码	varchar(20)	否	否	外键：客户资料（客户编码）
客户名称	varchar(100)	否	否	
联系人	varchar(20)	否	否	
联系电话	varchar(50)	否	否	
送货地址	varchar(200)	否	否	
总金额	numeric(12,4)	否	否	
备注	varchar(500)	是	否	

表 2-8 销售订单明细表

字段名称	数据类型	是否允许为空	是否为主键	备注
销售订单号	varchar(20)	否	组合主键	外键：销售订单（销售订单号）
序号	int	否		
商品编码	varchar(20)	否	否	外键：商品资料（商品编码）
商品名称	varchar(50)	否	否	
规格型号	varchar(100)	否	否	
单位	varchar(8)	否	否	
数量	numeric(12,2)	否	否	
单价	numeric(12,4)	否	否	
金额	numeric(12,4)	否	否	
备注	varchar(500)	是	否	

表 2-9 商品资料

字段名称	数据类型	是否允许为空	是否为主键	备注
商品编码	varchar(20)	否	是	
商品名称	varchar(50)	否	否	
规格型号	varchar(100)	否	否	
单位	varchar(8)	否	否	
主供应商编码	varchar(20)	是	否	外键：供应商资料（供应商编码）
参考单价	numeric(12,4)	是	否	
备注	varchar(500)	是	否	

表 2-10 仓库资料

字段名称	数据类型	是否允许为空	是否为主键	备注
仓库编码	varchar(20)	否	是	
仓库名称	varchar(50)	否	否	
仓库位置	varchar(500)	否	否	
备注	varchar(500)	是	否	

表 2-11　仓位资料

字段名称	数据类型	是否允许为空	是否为主键	备注
仓库编码	varchar(20)	否	否	外键：仓库资料（仓库编码）
仓位编码	varchar(20)	否	是	
仓位名称	varchar(50)	否	否	
备注	varchar(500)	是	否	

表 2-12　期初库存

字段名称	数据类型	是否允许为空	是否为主键	备注
序号	int	否	是	标识列
仓库编码	varchar(20)	否	否	外键：仓库资料（仓库编码）
仓位编码	varchar(20)	否	否	外键：仓位资料（仓位编码）
商品编码	varchar(20)	否	否	外键：商品资料（商品编码）
商品名称	varchar(50)	否	否	
规格型号	varchar(100)	否	否	
单位	varchar(8)	否	否	
期初数量	numeric(12,2)	否	否	
期初单价	numeric(12,4)	否	否	
期初金额	numeric(12,4)	否	否	
备注	varchar(500)	是	否	

表 2-13　入库单

字段名称	数据类型	是否允许为空	是否为主键	备注
入库单号	varchar(20)	否	是	
日期	datetime	否	否	
供应商编码	varchar(20)	否	否	外键：供应商资料（供应商编码）
供应商名称	varchar(100)	否	否	
联系人	varchar(20)	否	否	
联系电话	varchar(50)	否	否	
总金额	numeric(12,4)	否	否	
备注	varchar(500)	是	否	

表 2-14　入库单明细表

字段名称	数据类型	是否允许为空	是否为主键	备注
入库单号	varchar(20)	否	组合主键	外键：入库单（入库单号）
序号	int	否		
采购订单号	varchar(20)	是	否	外键：采购订单（采购订单号）
商品编码	varchar(20)	否	否	外键：商品资料（商品编码）

续表

字段名称	数据类型	是否允许为空	是否为主键	备注
商品名称	varchar(50)	否	否	
规格型号	varchar(100)	否	否	
单位	varchar(8)	否	否	
数量	numeric(12,2)	否	否	
单价	numeric(12,4)	否	否	
金额	numeric(12,4)	否	否	
仓库编码	varchar(20)	否	否	外键：仓库资料（仓库编码）
仓位编码	varchar(20)	否	否	外键：仓位资料（仓位编码）
备注	varchar(500)	是	否	

表 2-15 出库单

字段名称	数据类型	是否允许为空	是否为主键	备注
出库单号	varchar(20)	否	是	
日期	datetime	否	否	
客户编码	varchar(20)	否	否	外键：客户资料（客户编码）
客户名称	varchar(100)	否	否	
联系人	varchar(20)	否	否	
联系电话	varchar(50)	否	否	
送货地址	varchar(200)	否	否	
总金额	numeric(12,4)	否	否	
备注	varchar(500)	是	否	

表 2-16 出库单明细表

字段名称	数据类型	是否允许为空	是否为主键	备注
出库单号	varchar(20)	否	组合主键	外键：出库单(出库单号)
序号	int	否		
销售订单号	varchar(20)	是	否	外键：销售订单（销售订单号）
商品编码	varchar(20)	否	否	外键：商品资料（商品编码）
商品名称	varchar(50)	否	否	
规格型号	varchar(100)	否	否	
单位	varchar(8)	否	否	
数量	numeric(12,2)	否	否	
单价	numeric(12,4)	否	否	
仓库编码	varchar(20)	否	否	外键：仓库资料（仓库编码）
仓位编码	varchar(20)	否	否	外键：仓位资料（仓位编码）
金额	numeric(12,4)	否	否	
备注	varchar(500)	是	否	

表 2-17　调拨单

字段名称	数据类型	是否允许为空	是否为主键	备注
调拨单号	varchar(20)	否	是	
调拨日期	datetime	否	否	
调出仓库编码	varchar(20)	否	否	外键：仓库资料（仓库编码）
调出仓位编码	varchar(20)	否	否	外键：仓位资料（仓位编码）
调入仓库编码	varchar(20)	否	否	外键：仓库资料（仓库编码）
调入仓位编码	varchar(20)	否	否	外键：仓位资料（仓位编码）
调拨人	varchar(20)	否	否	
备注	varchar(500)	是	否	

表 2-18　调拨单明细表

字段名称	数据类型	是否允许为空	是否为主键	备注
调拨单号	varchar(20)	否	组合主键	外键：调拨单（调拨单号）
序号	int	否		
商品编码	varchar(20)	否	否	外键：商品资料（商品编码）
商品名称	varchar(50)	否	否	
规格型号	varchar(100)	否	否	
单位	varchar(8)	否	否	
可用库存	numeric(12,2)	是	否	
调拨数量	numeric(12,2)	否	否	
备注	varchar(500)	是	否	

表 2-19　报废单

字段名称	数据类型	是否允许为空	是否为主键	备注
报废单号	varchar(20)	否	是	
报废日期	datetime	否	否	
报废人	varchar(20)	否	否	
备注	varchar(500)	是	否	

表 2-20　报废单明细表

字段名称	数据类型	是否允许为空	是否为主键	备注
报废单号	varchar(20)	否	组合主键	外键：报废单（报废单号）
序号	int	否		
仓库编码	varchar(20)	否	否	外键：仓库资料（仓库编码）
仓位编码	varchar(20)	否	否	外键：仓位资料（仓位编码）
商品编码	varchar(20)	否	否	外键：商品资料（商品编码）
商品名称	varchar(50)	否	否	

续表

字段名称	数据类型	是否允许为空	是否为主键	备注
规格型号	varchar(100)	否	否	
单位	varchar(8)	否	否	
报废数量	numeric(12,2)	否	否	
报废原因	varchar(200)	是	否	
备注	varchar(500)	是	否	

表 2-21 收款单

字段名称	数据类型	是否允许为空	是否为主键	备注
收款单号	varchar(20)	否	是	
收款日期	datetime	否	否	
收款人	varchar(100)	否	否	
客户编码	varchar(20)	否	否	外键：客户资料（客户编码）
客户名称	varchar(100)	否	否	
应收总额	numeric(12,2)	否	否	
收款金额	numeric(12,2)	否	否	
备注	varchar(500)	是	否	

表 2-22 付款单

字段名称	数据类型	是否允许为空	是否为主键	备注
付款单号	varchar(20)	否	是	
付款日期	datetime	否	否	
付款人	varchar(100)	否	否	
供应商编码	varchar(20)	否	否	外键：供应商资料（供应商编码）
供应商名称	varchar(100)	否	否	
应付总额	numeric(12,2)	否	否	
付款金额	numeric(12,2)	否	否	
备注	varchar(500)	是	否	

2.2.2 使用 SQL Server Management Studio 创建表

1. 在表设计器中创建表的一般方法

任务 2-1：参考表 2-6 客户资料创建客户资料表。

详细步骤如下：

（1）启动 SQL Server Management Studio，登录服务器类型为"数据库引擎"，并使用 Windows 或 SQL Server 身份认证建立连接。

（2）连接成功后，在"对象资源管理器"窗口中依次展开"数据库"|"分销系统"节点，

右击"表"节点，选择"新建表"命令，打开"表设计器"窗口，如图 2-1 所示。

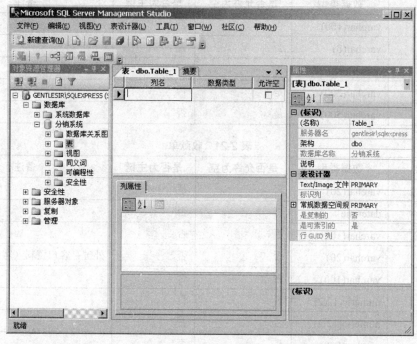

图 2-1　表设计器

（3）在"表设计器"窗口中，在"列名"下的编辑框中输入列名"客户编码"，然后单击"数据类型"下的下拉框，拖动下拉框的滚动条，选择"varchar(50)"，如图 2-2 所示。

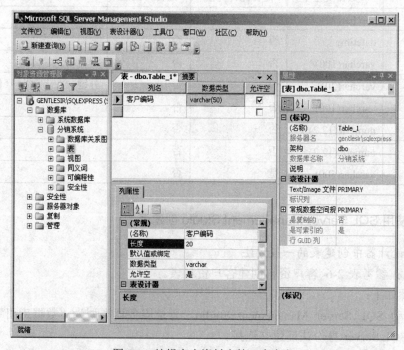

图 2-2　编辑客户资料表第一个字段

（4）在"表设计器"窗口的"列属性"选项卡中的"长度"域的编辑框中输入 20，如图 2-3 所示。输入完毕后，再看"数据类型"下的下拉框内容由 varchar(50)变为 varchar(20)。

图 2-3 设定字符类型长度

（5）单击"表设计器"窗口的"允许空"列中的小方框，去掉小方框中的√，就符合了"客户编码"列不允许为空的要求。

（6）类似的，重复步骤（3）～（5），在"表设计器"窗口添加好客户资料表的全部 7 个字段，效果如图 2-4 所示。

图 2-4 表设计器-客户资料表的 7 个字段

（7）设置主键。在"表设计器"窗口中选定第一个字段"客户编码"，再执行菜单命令"表

设计器"|"设置主键"即可按要求将字段"客户编码"设为主键，操作示意如图 2-5 所示。

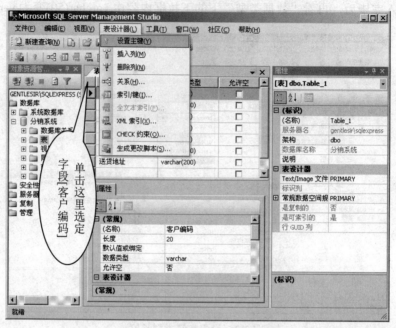

图 2-5 设置客户资料表的主键

（8）修改表名称。在"表设计器"窗口右侧的"属性"面板中的"(名称)"域的编辑框中输入表名称"客户资料"，如图 2-6 所示。表名称输入完成后不是立即生效的，要在保存表后，表名称修改才生效。

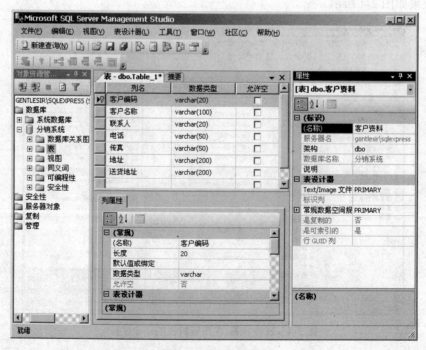

图 2-6 修改表名称

（9）保存表。在创建表的过程中，表的临时名称为 Table_1。单击工具栏中的"保存"按钮 即可保存表，看看表保存好后，步骤（8）中修改的表名称是否生效了？

任务 2-2：参考表 2-3 创建供应商资料表。

供应商资料表作为一个基础表，和客户资料表一样，与后面的采购订单等表存在外键关系，读者为参考任务 2-1 的步骤创建商品资料表。

2. 在表设计器中设置主键、外键

任务 2-3：参考表 2-7 销售订单创建销售订单表。

销售订单表与客户资料表比较，多了外键的定义，也有不同数据类型的字段。详细步骤如下：

（1）启动 SQL Server Management Studio，登录服务器类型为"数据库引擎"，并使用 Windows 或 SQL Server 身份认证建立连接。

（2）连接成功后，在"对象资源管理器"窗口中依次展开"数据库"|"分销系统"节点，右击"表"节点，选择"新建表"命令。打开"表设计器"窗口。按照前面的方法，在"表设计器"编辑界面输入全部 9 个字段的字段名、数据类型、是否允许为空，结果如图 2-7 所示。

（3）设置主键和保存表。在"表设计器"窗口中选定第一个字段"销售订单号"，再执行菜单命令"表设计器"|"设置主键"即可按要求将字段"销售订单号"设为主键。完成主键设置后，单击工具栏中的"保存"按钮 ，在弹出的"选择名称"对话框中输入表名称"销售订单"，完成销售订单表的保存。

（4）开始设置外键。在"对象资源管理器"窗口中，依次展开"数据库"|"分销系统"节点，右击"数据库关系图"节点，选择"新建数据库关系图"命令，在弹出的"添加表"对话框中选中"客户资料"和"销售订单"两个表，单击"添加"按钮，如图 2-8 所示。

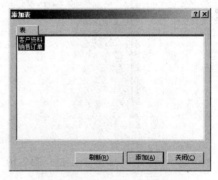

图 2-7　销售订单表 9 个字段　　　　　　图 2-8　添加建立关系的表

（5）在"关系图"窗口中先选定"销售订单"表中的列"客户编码"，然后将鼠标再次定位在该列上，接着按住左键不放，拖动鼠标到"客户资料"表的范围内，再松开左键。如图 2-9 所示。

（6）步骤（5）完成后，会立即弹出"外键关系"和"表和列"对话框，如图 2-10 所示。在"表和列"对话框中可以清楚看到主键表、主键列和外键表、外键列，同时可以在"关系名"下的编辑框中给这个外键命名。在"表和列"对话框中可以不做任何修改直接单击"确定"按钮。

（7）步骤（6）完成后，返回"外键关系"对话框，直接单击"确定"按钮即可，如图 2-10 所示。

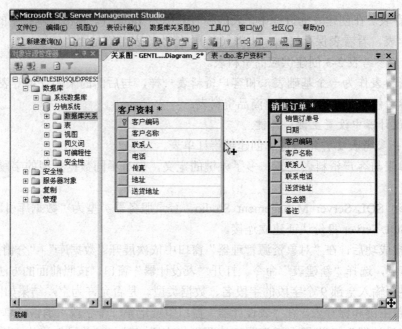

图 2-9　关系图窗口

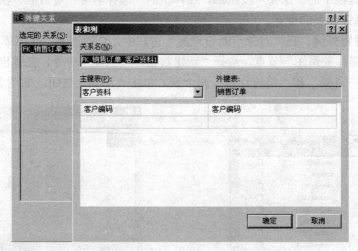

图 2-10　"表和列"对话框

（8）保存关系图。单击工具栏中的"保存"按钮 ![save] 即可保存关系图，若关系图是第一次保存，将会弹出"选择名称"对话框让用户输入关系图名称。关系图保存后，通常会出现因为表受到影响而要求保存表的"保存"对话框，单击"是"按钮即可。建立好外键的关系图，如图 2-11 所示。至此，销售订单表创建完成。

任务 2-4： 参考表 2-9 创建商品资料表。

商品资料作为一个基础表，与后面的销售订单明细表等表存在外键关系，请参考任务 2-1 的步骤创建商品资料表

3．在表设计器中设置标识列

任务 2-5： 参考表 2-8 创建销售订单明细表。

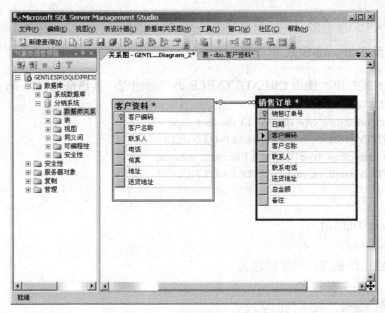

图 2-11 建立好外键的关系图窗口

销售订单明细表与前面两个表相比，不同的地方有两点：一是序号列是标识列，二是由销售订单号和序号两个列的组合作为主键。多个列的组合设置为主键，操作上与单列设置为主键是一样的，先同时选定要设为主键的多个列，再执行菜单命令"表设计器"|"设置主键"。

在"表设计器"窗口输入销售订单明细表的全部 10 个字段的字段名、数据类型、是否允许为空等信息后，设置"序号"字段为标识列，选定"序号"列，展开"列属性"选项卡中的"标识规范"，设置"是标识"为"是"，同时"标识增量"和"标识种子"都自动被设置为默认值 1，如图 2-12 所示。

图 2-12 设置标识列

对于销售订单明细表的外键设置，参考任务 2-3 即可。

2.2.3 使用 Transact-SQL 创建表

在 Transact-SQL 中，使用 CREATE TABLE 语句创建表，其语法格式如下：

```
CREATE TABLE table_name
(column_name data_type [DEFAULT constant_express]
[IDENTITY[(seed,increment)]] [NULL|NOT NULL]
column_name data_type [DEFAULT constant_express]
[IDENTITY[(seed,increment)]] [NULL|NOT NULL]
...
)
[on {group|DEFAULT}]
```

参数含义说明如下：

- CREATE TABLE：用来创建表。
- table_name：表名称。
- column_name：表示列的字段名。
- data_type：表示该列的数据类型及长度。
- 关键字 DEFAULT：表示创建默认值。
- constant_express：默认的值，其值是常量表达式。
- 关键字 IDENTITY：表示定义一个标识列。
- 关键字 seed：是标识列的初始值。
- 关键字 increment：是标识列的增量。
- 关键字 NULL：表示该列允许空。
- 关键字 NOT NULL：表示该列不允许空。
- 关键字 ON：表示把所创建的表添加到文件组中。
- group：表示存储在名为 group 的文件组中。
- DEFAULT：表示存储在默认文件组中。

任务 2-6：参考表 2-21 用 Transact_SQL 创建收款单。

具体步骤如下：

（1）在 SQL Server Management Studio 界面中，单击"新建查询"按钮，选择登录服务器类型为"数据库引擎"，并使用 Windows 或 SQL Server 身份认证建立连接，新开一个 SQLQuery 窗口。

（2）在 SQLQuery 窗口输入如下命令（大小写不影响结果），然后单击"执行"按钮，即能创建好收款单。

```
USE 分销系统
GO
CREATE TABLE 收款单
(
收款单号 Varchar(20) NOT NULL PRIMARY KEY,
收款日期 Datetime NOT NULL,
收款人 Varchar(100) NOT NULL,
```

客户编码 varchar(20) NOT NULL FOREIGN KEY REFERENCES 客户资料(客户编码),
客户名称 varchar(100) NOT NULL,
应收总额 Numeric(12,2) NOT NULL,
收款金额 Numeric(12,2) NOT NULL,
备注 Varchar(500) NULL
)
GO

以上代码共 14 行（一对圆括号占两行也算在内），下面详细解析每一行代码。

第 1 行，用 USE 语句打开"分销系统"数据库，使之成为当前数据库，后面所做的操作都是在当前数据库中进行的。

第 2 行，GO 是批处理的结束标志，当编译器执行到 go 时会把 go 前面的所有语句当成一个批处理。

第 3~13 行是一个完整的 CREATE TABLE 语句结构。

第 3 行，关键字 CREATE TABLE 后面是要创建的表的名称，而第 4~12 行是圆括号括起来的，圆括号里面是表结构的定义，也就是描述要创建的表的第 1 个列的列名是什么，是什么数据类型的，是否允许为空，有什么约束；第 2 个列的列名是什么，是什么数据类型的，是否允许为空，有什么约束等。

第 5 行，定义表的第 1 个列，列名为"收款单号"，数据类型为 Varchar(20)，即最大长度为 20 的可变长字符型，不允许为空，这个列是主键（Primary key，PK）。

第 6 行，定义表的第 2 个列，列名为"收款日期"，数据类型为 Datetime，即日期型，不允许为空。

第 7 行，定义表的第 3 个列，列名为"收款人"，数据类型为 Varchar(100)，即最大长度为 100 的可变长字符型，不允许为空。

第 8 行，定义表的第 4 个列，列名为"客户编码"，数据类型为 Varchar(20)，即最大长度为 20 的可变长字符型，不允许为空，这个列是外键，对应"客户资料"表的"客户编码"列。

第 9 行，定义表的第 5 个列，列名为"客户名称"，数据类型为 Varchar(100)，即最大长度为 100 的可变长字符型，不允许为空。

第 10 行，定义表的第 6 个列，列名为"应收总额"，数据类型为 Numeric(12,2)，即含 2 位小数位在内共 12 位的精确数值型，不允许为空。

第 11 行，定义表的第 7 个列，列名为"收款金额"，数据类型为 Numeric(12,2)，即含 2 位小数位在内共 12 位的精确数值型，不允许为空。

第 12 行，定义表的第 8 个列，列名为"备注"，数据类型为 Varchar(500)，即最大长度为 500 的可变长字符型，允许为空。

任务 2-7：参考表 2-4 用 Transact-SQL 创建采购订单。

在 SQLQuery 窗口输入如下命令，然后单击"执行"按钮，即能创建采购订单表。

USE 分销系统
GO
CREATE TABLE 采购订单
(
采购订单号 varchar(20) NOT NULL PRIMARY KEY,
日期 datetime NOT NULL,

```
供应商编码  varchar(20) NOT NULL FOREIGN KEY REFERENCES  供应商资料(供应商编码),
供应商名称  varchar(100) NOT NULL,
联系人  varchar(20) NOT NULL,
联系电话  varchar(50) NOT NULL,
总金额  numeric(12,4) NOT NULL,
备注  varchar(500)
)
GO
```

以上代码共 14 行（一对圆括号占两行也算在内），下面详细解析每一行代码。

第 1 行，用 USE 语句打开"分销系统"数据库，使之成为当前数据库，后面所做的操作都是在当前数据库中进行的。

第 2 行，GO 是批处理的结束标志，当编译器执行到 GO 时会把 GO 前面的所有语句当成一个批处理。

第 3～14 行是一个完整的 CREATE TABLE 语句结构。

第 5 行，定义表的第 1 个列，列名为"采购订单号"，数据类型为 varchar(20)，不允许为空，这个列是主键。

第 6 行，定义表的第 2 个列，列名为"日期"，数据类型为 datetime，即日期时间类型，不允许为空。

第 7 行，定义表的第 3 个列，列名为"供应商编码"，数据类型为 varchar(20)，不允许为空，有外键约束，参照"供应商资料"表的"供应商编码"列。

第 8 行，定义表的第 4 个列，列名为"供应商名称"，数据类型为 varchar(100)，不允许为空。

第 9 行，定义表的第 5 个列，列名为"联系人"，数据类型为 varchar(20)，不允许为空。

第 10 行，定义表的第 6 个列，列名为"联系电话"，数据类型为 varchar(50)，不允许为空。

第 11 行，定义表的第 7 个列，列名为"总金额"，数据类型为 numeric(12,4)，即含 4 位小数位在内共 12 位的精确数值型，不允许为空。

第 12 行，定义表的第 8 个列，列名为"备注"，数据类型为 varchar(500)，允许为空。

任务 2-8：参考表 2-5 用 Transact-SQL 创建采购订单明细表。

在 SQLQuery 窗口输入如下命令，然后单击"执行"按钮，即能创建采购订单明细表。

```
USE 分销系统
GO
CREATE TABLE  采购订单明细表
(
    采购订单号  varchar(20)   NOT NULL,
    序号  int NOT NULL,
    商品编码  varchar(20)   NOT NULL FOREIGN KEY REFERENCES 商品资料(商品编码),
    商品名称  varchar(50)   NOT NULL,
    规格型号  varchar(100)   NOT NULL,
    单位  varchar(8)   NOT NULL,
    数量  numeric(12, 2) NOT NULL,
    单价  numeric(12, 2) NOT NULL,
    金额  numeric(12, 2) NOT NULL,
```

```
        备注 varchar(500)　NULL,
        PRIMARY KEY (采购订单号,序号),
        FOREIGN KEY (采购订单号) REFERENCES 采购订单(采购订单号)
    )
    GO
```

以上代码共 18 行（一对圆括号占两行也算在内），下面详细解析每一行代码。

第 1 行，用 USE 语句打开"分销系统"数据库，使之成为当前数据库，后面所做的操作都是在当前数据库中进行的。

第 2 行，GO 是批处理的结束标志，当编译器执行到 GO 时会把 GO 前面的所有语句当成一个批处理。

第 3～17 行是一个完整的 CREATE TABLE 语句结构。

第 5 行，定义表的第 1 个列，列名为"采购订单号"，数据类型为 varchar(20)，不允许为空。

第 6 行，定义表的第 2 个列，列名为"序号"，数据类型为 int，不允许为空。

第 7 行，定义表的第 3 个列，列名为"商品编码"，数据类型为 varchar(20)，不允许为空，定义外键关系，参照"商品资料"表的"商品编码"列。

第 8 行，定义表的第 4 个列，列名为"商品名称"，数据类型为 varchar(50)，不允许为空。

第 9 行，定义表的第 5 个列，列名为"规格型号"，数据类型为 varchar(100)，不允许为空。

第 10 行，定义表的第 6 个列，列名为"单位"，数据类型为 varchar(8)，不允许为空。

第 11 行，定义表的第 7 个列，列名为"数量"，数据类型为 numeric(12,2)，即含 2 位小数位在内共 12 位的精确数值型，不允许为空。

第 12 行，定义表的第 8 个列，列名为"单价"，数据类型为 numeric(12,2)，即含 2 位小数位在内共 12 位的精确数值型，不允许为空。

第 13 行，定义表的第 9 个列，列名为"金额"，数据类型为 numeric(12,2)，即含 2 位小数位在内共 12 位的精确数值型，允许为空。

第 14 行，定义表的第 10 个列，列名为"备注"，数据类型为 varchar(500)，允许为空。

第 15 行，定义组合主键（采购订单号+序号）。

第 16 行，定义外键约束，使得"销售订单号"列参照"采购订单"表的"采购订单号"列。

2.2.4　使用 Transact-SQL 修改表结构

在创建据数据表后，经常需要对原先的某些定义进行一定的修改，例如添加、修改、删除列以及各种约束等。

在前面，创建销售订单明细表时，把序号列定义为标识列并不合适。由于销售订单明细表中有了组合主键（销售订单号+序号），若还把序号列定义为标识列的话，各个销售订单中所销售的商品序号将不可能从 1 开始并且是 1、2、3 这样延续的序号。为此，需要修改销售订单明细表的结构，取消序号列作为标识列定义。

第 1 种方法，在图 2-12 中设置"是标识"为"否"即可。若要对该表再进行一些添加字段、删除字段、修改字段的数据类型、删除主键等操作，在图 2-12 的操作界面中也是非常容易做到的。

第 2 种方法，则是用 ALTER TABLE 语句对表结构进行修改。下面介绍 ALTER TABLE 的几个基本使用。

- 修改指定列的数据类型

  ALTER TABLE 表名

  ALTER COLUMN 列名 数据类型 NULL/NOT NULL

- 增加列

  ALTER TABLE 表名

  ADD 列名 数据类型 NULL/NOT NULL

- 删除列

  ALTER TABLE 表名

  DROP COLUMN 列名

任务 2-9：修改销售订单明细表中单价字段的数据类型为 numeric(12,4)。

在 SQLQuery 窗口输入如下命令，然后单击"执行"按钮即可。

    ALTER TABLE 销售订单明细表
    ALTER COLUMN 单价 numeric(12,4) NOT NULL

任务 2-10：给客户资料表新增一个名为"登记日期"的 datetime 类型的字段，然后再将该新增字段删除。

1）在 SQLQuery 窗口中执行如下命令，即可增加"登记日期"字段。

    ALTER TABLE 客户资料 ADD 登记日期 datetime NULL

2）在 SQLQuery 窗口中执行如下命令，即可删除"登记日期"字段。

    ALTER TABLE 客户资料 drop column 登记日期

任务 2-11：用 ALTER TABLE 语句来达到取消销售订单明细表中序号字段的标识列定义的目的（注意，序号列的 IDENTITY 属性无法直接删除，这里采取先删除序号列，再增加序号列的做法。但因为在前面建表时，把序号设置为组合主键了，所以在删除序号列之前，必须先删除组合主键（销售订单号，序号）。执行完下面的代码后，记得重新建立组合主键）。

在 SQLQuery 窗口中执行如下命令：

    ALTER TABLE 销售订单明细表
    drop column 序号
    go
    ALTER TABLE 销售订单明细表
    ADD 序号 int NOT NULL

2.2.5　删除表

启动 SQL Server Management Studio 后，在对象资源管理器中，展开分销系统数据库中的表，然后右击要删除的表，在弹出的右键菜单中选择"删除"菜单命令即可。例如，删除采购订单明细表的操作示意如图 2-13 所示。

在 SQL Server 中，删除表还可以用 DROP TABLE 语句，其语法如下：

    DROP TABLE 表名称

例如，在 SQLQuery 窗口中执行如下命令，同样可以删除采购订单明细表（删除后，请读者自行按照任务 2-8 的语句，重新创建采购订单明细表）。

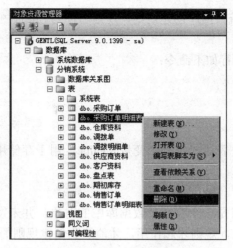

图 2-13 删除表

任务 2-12：删除采购订单明细表。

drop table 采购订单明细表

2.3 实现数据库的完整性

数据库完整性是指数据库中数据的正确性和相容性。所谓数据的正确性是指数据的值必须是正确的，必须在规定的范围之内；而数据的相容性是指数据的存在必须确保同一表格数据之间及不同表格数据之间的相容关系。例如，销售订单号必须是唯一的；销售订单表中的客户编号必须是客户资料表中已存在的；等等。

数据库完整性是衡量一个数据库质量好坏的重要标准，是确保数据库中的数据的一致性、正确性以及符合企业规则的一种思想，是使无序数据条理化、确保正确数据被存放在正确的位置的一种手段。

在 SQL Server 2012 中可以通过各种规则（rule）、默认值（default）、约束（constraint）和触发器（trigger）等数据库对象来保证数据库的完整性。

2.3.1 规则

规则（rule）就是数据库中对存储在表中的列或用户定义数据类型中的值的规定和限制。规则是单独存储的独立的数据库对象。规则和约束可以同时使用，表的列可以有一个规则及多个约束。

1. 创建规则

使用 CREATE RULE 语句可以创建规则，其语法如下：

　　CREATE RULE 规则名称 AS condition_expression

其中，condition_expression 子句是规则的定义，通常是一个条件表达式，用来指定需要满足的条件。该表达式可以是能够用于 WHERE 条件子句的任何表达式，可以包含算术运算符、关系运算符和谓词（如 IN、LIKE、BETWEEN 等）。该表达式中必须有一个以字符"@"开头的变量，该变量用于存储在修改该列的记录时用户输入的值。

任务 2-13：为分销系统数据库创建规则，规则名称为 rule1，它将限定使用了该规则的列的值都必须大于 0。

在 SQLQuery 窗口中执行如下命令：

```
use 分销系统
go
create rule rule1
as @value>0
```

上述规则创建子句中，表达式中有个变量@value，用于存储用户输入的值，来判断该值是否符合表达式的要求。

2. 绑定规则

规则创建后，其仅仅只是一个存在于数据库中的对象，并未发生作用。需要将规则绑定到列或用户定义数据类型上，规则才起作用，才能达到创建规则的目的。

使用系统存储过程 sp_bindrule 可以将规则绑定到列或用户定义的数据类型上，其语法如下：

```
sp_bindrule 'rule_name','object_name'[,'futureonly_flag']
```

其中，rule_name 为规则名称；object_name 是规则要绑定到的列名或用户自定义数据类型名；futureonly_flag 是可选项，仅当规则被绑定到用户自定义数据类型时使用。

任务 2-14：将规则 rule1 绑定到销售订单明细表的单价列中。

在 SQLQuery 窗口中执行如下命令：

```
sp_bindrule 'rule1','销售订单明细表.单价'
```

3. 解除规则的绑定

系统存储过程 sp_unbindrule 可以解除规则与列或用户自定义数据类型的绑定，其语法如下：

```
sp_unbindrule 'object_name'[,'futureonly_flag']
```

参数意义与 sp_bindrule 相同。

任务 2-15：为销售订单明细表的单价列解除规则绑定。

在 SQLQuery 窗口中执行如下命令：

```
sp_unbindrule  '销售订单明细表.单价'
```

4. 删除规则

当一个规则要被删除时，必须确保该规则当前已经不再被绑定到任何其他对象上。使用 DROP RULE 语句可以删除当前数据库中的一个或多个规则，其语法如下：

```
DROP RULE rule_name [,rule_name,…]
```

任务 2-16：在确认规则 rule1 已不被绑定到任何对象上后，删除规则 rule1。

在 SQLQuery 窗口中执行如下命令：

```
DROP RULE rule1
```

2.3.2 约束

约束（Constraint）是 SQL Server 提供的自动保持数据完整性的一种机制，它定义了可以输入表或表的单个列中的数据的限制条件。约束是用来维护关系数据库数据的正确性和一致性、保证数据库完整性的必要条件。

在 SQL Server 中有 6 种约束：主键约束（Primary Key Constraint）、外键约束（Foreign Key

Constraint)、唯一性约束（Unique Constraint）、检查约束（Check Constraint）、默认约束（Default Constraint）和非空值约束（Not Null Constraint）。

1．主键约束

表的一列或几列的组合的值在表中唯一地指定一行记录，这样的一列或多列称为表的主键，通过它可强制表的实体完整性。主键不允许为空值，且不同两行的键值不能相同。表中可以有不止一个键能唯一标识行，每个键都称为候选键，但只可以选一个候选键作为表的主键，其他候选键称作备用键。

如果一个表的主键由单列组成，则该主键约束可以定义为该列的列约束。如果主键由两个以上的列组成，则该主键约束必须定义为表约束。所谓列约束是指对于列的约束，表约束是指在表定义上定义的约束。

定义列级主键约束的语法格式如下：

    \<column_name> {\<data_type>|\<domain>} [constraint constraint_name] PRIMARY KEY

其中，column_name 是被定义为主键约束的列名；data_type 是该列要包含的数据的数据类型；domain 是该列的值域；constraint_name 是指定约束的名称。

例如，创建仓库模块中的报废单，其中报废单号字段是该表的主键，由于是单列组成的主键，故该主键可以定义为列级主键。

任务 2-17：参照表 2-19 创建报废单，其中"报废单号"为主键。

在 SQLQuery 窗口中执行如下命令：

```
use 分销系统
go
create table 报废单
(
报废单号  varchar(20) NOT NULL constraint PK_BFDH primary key,
报废日期  datetime NOT NULL,
报废人  varchar(20) NOT NULL,
备注  varchar(500) NULL
)
go
```

这里，第 5 行是对表的第 1 个字段的定义，字段名为"报废单号"，字段类型为 varchar(20)，该列是主键，并且该主键的名称为 PK_BFDH。

定义表级主键约束的语法格式如下：

    \<constraint constraint_name> PRIMARY KEY [CLUSTERED | NONCLUSTERED] (\<column_name> [{,\<column_name>}])

其中，constraint_name 是指定约束的名称，在数据库中应是唯一的，如果不指定，则系统会自动生成一个约束名；CLUSTERED 和 NONCLUSTERED 指定了索引类别，分别表示聚集和非聚集；column_name 指定组成主键的列名，可以是一个或多个列，但不能多于 16 个列。

例如，创建仓库模块中的报废单明细表，其中主键由组合列（报废单号+序号）组成，该主键必须定义为表级主键。

任务 2-18：参照表 2-20 创建报废单明细表（暂时未考虑外键约束）。

在 SQLQuery 窗口中执行如下命令：

```
USE 分销系统
```

```
GO
CREATE TABLE  报废单明细表
(
报废单号 varchar(20) NOT NULL,
序号 int NOT NULL,
仓库编码 Varchar(20) NOT NULL,
仓位编码 Varchar(20) NOT NULL,
商品编码 varchar(20) NOT NULL,
商品名称 varchar(50) NOT NULL,
规格型号 varchar(100) NOT NULL,
单位 Varchar(8) NOT NULL,
报废数量 numeric(12,2) NOT NULL,
报废原因 Varchar(200) NULL,
备注 varchar(500) NULL,
constraint PK_BFDH_XH PRIMARY KEY (报废单号,序号)
)
GO
```

这里，第 16 行是定义主键约束，该主键约束名为 PK_BFDH_XH，由组合列（报废单号，序号）组成该约束。

2. 外键约束

外键约束定义了表与表之间的关系。主要用来维护两个表之间的一致性关系。当一个表中一列或多列的组合与其他表中的主键定义相同时，就可以将这些列或列的组合定义为外键，并设定它与哪个表的哪些列相关联。这样，当在定义主键约束的表中更新数据时，与之相关联的外键约束的表中的外键列也将相应地做相同的更新。另一方面，当向含有外键的表中插入数据时，如果与之关联的表的主键列中没有键要插入的数据时，这次的数据插入操作会被拒绝。所以，外键是关系数据库中增强表与表之间参照完整性的主要机制。

定义列级外键约束的语法格式如下：

<column_name> {<data_type>|<domain>} [CONSTRAINT constraint_name] FOREIGN KEY REFERENCES <ref_table> [(<ref_column>[{,<ref_column>}])] [NOT FOR REPLICATION]

其中，REFERENCES 指定要建立关联的表的信息；ref_table 指定要建立关联的表的名称；ref_column 指定要建立关联的表中的相关列的名称；NOT FOR REPLICATION 表示在把从其他表中复制的数据插入到表中时，指定的列的外键约束不发生作用。

例如，财务模块中，付款单的供应商编号字段指定为外键约束，其与供应商资料表的主键列供应商编号相关联。

任务 2-19： 参照表 2-22 创建付款单。

在 SQLQuery 窗口中执行如下命令：

```
USE 分销系统
GO
CREATE TABLE  付款单
(
付款单号 Varchar(20) NOT NULL PRIMARY KEY,
付款日期 Datetime NOT NULL,
付款人 Varchar(100) NOT NULL,
```

```
供应商编码 varchar(20) NOT NULL FOREIGN KEY REFERENCES 供应商资料(供应商编码),
供应商名称 varchar(100) NOT NULL,
应付总额 Numeric(12,2) NOT NULL,
付款金额 Numeric(12,2) NOT NULL,
备注 Varchar(500) NULL
)
GO
```

这里，第8行是对表的第4个字段的定义，字段名为"供应商编码"，字段类型为varchar(20)，该列指定为外键约束，没指定外键约束的名称，系统将会自动生成该约束的名称，指定了与该列相关联的是"供应商资料"表的"供应商编码"列。

由于采购订单表、供应商资料表这两个表相关联的列的名称相同，上面的第 8 行还可以写成下面的形式：

```
供应商编码 varchar(20)   FOREIGN KEY REFERENCES 供应商资料,
```

定义外键约束用于表约束的语法格式如下：

```
[CONSTRAINT constraint_name] FOREIGN KEY REFERENCES
(<column_name>[{,<column_name>}])
REFERENCES <ref_table> [(<ref_column>[{,<ref_column>}])]
[ ON DELETE { CASCADE | NO ACTION } ]
[ ON UPDATE { CASCADE | NO ACTION } ]
[ NOT FOR REPLICATION ]
```

其中，**ON DELETE { CASCADE | NO ACTION }** 表示在删除表中的数据时，指定关联表所做的操作，NO ACTION 是默认值，会产生一个错误，父表的删除操作回滚，而 CASCADE 是级联操作，删除父表数据行的同时将子表对应的数据行删除；ON UPDATE { CASCADE | NO ACTION }表示在更新表中的数据时，指定关联表所做的操作，NO ACTION 是默认值，会产生一个错误，父表的更新操作回滚，而 CASCADE 是级联操作，更新父表数据行的同时会更新子表对应的数据行。

例如，要使得采购订单表中的外键约束用于表约束的话，创建采购订单表的语句可以写为：

```
USE 分销系统
GO
CREATE TABLE 付款单
(
付款单号 Varchar(20) NOT NULL PRIMARY KEY,
付款日期 Datetime NOT NULL,
付款人 Varchar(100) NOT NULL,
供应商编码 varchar(20) NOT NULL,
供应商名称 varchar(100) NOT NULL,
应付总额 Numeric(12,2) NOT NULL,
付款金额 Numeric(12,2) NOT NULL,
备注 Varchar(500) NULL,
constraint FK_GYSBM FOREIGN KEY (供应商编码) REFERENCES 供应商资料(供应商编码)
)
GO
```

另外，还能为有需要的已存在的表添加各种约束，比如给报废单明细表添加外键约束：

任务 2-20：参照表 2-20 报废单明细表给报废单明细表添加外键约束（报废单号+商品编码）。

```
USE 分销系统
GO
ALTER TABLE 报废单明细表
ADD CONSTRAINT BF_BFDH FOREIGN KEY (报废单号) REFERENCES 报废单(报废单号),
CONSTRAINT BF_SPBM FOREIGN KEY (商品编码) REFERENCES 商品资料(商品编码)
GO
```

3. 唯一性约束

唯一性约束是 SQL 完整性约束类型中，除主键约束外的另一种可以定义唯一约束的类型。唯一性约束指定一个或多个列的组合的值具有唯一性，以防止在列中输入重复的值。唯一性约束指定的列可以有 NULL 属性。主键也强制执行唯一性，但主键不允许空值，故主键约束强度大于唯一性约束。因此主键列不能再设定唯一性约束。

定义唯一性约束用于表约束的语法如下：

```
[CONSTRAINT constraint_name] UNIQUE [ CLUSTERED | NONCLUSTERED ]
(<column_name>[{,<column_name>}])
```

其中，定义唯一性约束的列的数量不能大于 16。

例如，仓库模块 1 中的仓库资料表，其中的仓库编码是主键，而仓库名称也应该具有唯一性，使得任何两个仓库都不具有同样的名字。

任务 2-21：参照表 2-10 创建仓库资料表，对仓库名称建立唯一性约束。

在 SQLQuery 窗口中执行如下命令：

```
use 分销系统
go
create table  仓库资料
(
    仓库编码  varchar(20)   primary key,
    仓库名称  varchar(50) NOT NULL,
    仓库位置  varchar(500) NOT NULL ,
    备注  varchar(500),
    constraint UK_CCMC UNIQUE (仓库名称)
)
go
```

如果对于单列定义唯一性约束，即用于列约束，则创建仓库资料表的语句也可以写成如下：

```
create table  仓库资料
(
    仓库编码  varchar(20)   primary key,
    仓库名称  varchar(50) NOT NULL UNIQUE,
    仓库位置  varchar(500) NOT NULL ,
    备注  varchar(500)
)
go
```

4. 检查约束

检查（Check）约束对输入列或整个表中的值设置检查条件，以限制输入值，保证数据库的数据完整性。

当对具有检查约束的列进行插入或修改时，SQL Server 将用该检查约束的逻辑表达式对新值进行检查，只有满足条件（逻辑表达式返回 TRUE）的值才能填入该列，否则报错。可以为每列指定多个 CHECK 约束。

如果要创建表级检查约束，则可以在定义中使用下列语法结构：

　　[CONSTRAINT constraint_name] CHECK { <search_condition> }

其中，search_condition 是在创建表的过程中为列指定的取值范围。

例如，仓库模块 2 中的期初库存表，其中的期初单价不可能小于 0，为保证所有录入的该列数据都大于 0，应该对该列能录入的值进行检查限制。

任务 2-22： 参照表 2-12 创建期初库存表，为其中的期初单价创建检查约束（期初单价>0）。

在 SQLQuery 窗口中执行如下命令：

```
use 分销系统
go
create table 期初库存
(
    序号  int IDENTITY(1,1) Primary Key,
    仓库编码  varchar(20) NOT NULL FOREIGN KEY REFERENCES 仓库资料(仓库编码),
    仓位编码  varchar(20) NOT NULL,
    商品编码  varchar(20) NOT NULL FOREIGN KEY REFERENCES 商品资料(商品编码),
    商品名称  varchar(50) NOT NULL,
    规格型号  varchar(100) NOT NULL,
    单位  varchar(8) NOT NULL,
    期初数量  numeric(12,2) NOT NULL,
    期初单价  numeric(12,4) NOT NULL,
    期初金额  numeric(12,4) NOT NULL,
    备注  varchar(500),
    constraint CK_QCDJ CHECK (期初单价>0)
)
go
```

上述语句是将 CHECK 约束作为表约束在 CREATE TABLE 语句中定义的，如果要将 CHECK 约束作为列约束在创建语句中定义，则创建期初库存表的语句如下：

```
use 分销系统
go
create table 期初库存
(
    序号  int IDENTITY(1,1) Primary Key,
    仓库编码  varchar(20) NOT NULL FOREIGN KEY REFERENCES 仓库资料(仓库编码) ,
    仓位编码  varchar(20) NOT NULL,
    商品编码  varchar(20) NOT NULL FOREIGN KEY REFERENCES 商品资料(商品编码),
    商品名称  varchar(50) NOT NULL,
    规格型号  varchar(100) NOT NULL,
    单位  varchar(8) NOT NULL,
    期初数量  numeric(12,2) NOT NULL,
    期初单价  numeric(12,4) NOT NULL CHECK (期初单价>0),
```

```
期初金额  numeric(12,4) NOT NULL,
备注  varchar(500)
)
go
```

在这里，容易看到 CHECK 约束和规则相似，都是在向表中插入或更新数据时，用来限制输入值的取值范围。而 CHECK 约束与规则的不同之处有 3 点：

- CHECK 约束是在创建表时指定的，而规则可以作为单独的数据库对象来对列进行约束。
- 在同一列中，可以有一个规则及多个 CHECK 约束。
- 规则可以应用于多个列，还可以应用于用户自定义数据类型，而 CHECK 约束只能用于它定义的列。

5. 默认约束

默认约束通过定义列的默认值或使用数据库的默认值对象绑定表的列，以确保在没有为某列指定数据时来指定列的值。

默认值可以是常量，也可以是表达式，还可以为 NULL 值。

具有默认约束的列定义的语法如下：

```
<column_name> <data_type> DEFAULT <default_value>
```

例如，仓库模块的调拨单表，其中的调拨日期可以定义一个默认值，为录入调拨数据的当天时间。

任务 2-23：参照表 2-17 创建调拨单表，为其中的调拨日期定义一个默认值为当前时间（SQL 中 getdate()函数返回服务器当前时间）。

在 SQLQuery 窗口中执行如下命令：

```
use 分销系统
go
create table  调拨单
(
调拨单号  varchar(20) Primary Key,
调拨日期  datetime DEFAULT (GetDate()),
调拨人  varchar(20) NOT NULL,
调出仓库编码  varchar(20) NOT NULL FOREIGN KEY REFERENCES  仓库资料(仓库编码),
调出仓位编码  varchar(20) NOT NULL,
调入仓库编码  varchar(20) NOT NULL FOREIGN KEY REFERENCES  仓库资料(仓库编码),
调入仓位编码  varchar(20) NOT NULL,
备注  varchar(500)
)
go
```

又如，仓库模块 2 的调拨单明细表，其中的调拨数量可以定义一个默认值 1。

任务 2-24：参照表 2-18 创建调拨单明细表，可以为其中的调拨数量定义一个默认值 1。

```
use 分销系统
go
create table  调拨单明细表
(
```

```
调拨单号 varchar(20) NOT NULL,
序号 int   NOT NULL,
商品编码 varchar(20)   NOT NULL,
商品名称 varchar(50)   NOT NULL,
规格型号 varchar(100)   NOT NULL,
单位 varchar(8) NOT NULL,
可用库存 numeric(12,2),
调拨数量 numeric(12,2) NOT NULL DEFAULT (1),
备注 varchar(500),
primary key (调拨单号,序号),
foreign key (调拨单号) references 调拨单(调拨单号),
foreign key (商品编码) references 商品资料(商品编码)
)
go
```

6. 非空值约束

非空值约束限制一列或多个列的值不能为空（NULL）。空表示未定义或未知的值。在默认情况下，所有列都接受空值，若要某列不接受空值，则可以在该列上设置 NOT NULL 约束。

NOT NULL 约束只能用于列约束，其语法格式如下：

  <column_name> {<data_type>|<domain>} NOT NULL

在前面创建表的语句中，已经多次使用了非空值约束，应该非常熟练了，请读者自行练习。

课后作业：请参考前面的 SQL 的建表语句完成下面几个任务。

任务 2-25：参照表 2-11 创建仓位资料。

任务 2-26：参照表 2-13 创建入库单。

任务 2-27：参照表 2-14 创建入库单明细表。

任务 2-28：参照表 2-15 创建出库单。

任务 2-29：参照表 2-16 创建出库单明细表。

2.4　插入、修改和删除分销系统数据表的数据

在数据库中的表对象建立后，用户对表的访问可以归纳为 4 种基本操作：添加或插入新数据、更改或更新现有数据、删除现有数据和检索现有数据。本节介绍前 3 个操作。表 2-23 至表 2-36 是分销系统数据库部分表的数据，下面的任务基于这些数据来完成。

表 2-23　供应商资料

供应商编码	供应商名称	联系人	电话	传真	地址
8001	西蒙乳品股份有限公司	张三	13302345684	0471-22335678	内蒙古呼和浩特南京路 178 号
8002	广东优品股份有限公司	李四	13602322684	020-22222222	广州市新港西路 22 号

表 2-24 商品资料

商品编码	商品名称	规格型号	单位	主供应商编码	参考单价	备注
A-001	阿一波无沙紫菜 25g	1 箱*80 包*25g	包	8001		
A-002	阿一波杯装紫菜汤海鲜味	1 箱*30 杯*7g	杯	8001		
A-003	阿一波杯装紫菜汤排骨味	1 箱*30 杯*7g	杯	8001		
B-001	金丝猴网双喜糖	1 箱*200 袋*30g	袋	8002		
B-002	金丝猴如意吉祥酥糖（罐装）	1 箱*8 罐*1068g	罐	8002		
B-003	金丝猴全家福什锦礼包	1 箱*16 袋*480g	袋	8002		
C-001	金丝猴纯脂牛奶巧克力(块 46g)	1 箱*12 盒*12 块*46g	块	8001		
C-002	金丝猴纯脂黑巧克力（块 46g）	1 箱*12 盒*12 块*46g	块	8001		
C-003	金丝猴麦莱克（200g）	1 箱*54 包*200g	包	8001		

表 2-25 仓库资料

仓库编码	仓库名称	仓库位置	备注
001	主仓库	常青路 221 号	易燃物
002	报废仓	桥东路 12 号	
003	辅料仓	新港东路 241 号	

表 2-26 仓位资料

仓库编码	仓位编码	仓位名称	备注
001	001-A	主仓库 A 区	
001	001-B	主仓库 B 区	
002	002-A	报废仓 A 区	
002	002-B	报废仓 B 区	
003	003-A	辅料仓 A 区	

表 2-27 客户资料

客户编码	客户名称	联系人	电话	传真	地址	送货地址
9-001	春之花	王小姐	13392661234			中山大道西 1 号
9-012	丫丫超市	张先生	13392663344			五山路 46 号
9-018	乐购超市	李先生	13392666677			黄边路 3 号

表 2-28 期初库存

序号	仓库编码	仓位编码	商品编码	商品名称	规格型号	单位	期初数量	期初单价	期初金额	备注
1	001	001-A	A-001	阿一波无沙紫菜 25g	1 箱*80 包*25g	包	1	1.00	1.00	
2	001	001-A	A-002	阿一波杯装紫菜汤海鲜味	1 箱*30 杯*7g	杯	1	1.00	1.00	

序号	仓库编码	仓位编码	商品编码	商品名称	规格型号	单位	期初数量	期初单价	期初金额	备注
3	001	001-A	A-003	阿一波杯装紫菜汤排骨味	1 箱*30 杯*7g	杯	1	1.00	1.00	
4	001	001-B	B-001	金丝猴网双喜糖	1*200 袋*30g	袋	1	2.00	2.00	
5	001	001-B	B-002	金丝猴如意吉祥酥糖（罐装）	1 箱*8 罐*1068g	罐	1	2.00	2.00	
6	001	001-B	B-003	金丝猴全家福什锦礼包	1 箱*16 袋*480g	袋	1	1.00	1.00	

表 2-29　销售订单

销售订单号	日期	客户编码	客户名称	联系人	联系电话	送货地址	总金额	备注
XS001	2014-3-20	9-001	春之花	王小姐	13392661234	中山大道西 1 号	366.5	
XS002	2014-3-22	9-012	丫丫超市	张先生	13392663344	五山路 46 号	458	

表 2-30　销售订单明细表

销售订单号	序号	商品编码	商品名称	规格型号	单位	数量	单价	金额	备注
XS001	1	A-001	阿一波无沙紫菜 25g	1 箱*80 包*25g	包	20	3.50	70.00	
XS001	2	A-002	阿一波杯装紫菜汤海鲜味	1 箱*30 杯*7g	杯	80	2.60	208.00	
XS001	3	A-003	阿一波杯装紫菜汤排骨味	1 箱*30 杯*7g	杯	30	2.20	66.00	
XS001	4	C-001	金丝猴纯脂牛奶巧克力（块 46g）	1 箱*12 盒*12 块*46g	盒	5	4.50	22.50	
XS002	1	C-002	金丝猴纯脂黑巧克力（块 46g）	1 箱*12 盒*12 块*46g	盒	10	6.20	62.00	
XS002	2	A-002	阿一波杯装紫菜汤海鲜味	1 箱*30 杯*7g	杯	70	2.40	168.00	
XS002	3	B-001	金丝猴网双喜糖	1 箱*200 袋*30g	袋	50	3.20	160.00	
XS002	4	B-002	金丝猴如意吉祥酥糖（罐装）	1 箱*8 罐*1068g	罐	10	6.80	68.00	

表 2-31　采购订单

采购订单号	日期	供应商编码	供应商名称	联系人	联系电话	总金额	备注
CG001	2014-3-10	8001	西蒙乳品股份有限公司	张三	13302345684	421.5	
CG002	2014-3-12	8002	广东优品股份有限公司	李四	13602322684	215	

表 2-32　采购订单明细表

采购订单号	序号	商品编码	商品名称	规格型号	单位	数量	单价	金额	备注
CG001	1	A-001	阿一波无沙紫菜 25g	1 箱*80 包*25g	包	20	1.5	30	
CG001	2	A-002	阿一波杯装紫菜汤海鲜味	1 箱*30 杯*7g	杯	80	2.0	160	
CG001	3	A-003	阿一波杯装紫菜汤排骨味	1 箱*30 杯*7g	杯	30	1.8	54	

续表

采购订单号	序号	商品编码	商品名称	规格型号	单位	数量	单价	金额	备注
CG001	4	C-001	金丝猴纯脂牛奶巧克力（块 46g）	1 箱*12 盒*12 块*46g	盒	5	2.5	12.5	
CG001	5	C-002	金丝猴纯脂黑巧克力（块 46g）	1 箱*12 盒*12 块*46g	盒	10	2.5	25	
CG001	6	A-002	阿一波杯装紫菜汤海鲜味	1 箱*30 杯*7g	杯	70	2	140	
CG002	1	B-001	金丝猴网双喜糖	1 箱*200 袋*30g	袋	50	3.20	160	
CG002	2	B-002	金丝猴如意吉祥酥糖（罐装）	1 箱*8 罐*1068g	罐	10	5.5	55	

表 2-33 出库单

出库单号	日期	客户编码	客户名称	联系人	联系电话	送货地址	总金额	备注
CK001	2014-3-20	9-001	春之花	王小姐	13392661234	中山大道西 1 号	366.5	
CK002	2014-3-22	9-012	丫丫超市	张先生	13392663344	五山路 46 号	458	

表 2-34 出库单明细表

出库单号	序号	商品编码	商品名称	规格型号	单位	数量	单价	仓库编码	仓位编码	金额	备注
CK001	1	A-001	阿一波无沙紫菜 25g	1 箱*80 包*25g	包	20	3.50	001	001-A	70.00	
CK001	2	A-002	阿一波杯装紫菜汤海鲜味	1 箱*30 杯*7g	杯	80	2.60	001	001-A	208.00	
CK001	3	A-003	阿一波杯装紫菜汤排骨味	1 箱*30 杯*7g	杯	30	2.20	001	001-A	66.00	
CK001	4	C-001	金丝猴纯脂牛奶巧克力（块 46g）	1 箱*12 盒*12 块*46g	盒	5	4.50	001	001-A	22.50	
CK002	1	C-002	金丝猴纯脂黑巧克力（块 46g）	1 箱*12 盒*12 块*46g	盒	10	6.20	001	001-A	62.00	
CK002	2	A-002	阿一波杯装紫菜汤海鲜味	1 箱*30 杯*7g	杯	70	2.40	001	001-A	168.00	
CK002	3	B-001	金丝猴网双喜糖	1 箱*200 袋*30g	袋	50	3.20	001	001-A	160.00	
CK002	4	B-002	金丝猴如意吉祥酥糖（罐装）	1 箱*8 罐*1068g	罐	10	6.80	001	001-A	68.00	

表 2-35 入库单

入库单号	日期	供应商编码	供应商名称	联系人	联系电话	总金额	备注
RK001	2014-3-10	8001	西蒙乳品股份有限公司	张三	13302345684	421.5	
RK002	2014-3-12	8002	广东优品股份有限公司	李四	13602322684	215	

表 2-36   入库单明细表

入库单号	序号	商品编码	商品名称	规格型号	单位	数量	单价	仓库编码	仓位编码	金额	备注
RK001	1	A-001	阿一波无沙紫菜 25g	1 箱*80 包*25g	包	20	1.5	001	001-A	30	
RK001	2	A-002	阿一波杯装紫菜汤海鲜味	1 箱*30 杯*7g	杯	80	2.0	001	001-A	160	
RK001	3	A-003	阿一波杯装紫菜汤排骨味	1 箱*30 杯*7g	杯	30	1.8	001	001-A	54	
RK001	4	C-001	金丝猴纯脂牛奶巧克力（块 46g）	1 箱*12 盒*12 块*46g	盒	5	2.5	001	001-A	12.5	
RK001	5	C-002	金丝猴纯脂黑巧克力（块 46g）	1 箱*12 盒*12 块*46g	盒	10	2.5	001	001-A	25	
RK001	6	A-002	阿一波杯装紫菜汤海鲜味	1 箱*30 杯*7g	杯	70	2	001	001-A	140	
RK002	1	B-001	金丝猴网双喜糖	1 箱*200 袋*30g	袋	50	3.20	001	001-A	160	
RK002	2	B-002	金丝猴如意吉祥酥糖（罐装）	1 箱*8 罐*1068g	罐	10	5.5	001	001-A	55	

2.4.1　使用 SQL Server Management Studio 对表数据进行维护

在 SQL Server Management Studio 的表数据编辑界面中录入、修改和删除数据，是非常轻松的操作。

任务 2-30：使用 SQL Server Management Studio 为仓库资料表录入表 2-25 所示的数据。

具体步骤如下：

（1）在 SQL Server Management Studio 的对象资源管理器中，展开分销系统数据库的用户表，右击"仓库资料"表，执行右键菜单的"编辑前 200 行"命令，将打开一个表数据编辑界面，如图 2-14 所示。

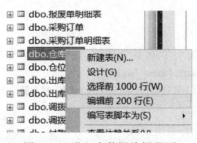

图 2-14   进入表数据编辑界面

（2）在表数据编辑界面中对照表 2-6 的数据要求录入第 1 行数据。由于第 1 行正在编辑，数据尚未提交（尚未提交的数据前会有个红色叹号标记，同时出现第 2 行的编辑界面），如图 2-15 所示。

（3）第 1 行数据录入后，录入第 2 行数据，此时可以看到第 1 行的红色叹号标记消失，因为第 1 行录入的数据已成功提交。第 2 行的备注列没有数据录入，该列允许空值。

仓库编码	仓库名称	仓库位置	备注
001	❶ 主仓库	❶ 常青路221号	*NULL*
NULL	NULL	NULL	NULL

图 2-15　录入第一行

（4）完成 3 行数据录入后，如图 2-16 所示。

仓库编码	仓库名称	仓库位置	备注
001	主仓库	常青路221号	*NULL*
002	报废仓	桥东路12号	*NULL*
003	辅料仓	新港东路241号	*NULL*
NULL	*NULL*	*NULL*	*NULL*

图 2-16　仓库资料数据录入完成

任务 2-31：使用 SQL Server Management Studio 修改仓库表中仓库编码为 001 的记录的仓库位置为"长青路 221 号"。

具体操作步骤如下：

在表数据编辑界面中选定要修改的数据"常青路 221 号"，输入正确的新数据"长青路 221号"，覆盖掉旧数据即可。

任务 2-32：使用 SQL Server Management Studio 删除仓库资料表中仓库编码为 003 的记录。

具体操作步骤如下：

在表数据编辑界面中选定仓库编码为 003 的记录，执行菜单命令"编辑"|"删除"即可。

如果要选定多条记录，可以使用 Ctrl 或 Shift 辅助键，与 Windows 中选择对象的基本操作一样。

任务 2-33：使用 SQL Server Management Studio 删除仓库资料表中剩余的两条记录。

请读者自行删除客户资料表中剩余的两条记录。

2.4.2　使用 Transact-SQL 对表数据进行维护

在 SQL Server 中可以通过 INSERT、UPDATE 和 DELETE 这 3 个语句分别进行插入数据、修改数据和删除数据的操作。

1. INSERT

INSERT 语句可以给表添加一个或多个新行，其语法格式如下：

```
INSERT [ INTO] { table_name | view_name }
[(column_name[,...n])] VALUES (expression|NULL|DEFAULT[,...n])
```

参数含义如下：

● 关键字 INSERT：表示添加记录。
● 关键字 INTO：用来指向表，是可选项。
● table_name：是添加记录的表名。
● view_name：是添加记录的视图名。
● column_name：表中添加记录的字段名，圆括号"()"表示一列值。当 column_name 省略时，则 column_name 对应于表的所有字段（顺序与创建表时的字段顺序相同）。
● VALUES：表字段取值的关键字。表中字段对应的 expression 值，如果字段允许为空，则该字段的值可以是 NULL；如果字段设置了默认值，则该字段的值可以是默认值。

● column_name 和 VALUES 的数目（包括数据类型），必须完全一致。

任务 2-34：使用 Transact-SQL 语句给仓库资料表录入表 2-25 所示的数据。

在 SQLQuery 窗口中执行如下命令（注：下面是 3 条语句，分别往数据库里面插入一条数据，虽然 3 条语句的写法有点不同，但是实现的功能是一样的。第 1 句和第 2 句省略了 column_name，则对应仓库资料表里的所有字段（仓库编码,仓库名称,仓库位置,备注）。在这里，强烈建议读者在以后的插入数据中使用完整的语句，即第 3 条语句，这样不容易出错）。

```
use 分销系统
go
insert into 仓库资料
values ('001','主仓库','常青路 221 号','易燃物')
go
insert 仓库资料
values ('002','报废仓','桥东路 12 号',NULL)
go
insert 仓库资料 (仓库编码,仓库名称, 仓库位置)
values ('003','辅料仓','新港东路 241 号')
go
```

在插入数据时，要注意日期时间类型数据是以字符串形式录入的，数值型的则不必用字符串形式录入。

任务 2-35：使用 Transact-SQL 语句给供应商资料添加表 2-23 所示的两条记录。

在 SQLQuery 窗口中执行如下命令：

```
use 分销系统
go
insert 供应商资料
values ('8001','西蒙乳品股份有限公司','张三','13302345684','0471-22335678','内蒙古呼和浩特南京路
178 号')
go
insert 供应商资料
values ('8002','广东优品股份有限公司','李四','13602322684','020-22222222','广州市新港西路 22 号')
go
```

2．UPDATE

UPDATE 语句用于修改现有的记录，其语法结构如下：

```
UPDATE    {table_name|view_name}
SET    column_name=new_expression[,...n]
[WHERE <search_condition>]
```

参数含义如下：

● 关键字 UPDATE：表示修改记录。

● table_name：所要修改记录的表名。

● view_name：所要修改记录的视图名。

● 关键字 SET：是设置新值的关键字。

● column_name：需要修改记录的字段名。

● new_expression：是要修改记录字段的新值。

- WHERE：是修改记录条件的关键字。
- search_condition：修改记录的条件，当不带条件的时候，则为更新整个表的数据。

任务 2-36：使用 Transact-SQL 语句修改仓库资料表中仓库编码为 001 的记录的仓库位置为"长青路 221 号"。

在 SQLQuery 窗口中执行如下命令：

```
use 分销系统
go
update 仓库资料 set 仓库位置='长青路 221 号' where 仓库编码='001'
go
```

任务 2-37：使用 Transact-SQL 语句将供应商资料表中供应商编码为 8001 的电话修改为 13302345685，传真修改为 0471-22335679。

在 SQLQuery 窗口中执行如下命令：

```
use 分销系统
go
update 供应商资料 set 电话='13302345685', 传真='0471-22335679' where 供应商编码='8001'
go
```

3. DELETE

DELETE 语句可删除表或视图中的一行或多行，每一行的删除都将被记入日志。DELETE 语句的语法格式如下：

```
DELETE [FROM] { table_name|view_name } [WHERE <search_condition>]
```

参数含义如下：

- 关键字 DELETE：表示删除记录。
- FROM：指向删除记录的表名，可选项。
- table_name：所要删除记录的表名。
- view_name：所要删除记录的视图名。
- WHERE：是删除记录条件的关键字。
- search_condition：删除记录的条件，当不带条件的时候，则删除整个表的数据。

任务 2-38：使用 Transact-SQL 语句删除仓库资料表中仓库编码为 003 的记录。

在 SQLQuery 窗口中执行如下命令：

```
use 分销系统
go
delete from 仓库资料 where 仓库编码='003'
go
```

任务 2-39：使用 Transact-SQL 语句删除仓库资料表中剩余的两条记录。

在 SQLQuery 窗口中执行如下命令：

```
use 分销系统
go
delete from 仓库资料
go
```

任务 2-40：使用 Transact-SQL 语句给仓库资料表录入表 2-25 所示的数据。

由于把仓库资料表的数据都删除了，请参照任务 2-34 把仓库资料表的数据重新插入表中。

*综合练习题（综合练习题是可选任务，主要用来复习上面的语句，读者可以自行选择做

不做这些任务）。

任务 2-41：使用 Transact-SQL 语句给客户资料表录入表 2-27 所示的数据。

任务 2-42：使用 Transact-SQL 语句修改客户资料表中客户编码为 9-001 的送货地址为"中山大道西 2 号"。

任务 2-43：使用 Transact-SQL 语句修改客户资料，使得每个客户的地址和送货地址相同。

任务 2-44：使用 Transact-SQL 语句删除客户资料表中客户编码为 9-001 的记录。

任务 2-45：使用 Transact-SQL 语句删除客户资料表中剩余的记录。

课后练习题（课后练习题是必选任务，这些数据在后面的任务中必须用到，请读者自行完成）。

任务 2-46：使用 Transact-SQL 语句给商品资料录入表 2-24 所示的数据。

任务 2-47：使用 Transact-SQL 语句给仓位资料录入表 2-26 所示的数据。

任务 2-48：使用 Transact-SQL 语句给客户资料录入表 2-27 所示的数据。

任务 2-49：使用 Transact-SQL 语句给期初库存录入表 2-28 所示的数据。

注：期初库存里面的序号为标识列，所以序号这个列不能指定数值，只能自动产生。如下面语句：

```
use 分销系统
go
insert into 期初库存(仓库编码,仓位编码,商品编码,商品名称,规格型号,单位,期初数量,期初单价,期初金额,备注)
VALUES('001','001-A','A-001','阿一波无沙紫菜25g','1 箱*80 包*25g','包',1,1,1,NULL)
```

任务 2-50：使用 Transact-SQL 语句给销售订单录入表 2-29 所示的数据。

任务 2-51：使用 Transact-SQL 语句给销售订单明细表录入表 2-30 所示的数据。

任务 2-52：使用 Transact-SQL 语句给采购订单录入表 2-31 所示的数据。

任务 2-53：使用 Transact-SQL 语句给采购订单明细表录入表 2-32 所示的数据。

任务 2-54：使用 Transact-SQL 语句给出库单录入表 2-33 所示的数据。

任务 2-55：使用 Transact-SQL 语句给出库单明细表录入表 2-34 所示的数据。

任务 2-56：使用 Transact-SQL 语句给入库单录入表 2-35 所示的数据。

任务 2-57：使用 Transact-SQL 语句给入库单明细表录入表 2-36 所示的数据。

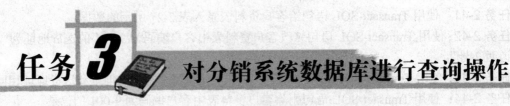

任务 **3** 对分销系统数据库进行查询操作

一旦数据库中创建了对象并且在数据表中填入了数据后，就可以随时对数据库进行特定信息的查询，查询语句返回用户所需要的数据。在数据库应用中，最常用的操作就是查询。数据查询是数据库的重要功能，它是通过 SELECT 语句来完成的。SELECT 语句可以从数据库中按用户的要求检索数据，并将查询结果以表的形式返回。

SELECT 语句功能强大，使用灵活，本章主要介绍利用 SELECT 语句对数据库进行各种查询的方法。

一、任务目标

1. 熟练掌握 SELECT 语句的结构和使用。
2. 掌握聚合函数在查询语句中的应用特点和基本要求。
3. 掌握嵌套查询的基本概念，能灵活应用嵌套查询。
4. 掌握连接查询的基本概念，能灵活应用连接查询。

二、教学任务

1. 介绍 SELECT 语句的语法格式。
2. 运用 SELECT 子句限定选择的列及 DISTINCT、TOP n、INTO 等选项。
3. 运用 WHERE 子句限定查询条件。
4. 运用 ORDER 子句对查询结果进行排序。
5. 在查询中使用聚合函数。
6. 对数据进行分组筛选、计算和汇总。
7. 使用 IN 子查询。
8. 使用比较子查询。
9. 使用内连接查询。
10. 使用外连接查询。
11. 使用交叉连接查询。
12. 使用联合查询。

3.1　基本查询

SELECT 语句的基本结构是 SELECT-FROM-WHERE，它包含输出字段、数据来源和查询条件等基本子句。这种固定格式中，可以不要 WHERE，但是 SELECT 和 FROM 是必需的。SELECT 语句的子句很多，功能非常强大，同时查询条件和嵌套使用也可以很复杂。

本章进行的查询操作主要建立在客户资料、销售订单、销售订单明细表、仓库资料、仓位资料等关系表的基础上，在学习本章内容之前，请读者自行完成任务 2 的课后作业。

3.1.1　SELECT 语句的语法格式

SELECT 语句的基本语法格式如下：

```
SELECT [ALL|DISTINCT] 列表达式
[INTO 新表名]
FROM 数据源
[WHERE 逻辑表达式]
[GROUP BY 列名]
[HAVING 逻辑表达式]
[ORDER BY 列名[ASC|DESC]]
```

其中，列表达式用于指定查询结果中出现的字段名；INTO 子句用于创建一个新表，并将查询结果保存到新表中；FROM 子句指出所要进行查询的数据源，即表或视图的名称；WHERE 子句指定查询条件；GROUP BY 子句对查询结果进行分组；HAVING 子句指定分组统计条件；OEDER BY 子句对查询结果进行排序。

SELECT 语句的功能是，从 FROM 子句列出的数据源中，找出满足 WHERE 查询条件的记录，按照 SELECT 子句中指定字段列表输出查询结果表，在查询结果中可以进行分组统计和排序。

3.1.2　SELECT 子句

SELECT 子句是对表中的列进行选择查询，也是 SELECT 语句最基本的使用。

1. 选取表中指定的列

使用 SELECT 指定查询结果中出现哪些列，要在 SELECT 后写出要出现的字段名，并用逗号隔开。

任务 3-1：查询客户资料表中的所有客户的客户名称、联系人和电话。

在 SQLQuery 窗口中执行如下命令：

```
use 分销系统
go
select 客户名称,联系人,电话 from 客户资料
go
```

查询结果如图 3-1 所示。

	客户名称	联系人	电话
1	春之花	王小姐	13392661234
2	丫丫超市	张先生	13392663344
3	乐购超市	李先生	13392666677

图 3-1　任务 3-1 结果

如果要选择表中的所有列进行查询，可在 SELECT 后用"*"号表示所有字段。

任务 3-2：查询客户资料表中所有客户的所有信息。

在 SQLQuery 窗口中执行如下命令：

```
use 分销系统
go
select * from 客户资料
go
```

查询结果如图 3-2 所示。

	客户编码	客户名称	联系人	电话	传真	地址	送货地址
1	9-001	春之花	王小姐	13392661234			中山大道西1号
2	9-012	丫丫超市	张先生	13392663344			五山路46号
3	9-018	乐购超市	李先生	13392666677			黄边路3号

图 3-2　任务 3-2 结果

2. 自定义列标题

当希望查询结果中能使用用户自己定义的列标题，而不是默认的字段名作为查询结果的列标题时，可以用 AS 子句来达到此目的。

任务 3-3：查询客户资料表中所有客户的客户编码、客户名称、电话，要求查询结果中客户编码列的标题为 ID、电话列的标题为联系电话。

在 SQLQuery 窗口中执行如下命令：

```
use 分销系统
go
select  客户编码 as ID,客户名称,电话 as 联系电话
from 客户资料
go
```

查询结果如图 3-3 所示。

	ID	客户名称	联系电话
1	9-001	春之花	13392661234
2	9-012	丫丫超市	13392663344
3	9-018	乐购超市	13392666677

图 3-3　任务 3-3 结果

也可以写成这种形式：

```
use 分销系统
go
select  客户编码 as 'ID',客户名称,电话 as '联系电话'
from 客户资料
go
```

还可以用这种形式：

```
use 分销系统
go
select  ID=客户编码,客户名称,联系电话=电话
from 客户资料
go
```

3. 删除查询结果中的重复行

在查询结果中很可能看到重复行，特别是对表的查询只选择部分列时。例如，对销售订单明细表只选择商品编码、商品名称则会出现多行重复的情况。使用 DISTINCT 关键字可以消除查询结果中出现的重复行。

任务 3-4：查询销售订单明细表中所有记录的商品编码、商品名称，消除查询结果中的重复行。

在 SQLQuery 窗口中执行如下命令：

```
use 分销系统
go
select DISTINCT 商品编码,商品名称
from 销售订单明细表
go
```

查询结果如图 3-4 所示。

	商品编码	商品名称
1	A-001	阿一波无沙紫菜25g
2	A-002	阿一波杯装紫菜汤海鲜味
3	A-003	阿一波杯装紫菜汤排骨味
4	B-001	金丝猴网双喜糖
5	B-002	金丝猴如意吉祥酥糖(罐装)
6	C-001	金丝猴纯脂牛奶巧克力(块46g)
7	C-002	金丝猴纯脂黑巧克力(块46g)

图 3-4 任务 3-4 结果

与 DISTINCT 相反，使用 ALL 关键字则保留查询结果中的所有行。当 SELECT 语句中省略了 ALL 与 DISTINCT 时，默认取值为 ALL。读者可以在上述查询语句中去掉关键字 DISTINCT，执行查询后比较一下结果。

4. 限制返回行数

如果只需要返回查询结果中的前几个记录，可以使用 TOP 选项。在实际应用中，TOP n 经常与 ORDER BY 一起使用。

任务 3-5：查询销售订单表中所有记录的客户名称、联系人、联系电话，只返回查询结果的前一行。

在 SQLQuery 窗口中执行如下命令：

```
use 分销系统
go
select TOP 1 客户名称,联系人,联系电话
from 销售订单
go
```

查询结果如图 3-5 所示。

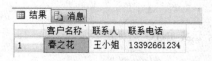

	客户名称	联系人	联系电话
1	春之花	王小姐	13392661234

图 3-5 任务 3-5 结果

任务 3-6：查询销售订单明细表中所有记录的所有列，只返回查询结果的前 20%行。

在 SQLQuery 窗口中执行如下命令：

```
use 分销系统
go
select TOP 20 PERCENT *
from 销售订单明细表
go
```

查询结果如图 3-6 所示。

	销售订单号	商品编码	商品名称	规格型号	单位	数量	单价	金额	备注	序号
1	单击可选择所有网格单元		阿一波无沙紫菜25g	1箱*80包*25g	包	20.00	3.5000	70.00	NULL	1
2	XS001	A-002	阿一波杯装紫菜汤海鲜味	1箱*30杯*7g	杯	80.00	2.6000	208.00	NULL	2

图 3-6　任务 3-6 结果

5. 计算列值

SELECT 子句中可以使用表达式作为查询的新列。

任务 3-7：查询销售订单表中所有记录的所有列，要求在查询结果中多加一个标题为运费的列，运费等于总金额的 5%。

在 SQLQuery 窗口中执行如下命令：

```
use 分销系统
go
select *, 总金额*0.05 as 运费
from 销售订单
go
```

查询结果如图 3-7 所示。

	销售订单号	日期	客户编码	客户名称	联系人	联系电话	送货地址	总金额	备注	运费
1	XS001	2014-03-20 00:00:00.000	9-001	春之花	王小姐	13392661234	中山大道西1号	398.5000	NULL	19.925000
2	XS002	2014-03-22 00:00:00.000	9-012	丫丫超市	张先生	13392663344	五山路46号	525.5000	NULL	26.275000

图 3-7　任务 3-7 结果

6. INTO 保存查询结果

在 SELECT 语句中，INTO 子句用于执行查询后新建一个表，并把查询结果放到该新建的表中（注：当 into 后面的表已经在数据库里面存在的时候，select 语句将会出错）。

例如，把任务 3-7 的查询结果保存到一个新建的表"运费表"中。

任务 3-8：查询销售订单表中所有记录的所有列，要求在查询结果中多加一个标题为运费的列，运费等于总金额的 5%，并将查询结果保存到一个新表"运费表"。

```
use 分销系统
go
select *, 总金额*0.05 as 运费 INTO 运费表
from 销售订单
go
```

执行以上语句后，刷新一下对象资源管理器，能看到新生成的表对象"运费表"，结果如图 3-8 所示。

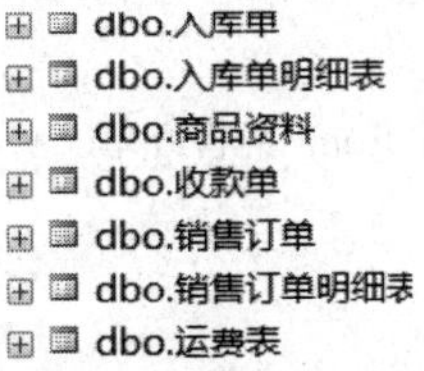

```
⊞ ▦ dbo.入库甲
⊞ ▦ dbo.入库单明细表
⊞ ▦ dbo.商品资料
⊞ ▦ dbo.收款单
⊞ ▦ dbo.销售订单
⊞ ▦ dbo.销售订单明细表
⊞ ▦ dbo.运费表
```

图 3-8　任务 3-8 结果

3.1.3　WHERE 子句

使用 WHERE 子句可以从数据表中过滤出符合 WHERE 子句指定的选择条件的记录，从而实现行的查询。灵活地使用 WHERE 子句能够指定许多不同的查询条件，使得查询结果更精确。WHERE 子句必须紧跟在 FROM 子句之后，其包含一个逻辑表达式作为查询条件。该逻辑表达式中可以包含的运算符如表 3-1 所示。

表 3-1　查询条件中常用的运算符

类别	运算符	功能
比较运算符	>、>=、=、<、<=、<>、!>、!<、!=	比较两个表达式
逻辑运算符	AND、OR、NOT	设置多重条件
范围测试	BETWEEN…AND…、NOT BETWEEN…AND…	测试值是否在某个范围内
列表值测试	IN、NOT IN	测试值是否属于列表值之一
匹配测试	LIKE、NOT LIKE	字符匹配，用于模糊查询
NULL 测试	IS NULL、IS NOT NULL	测试表达式是否为 NULL

1. 使用比较运算符

WHERE 子句中的比较运算符有>、>=、=、<、<=、<>、!>、!<、!=，分别表示大于、大于等于、等于、小于、小于等于、不等于、不大于、不小于、不等于，其中<>和!=都表示不等于。

任务 3-9：查询销售订单表中客户编码为 9-001 的记录的所有列。

在 SQLQuery 窗口中执行如下命令：

```
use 分销系统
go
select * from 销售订单
where 客户编码='9-001'
go
```

查询结果如图 3-9 所示。

	销售订单号	日期	客户编码	客户名称	联系人	联系电话	送货地址	总金额	备注
1	XS001	2014-03-20 00:00:00.000	9-001	春之花	王小姐	13392661234	中山大道西1号	398.5000	NULL

图 3-9　任务 3-9 结果

任务 3-10：查询销售订单表中总金额大于等于 400 的记录的客户名称、联系电话和总金额。

在 SQLQuery 窗口中执行如下命令：

```
use 分销系统
go
select 客户名称,联系电话,总金额 from 销售订单
where 总金额>=400
go
```

查询结果如图 3-10 所示。

	客户名称	联系电话	总金额
1	丫丫超市	13392663344	458.0000

图 3-10　任务 3-10 结果

2. 使用逻辑运算符

WHERE 子句中的逻辑运算符包括 AND、OR、NOT，这 3 个运算符可以混合使用。使用 AND 连接的所有条件都为 TRUE 时，返回查询结果；使用 OR 连接的所有条件中只要有一个为 TRUE 时，返回查询结果；使用 NOT 连接的条件不成立时，返回查询结果。

任务 3-11：查询销售订单表中客户编码为 9-012，同时总金额大于等于 400 的记录的所有列。

在 SQLQuery 窗口中执行如下命令：

```
use 分销系统
go
select * from 销售订单
where 客户编码='9-012' AND 总金额>=400
go
```

查询结果如图 3-11 所示。

	销售订单号	日期	客户编码	客户名称	联系人	联系电话	送货地址	总金额	备注
1	XS002	2014-03-22 00:00:00.000	9-012	丫丫超市	张先生	13392663344	五山路46号	458.0000	NULL

图 3-11　任务 3-11 结果

任务 3-12：查询销售订单表中客户编码为 9-001 或总金额大于等于 400 的记录的所有列。

在 SQLQuery 窗口中执行如下命令：

```
use 分销系统
go
select * from 销售订单
where 客户编码='9-001' OR 总金额>=400
go
```

查询结果如图 3-12 所示。

	销售订单号	日期	客户编码	客户名称	联系人	联系电话	送货地址	总金额	备注
1	XS001	2014-03-20 00:00:00.000	9-001	春之花	王小姐	13392661234	中山大道西1号	366.5000	NULL
2	XS002	2014-03-22 00:00:00.000	9-012	丫丫超市	张先生	13392663344	五山路46号	458.0000	NULL

图 3-12　任务 3-12 结果

3. BETWEEN

在 WHERE 子句中的 BETWEEN 条件可以为用户查询限定范围。其中，BETWEEN 表示返回在某一范围内的数据，而 NOT BETWEEN 表示返回不在某一范围内的数据。必须注意 BETWEEN 表示范围时用了 AND 而不是 TO，例如，BETWEEN 12 AND 20 表达了 12 到 20 这样的数值范围，而用 BETWEEN 12 TO 20 这样的表达则是错的。

任务 3-13：查询销售订单明细表中金额在 100 到 200 之间的记录的所有列。

在 SQLQuery 窗口中执行如下命令：

```
use 分销系统
go
select * from 销售订单明细表
where 金额 BETWEEN 100 AND 200
go
```

查询结果如图 3-13 所示。

	销售订单号	商品编码	商品名称	规格型号	单位	数量	单价	金额	备注	序号
1	XS002	A-002	阿一波杯装紫菜汤海鲜味	1箱*30杯*7g	杯	70.00	2.4000	168.00	NULL	2
2	XS002	B-001	金丝猴网双喜糖	1箱*200袋*30g	袋	50.00	3.2000	160.00	NULL	3

图 3-13 任务 3-13 结果

以上语句等同于：

```
use 分销系统
go
select * from 销售订单明细表
where 金额>=100 AND 金额<=200
go
```

任务 3-14：查询销售订单明细表中金额在 100～200 之外的记录的所有列。

在 SQLQuery 窗口中执行如下命令：

```
use 分销系统
go
select * from 销售订单明细表
where 金额 NOT BETWEEN 100 AND 200
go
```

查询结果如图 3-14 所示。

	销售订单号	商品编码	商品名称	规格型号	单位	数量	单价	金额	备注	序号
1	XS001	A-001	阿一波无沙紫菜25g	1箱*80包*25g	包	20.00	3.5000	70.00	NULL	1
2	XS001	A-002	阿一波杯装紫菜汤海鲜味	1箱*30杯*7g	杯	80.00	2.6000	208.00	NULL	2
3	XS001	A-003	阿一波杯装紫菜汤排骨味	1箱*30杯*7g	杯	30.00	2.2000	66.00	NULL	3
4	XS001	C-001	金丝猴纯脂牛奶巧克力(块46g)	1箱*12盒*12块*46g	盒	5.00	4.5000	22.50	NULL	4
5	XS002	C-002	金丝猴纯脂黑巧克力(块46g)	1箱*12盒*12块*46g	盒	10.00	6.2000	62.00	NULL	1
6	XS002	B-002	金丝猴如意吉祥酥糖(罐装)	1箱*8罐*1068g	罐	10.00	6.8000	68.00	NULL	4

图 3-14 任务 3-14 结果

以上语句等同于：

```
use 分销系统
go
select * from 销售订单明细表
where 金额<100 or 金额>200
go
```

4. IN

当某查询表达式的取值属于某一列表的数据时，可以使用 IN 来限定查询条件。

任务 3-15：查询销售订单明细表中商品编码为 A-001、B-001 和 C-001 的记录的所有列。

在 SQLQuery 窗口中执行如下命令：

```
use 分销系统
go
select * from 销售订单明细表
where 商品编码 IN ('A-001','B-001','C-001')
go
```

查询结果如图 3-15 所示。

	销售订单号	商品编码	商品名称	规格型号	单位	数量	单价	金额	备注	序号
1	XS001	A-001	阿一波无沙紫菜25g	1箱*80包*25g	包	20.00	3.5000	70.00	NULL	1
2	XS001	C-001	金丝猴纯脂牛奶巧克力(块46g)	1箱*12盒*12块*46g	盒	5.00	4.5000	22.50	NULL	4
3	XS002	B-001	金丝猴网双喜糖	1箱*200袋*30g	袋	50.00	3.2000	160.00	NULL	3

图 3-15　任务 3-15 结果

以上语句等同于：

```
use 分销系统
go
select * from 销售订单明细表
where 商品编码='A-001' OR 商品编码='B-001' OR 商品编码='C-001'
go
```

5. LIKE

当查询无法确定某条记录中的具体信息时，可以使用模糊查询。比如，要在客户资料表中查找一个姓"王"的联系人，但具体名字不记得，可以使用 LIKE 关键字。

WHERE 子句中可以使用 LIKE 与通配符搭配使用，将表达式与字符串作比较。使用 LIKE 关键字来限定查询条件的语法格式为：

```
WHERE 表达式 [NOT] LIKE 'pattern'
```

其中，pattern 是匹配字符串，该字符串可以使用通配符。表 3-2 列出了常用的通配符及其示例。

表 3-2　常用的通配符

通配符	含义	示例
%	任意多个字符	'K%'表示第 1 个字符为 K 的任意字符串
_	单个字符	'K_'表示第 1 个字符为 K 且长度为 2 的字符串
[]	指定范围内的单个字符	'K[AE]'表示第 1 个字符为 K 且第 2 个字符为 A 或 E 的字符串
[^]	不在指定范围内的单个字符	'K[^AE]'表示第 1 个字符为 K 且第 2 个字符不为 A 或 E 的字符串

任务 3-16：查询客户资料表中联系人姓"王"的记录的所有列。

在 SQLQuery 窗口中执行如下命令：

```
use 分销系统
go
select * from 客户资料
where 联系人 LIKE '王%'
go
```

查询结果如图 3-16 所示。

	客户编码	客户名称	联系人	电话	传真	地址	送货地址
1	9-001	春之花	王小姐	13392661234			中山大道西1号

图 3-16 任务 3-16 结果

任务 3-17：查询客户资料表中联系人姓"王"，名字的第 2 个字为"小"或"晓"的记录的所有列。

在 SQLQuery 窗口中执行如下命令：

```
use 分销系统
go
select * from 客户资料
where 联系人 LIKE '王[小晓]%'
go
```

查询结果如图 3-17 所示。

	客户编码	客户名称	联系人	电话	传真	地址	送货地址
1	9-001	春之花	王小姐	13392661234			中山大道西1号

图 3-17 任务 3-17 结果

6. IS NULL

NULL 表示未知、不可用或将在以后添加的数据，NULL 不同于 0，也不同于 0 长度的字符串。IS NULL 可用于区分输入的是 0、空字符串还是无数据输入。

任务 3-18：查询仓库资料表中备注为 NULL 的记录的所有列。

在 SQLQuery 窗口中执行如下命令：

```
use 分销系统
go
select * from 仓库资料
where 备注 IS NULL
go
```

查询结果如图 3-18 所示。

	仓库编码	仓库名称	仓库位置	备注
1	002	报废仓	桥东路12号	NULL
2	003	辅料仓	新港东路241号	NULL

图 3-18 任务 3-18 结果

3.1.4 ORDER BY 子句

ORDER BY 子句一般位于 SELECT 语句的最后，其功能是对查询返回的数据进行重新排序。ORDER BY 子句的语法格式如下：

ORDER BY order_expression [ASC|DESC]

其中，order_expression 是排序表达式，可以是列名、表达式，关键字 ASC 表示升序排序，DESC 表示降序排序，系统默认值为 ASC。

任务 3-19：查询销售订单明细表中的所有记录，并按照金额由大到小的顺序排序输出。

在 SQLQuery 窗口中执行如下命令：

```
use 分销系统
go
select * from 销售订单明细表
order by 金额 desc
go
```

查询结果如图 3-19 所示。

	销售订单号	商品编码	商品名称	规格型号	单位	数量	单价	金额	备注	序号
1	XS001	A-002	阿一波杯装紫菜汤海鲜味	1箱*30杯*7g	杯	80.00	2.6000	208.00	NULL	2
2	XS002	A-002	阿一波杯装紫菜汤海鲜味	1箱*30杯*7g	杯	70.00	2.4000	168.00	NULL	2
3	XS002	B-001	金丝猴网双喜糖	1箱*200袋*30g	袋	50.00	3.2000	160.00	NULL	3
4	XS001	A-001	阿一波无沙紫菜25g	1箱*80包*25g	包	20.00	3.5000	70.00	NULL	1
5	XS002	B-002	金丝猴如意吉祥酥糖(罐装)	1箱*8罐*1068g	罐	10.00	6.8000	68.00	NULL	4
6	XS001	A-003	阿一波杯装紫菜汤排骨味	1箱*30杯*7g	杯	30.00	2.2000	66.00	NULL	3
7	XS002	C-002	金丝猴纯脂黑巧克力(块46g)	1箱*12盒*12块*46g	盒	10.00	6.2000	62.00	NULL	1
8	XS001	C-001	金丝猴纯脂牛奶巧克力(块46g)	1箱*12盒*12块*46g	盒	5.00	4.5000	22.50	NULL	4

图 3-19 任务 3-19 结果

任务 3-20：查询销售订单明细表中的所有记录，按照销售订单号由小到大、销售订单号相同时按金额由大到小的顺序排序输出。

在 SQLQuery 窗口中执行如下命令：

```
use 分销系统
go
select * from 销售订单明细表
order by 销售订单号 asc,金额 desc
go
```

查询结果如图 3-20 所示。

	销售订单号	商品编码	商品名称	规格型号	单位	数量	单价	金额	备注	序号
1	XS001	A-002	阿一波杯装紫菜汤海鲜味	1箱*30杯*7g	杯	80.00	2.6000	208.00	NULL	2
2	XS001	A-001	阿一波无沙紫菜25g	1箱*80包*25g	包	20.00	3.5000	70.00	NULL	1
3	XS001	A-003	阿一波杯装紫菜汤排骨味	1箱*30杯*7g	杯	30.00	2.2000	66.00	NULL	3
4	XS001	C-001	金丝猴纯脂牛奶巧克力(块46g)	1箱*12盒*12块*46g	盒	5.00	4.5000	22.50	NULL	4
5	XS002	A-002	阿一波杯装紫菜汤海鲜味	1箱*30杯*7g	杯	70.00	2.4000	168.00	NULL	2
6	XS002	B-001	金丝猴网双喜糖	1箱*200袋*30g	袋	50.00	3.2000	160.00	NULL	3
7	XS002	B-002	金丝猴如意吉祥酥糖(罐装)	1箱*8罐*1068g	罐	10.00	6.8000	68.00	NULL	4
8	XS002	C-002	金丝猴纯脂黑巧克力(块46g)	1箱*12盒*12块*46g	盒	10.00	6.2000	62.00	NULL	1

图 3-20 任务 3-20 结果

这里，ORDER BT 子句也可以写成下面这样，因为系统默认排序顺序为 ASC。

> order by 销售订单号,金额 desc

任务 3-21：查询销售订单明细表中销售订单号为 XS001 的记录，按照金额由大到小的顺序排序输出（注：当查询语句中有 where 条件时，order by 在 where 条件之后）。

在 SQLQuery 窗口中执行如下命令：

> use 分销系统
> go
> select * from 销售订单明细表
> where 销售订单号='XS001'
> order by 金额 desc
> go

查询结果如图 3-21 所示。

	销售订单号	商品编码	商品名称	规格型号	单位	数量	单价	金额	备注	序号
1	XS001	A-002	阿一波杯装紫菜汤海鲜味	1箱*30杯*7g	杯	80.00	2.6000	208.00	NULL	2
2	XS001	A-001	阿一波无沙紫菜25g	1箱*80包*25g	包	20.00	3.5000	70.00	NULL	1
3	XS001	A-003	阿一波杯装紫菜汤排骨味	1箱*30杯*7g	杯	30.00	2.2000	66.00	NULL	3
4	XS001	C-001	金丝猴纯脂牛奶巧克力(块46g)	1箱*12盒*12块*46g	盒	5.00	4.5000	22.50	NULL	4

图 3-21　任务 3-21 结果

3.2　包含聚合函数的高级查询

在数据查询时，经常要对查询结果进行分类、汇总或计算，比如，统计一个月的销售订单数、统计每个客户的订单金额、对每样商品进行分类汇总看看哪样商品最畅销等。本节将介绍 SELECT 语句中用于数据统计的子句和 SQL Server 提供的几个聚合函数。

3.2.1　常用的聚合函数

聚合函数用于计算表中的数据，返回单个计算结果。常用的聚合函数见表 3-3。

表 3-3　常用的聚合函数

函数名	功能
COUNT()	用于统计满足条件的行数
SUM()	返回表达式中所有值的和
AVG()	返回表达式中所有值的平均值
MAX()	返回表达式中所有值的最大值
MIN()	返回表达式中所有值的最小值

任务 3-22：查询客户资料表中的记录数。

在 SQLQuery 窗口中执行如下命令：

> use 分销系统
> go

```
select count(*) as 客户数
from 客户资料
go
```
查询结果如图 3-22 所示。

图 3-22　任务 3-22 结果

任务 3-23：查询销售订单明细表中销售订单号为 XS001 的金额之和。
```
use 分销系统
go
select SUM(金额)
from 销售订单明细表
where 销售订单号='XS001'
go
```
查询结果如图 3-23 所示。

图 3-23　任务 3-23 结果

任务 3-24：查询销售订单中所有记录的总金额的平均值。
```
use 分销系统
go
select AVG(总金额)
from 销售订单
go
```
任务 3-25：查询销售订单中所有记录的总金额最大值和最小值。
```
use 分销系统
go
select MAX(总金额) as 最大单, MIN(总金额) as 最小单
from 销售订单
go
```

3.2.2　分组筛选

分组是按照某一列数据的值或某个列组合的值将查询出来的行分成若干组，每组在指定列或列组合上具有相同的值。分组可以通过 GROUP BY 子句来实现，其语法格式如下：
```
GROUP BY group_by_expression
```
其中，group_by_expression 是用于分组的表达式，通常包含字段名。SELECT 子句中的列列表中只能包含在 GROUP BY 中指出的列或在聚合函数中指定的列。

任务 3-26：查询销售订单中每个客户的订单数。
```
use 分销系统
```

```
go
select 客户编码, count(*) as 订单数
from 销售订单
group by 客户编码
go
```

查询结果如图 3-24 所示。

图 3-24 任务 3-26 结果

任务 3-27：查询销售订单中每个客户的订单总金额之和。

```
use 分销系统
go
select 客户编码, SUM(总金额) as 订单总金额
from 销售订单
group by 客户编码
go
```

查询结果如图 3-25 所示。

图 3-25 任务 3-27 结果

使用 GROUP BY 和聚合函数对数据进行分组后，还可以使用 HAVING 子句对分组进行筛选，HAVING 子句的语法格式如下：

```
HAVING <search_condition>
```

其中，search_condition 为查询条件，与 WHERE 子句的查询条件类似，并且可以使用聚合函数。

任务 3-28：查询销售订单中每个客户的订单总金额之和，从中筛选出订单总金额之和大于 400 的记录。

```
use 分销系统
go
select 客户编码, SUM(总金额) as 订单总金额
from 销售订单
group by 客户编码
having SUM(总金额)>400
go
```

查询结果如图 3-26 所示。

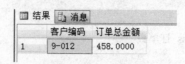

图 3-26 任务 3-28 结果

上述语句中的 HAVING 不能用 WHERE 替代。HAVING 子句一旦出现就必然紧跟在 GROUP BY 子句之后，没有 GROUP BY 子句就不可能存在 HAVING 子句。当 WHERE、GROUP BY、HAVING 同时使用时要注意顺序，WHERE 用于筛选由 FROM 指定的数据对象，GROUP BY 用于对 WHERE 的筛选结果进行分组，而 HAVING 则是对 GROUP BY 的分组结果进行过滤。

任务 3-29：查询销售订单中 2007-01-01 以来每个客户的订单总金额之和，从中筛选出订单总金额之和大于 400 的记录。

```
use 分销系统
go
select 客户编码, SUM(总金额) as 订单总金额
from 销售订单
where 日期>='2007-01-01'
group by 客户编码
having SUM(总金额)>400
go
```

查询结果如图 3-27 所示。

图 3-27 任务 3-29 结果

3.3 嵌套查询

在 SQL Server 中，一个 SELECT-FROM-WHERE 语句称为一个查询块。将一个查询块嵌套在另一个查询块的 WHERE 子句或 HAVING 子句的条件中的查询称为嵌套查询。SQL Server 允许多层嵌套查询，内嵌的 select 语句称为子查询。嵌套查询一般的查询方法是由里向外进行处理，即每个子查询在上一级查询处理之前处理，子查询的结果用于建立其父查询的查找条件。子查询中所存取的表可以是父查询没有存取的表，子查询选出的记录并不显示。子查询中如果使用 order by 子句的话还必须在该子查询中使用 TOP n 选项。

3.3.1 IN 子查询

IN 子查询用于进行一个给定值是否在查询结果集中的判断。

例如，销售员需要做客户跟踪回访，想获得订单明细中有名称为"金丝猴网双喜糖"的客户资料。这样，需要先从销售订单明细表中查询出存在"金丝猴网双喜糖"的订单的销售订单号，再根据销售订单号在销售订单表中查得客户名称、联系人和联系电话。

这个过程可以这样实施：

（1）下面的语句在销售订单明细表中查询出存在"金丝猴网双喜糖"的订单的销售订单号

```
use 分销系统
go
select distinct 销售订单号 from 销售订单明细表
where 商品名称='金丝猴网双喜糖'
go
```

（2）上一步的查询结果如下，做好记录，供下一步查询

```
销售订单号
XS002
```

（3）用下面的语句在销售订单表中查询出销售订单号包含上述记录的客户的相关资料。

```
use 分销系统
go
select 客户名称,联系人,联系电话
from 销售订单
where 销售订单号 IN ('XS002')
go
```

如果用嵌套查询则方便多了。要注意的是，在 in 子查询中，子查询返回的结果必须是单字段的查询，否则会出错。

任务 3-30：查询出销售订单明细表中订过商品名称为"金丝猴网双喜糖"的客户的客户名称、联系人和联系电话。

```
use 分销系统
go
select 客户名称,联系人,联系电话
from 销售订单
where 销售订单号 IN
(select distinct 销售订单号 from 销售订单明细表 where 商品名称='金丝猴网双喜糖')
go
```

查询结果如图 3-28 所示。

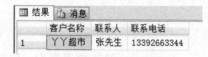

图 3-28　任务 3-30 结果

任务 3-31：查询销售订单明细表中没有订过商品名称为"金丝猴网双喜糖"的客户的客户名称、联系人和联系电话，销售员将把这些客户作为业务拓展对象（注：没有订过"金丝猴网双喜糖"的客户，有可能也没有订过任何商品，所以必须从客户资料中查询。设计思路是，先查询订过"金丝猴网双喜糖"的客户，然后在客户资料中查询除了这些客户以外的记录）。

```
use 分销系统
go
select 客户名称,联系人,电话
from 客户资料
```

```
where 客户编码 NOT IN
(select distinct 客户编码 from 销售订单 where  销售订单号 IN
(select distinct 销售订单号 from 销售订单明细表 where 商品名称='金丝猴网双喜糖'))
go
```
查询结果如图 3-29 所示。

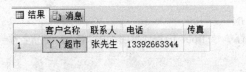

图 3-29　任务 3-31 结果

以上两个任务的嵌套查询涉及到了多个表，例如，任务 3-30，从销售订单明细表中进行了查询，然后将查询结果作为在销售订单表中进行查询的条件。

任务 3-32：查询销售订单中总金额之和最高的 1 个客户的客户名称、联系人、电话和传真，业务员将邀请这个客户出席公司年会（注：由于销售订单中没有"传真"这个字段，所有必须从客户资料表中查询）。

```
use 分销系统
go
select 客户名称,联系人,电话,传真
from 客户资料
where 客户编码 IN
(select TOP 1 客户编码 from 销售订单
group by 客户编码 order by SUM(总金额) desc)
go
```
查询结果如图 3-30 所示。

	客户名称	联系人	电话	传真
1	YY超市	张先生	13392663344	

图 3-30　任务 3-32 结果

3.3.2　比较子查询

可以用比较运算符=、!=、<、<=、>、>=等连接子查询，但若用比较运算符连接的话，只允许子查询返回一个值（记录）。像任务 3-32 那样，子查询只返回一个客户编码，则可以使用比较运算符来连接该子查询。用下面的语句也能达到任务 3-32 要求的目的。

```
use 分销系统
go
select 客户名称,联系人,电话
from 客户资料
where 客户编码 =
(select TOP 1 客户编码 from 销售订单
group by 客户编码 order by SUM(总金额) desc)
go
```

任务 3-33：查询销售订单表中总金额大于销售订单号为 XS001 的总金额的所有销售订单。

```
use 分销系统
go
select * from 销售订单
where 总金额>(select 总金额 from 销售订单 WHERE 销售订单号='XS001')
go
```

查询结果如图 3-31 所示。

	销售订单号	日期	客户编码	客户名称	联系人	联系电话	送货地址	总金额	备注
1	XS002	2014-03-22 00:00:00.000	9-012	丫丫超市	张先生	13392663344	五山路46号	458.0000	NULL

图 3-31　任务 3-33 结果

比较运算符连接子查询时，还可以与 ANY（或 SOME）和 ALL 一起使用，这时候，子查询返回多个值。

任务 3-34：在销售订单表中查询总金额大于客户编码为 9-001 的总金额（最大值）的所有销售订单。

```
use 分销系统
go
select * from 销售订单
where 总金额>ALL(select 总金额 from 销售订单 WHERE 客户编码='9-001')
go
```

查询结果如图 3-32 所示。

	销售订单号	日期	客户编码	客户名称	联系人	联系电话	送货地址	总金额	备注
1	XS002	2014-03-22 00:00:00.000	9-012	丫丫超市	张先生	13392663344	五山路46号	458.0000	NULL

图 3-32　任务 3-34 结果

任务 3-35：在销售订单表中查询总金额大于客户编码为 9-001 的总金额（最小值）的所有销售订单。

```
use 分销系统
go
select * from 销售订单
where 总金额>ANY(select 总金额 from 销售订单 WHERE 客户编码='9-001')
go
```

查询结果如图 3-33 所示。

	销售订单号	日期	客户编码	客户名称	联系人	联系电话	送货地址	总金额	备注
1	XS002	2014-03-22 00:00:00.000	9-012	丫丫超市	张先生	13392663344	五山路46号	458.0000	NULL

图 3-33　任务 3-35 结果

这里，比较运算符与 ANY、ALL 一起使用时，常见的组合含义如下：

- >ALL：大于列表中的最大值。
- <ALL：小于列表中的最小值。
- >ANY：大于列表中的最小值。
- <ANY：小于列表中的最大值。
- =ANY：等于列表中的任一值，与 IN 等价。

3.4   连接查询

在实际查询应用中，用户所需要的数据并不全部都在一个表或视图中，而是分散在多个表中，这时就要使用多表查询。多表查询实际上是通过各个表之间的共同列的相关性来查询数据的。通过连接运算符可以实现多表查询，连接是关系数据库模型的主要特点。

在 Transact-SQL 中，连接查询有两大类表示形式：一类是符合 SQL 标准连接谓词的表示形式，另一类是 Transact-SQL 扩展使用的关键字 JOIN 的表示形式。

3.4.1   连接谓词

可以在 SELECT 语句的 WHERE 子句中使用比较运算符给出连接条件对表进行连接，这种形式称为连接谓词表示形式。

任务 3-36：查询仓位资料表的详细信息，要求有仓库编码、仓位编码、仓位名称、仓库位置 4 个字段（注：一般情况下，两个表的连接是通过外键关系来连接的。在分销系统中，仓库资料和仓位资料两个表通过仓库编码作为外键关系，所以这两个表通过仓库编码来作为连接条件）。

```
use 分销系统
go
select 仓位资料.仓库编码,仓位资料.仓位编码,仓位资料.仓位名称,仓库位置
from 仓位资料,仓库资料
where 仓位资料.仓库编码=仓库资料.仓库编码
go
```

查询结果如图 3-34 所示。

	仓库编码	仓位编码	仓位名称	仓库位置
1	001	001-A	主仓库A区	常青路221号
2	001	001-B	主仓库B区	常青路221号
3	002	002-A	报废仓A区	桥东路12号
4	002	002-B	报废仓B区	桥东路12号
5	003	003-A	辅料仓A区	新港东路241号

图 3-34   任务 3-36 结果

谓词连接的两个列称为连接字段，它们必须是可比的。任务 3-36 中，连接字段分别是仓位资料表的仓库编码和仓库资料表的仓库编码，它们是可比的。

连接谓词中的比较运算符，若是"="时，就是等值连接。若在目标列中去除相同的字段名，则是自然连接。例如，任务 3-37 就是一个自然连接。

任务 3-37：对仓库资料和仓位资料两个表做自然连接。

```
use 分销系统
go
select 仓位资料.*,仓库名称,仓库位置
from 仓位资料,仓库资料
where 仓位资料.仓库编码=仓库资料.仓库编码
go
```

查询结果如图 3-35 所示。

	仓库编码	仓位编码	仓位名称	备注	仓库名称	仓库位置
1	001	001-A	主仓库A区	NULL	主仓库	常青路221号
2	001	001-B	主仓库B区	NULL	主仓库	常青路221号
3	002	002-A	报废仓A区	NULL	报废仓	桥东路12号
4	002	002-B	报废仓B区	NULL	报废仓	桥东路12号
5	003	003-A	辅料仓A区	NULL	辅料仓	新港东路241号

图 3-35　任务 3-37 结果

3.4.2　JOIN 关键字

使用 JOIN 关键字可以引导出多种连接方式，如内连接、外连接、交叉连接、自连接等。其连接条件主要通过以下方法定义两个表在查询中的关系方式。

● 指定每个表中用于连接的目标列，也就是在一个基础表中指定外键，在另一个基础表中指定与其关联的键。

● 指定比较各目标列的值时使用比较运算符。

JOIN 关键字连接查询的语法格式如下：

```
SELECT select_list
FROM table1 join_type JOIN table2 [ON join_conditions]
[WHERE search_conditions]
[ORDER BY order_condition]
```

其中，table1 和 table2 为基础表，join_type 指定连接类型，join_conditions 指定连接条件。

3.4.3　内连接

内连接查询操作列出与连接条件匹配的数据行，它使用比较运算符比较被连接列的列值。

内连接的语法格式如下：

```
SELECT select_list
FROM table1 INNER JOIN table2 [ON join_conditions]
[WHERE search_conditions]
[ORDER BY order_condition]
```

其中，INNER JOIN 表示内连接。

内连接分 3 种：等值连接、不等值连接和自然连接。

1. 等值连接

在连接条件中使用等号（=）运算符比较被连接列的列值，按对应列的共同值将一个表中的记录与另一个表中的记录相连接，包括其中的重复列。

任务 3-38：将销售订单与销售订单明细表按照销售订单号做等值连接。

```
use 分销系统
go
select a.销售订单号,a.日期,a.客户编码,a.送货地址,b.序号,b.商品编码,b.商品名称,b.金额
from 销售订单 a INNER JOIN 销售订单明细表 b ON a.销售订单号=b.销售订单号
go
```

查询结果如图 3-36 所示。

	销售订单号	日期	客户编码	送货地址	序号	商品编码	商品名称	金额
1	XS001	2014-03-20 00:00:00.000	9-001	中山大道西1号	1	A-001	阿一波无沙紫菜25g	70.00
2	XS001	2014-03-20 00:00:00.000	9-001	中山大道西1号	2	A-002	阿一波杯装紫菜汤海鲜味	208.00
3	XS001	2014-03-20 00:00:00.000	9-001	中山大道西1号	3	A-003	阿一波杯装紫菜汤排骨味	66.00
4	XS001	2014-03-20 00:00:00.000	9-001	中山大道西1号	4	C-001	金丝猴纯脂牛奶巧克力(块46g)	22.50
5	XS002	2014-03-22 00:00:00.000	9-012	五山路46号	1	C-002	金丝猴纯脂黑巧克力(块46g)	62.00
6	XS002	2014-03-22 00:00:00.000	9-012	五山路46号	2	A-002	阿一波杯装紫菜汤海鲜味	168.00
7	XS002	2014-03-22 00:00:00.000	9-012	五山路46号	3	B-001	金丝猴网双喜糖	160.00
8	XS002	2014-03-22 00:00:00.000	9-012	五山路46号	4	B-002	金丝猴如意吉祥酥糖(罐装)	68.00

图 3-36　任务 3-38 结果

2. 不等值连接

在连接条件中使用除等于（=）运算符以外的其他比较运算符比较被连接的列的列值。这些运算符包括>、>=、<=、<、!>、!<和<>。

任务 3-39：查询销售订单表中总金额大于订单号为 XS001 的总金额的销售订单号、客户名称、联系电话、总金额。

```
use 分销系统
go
select a.销售订单号,a.客户名称,a.联系电话,a.总金额
from 销售订单 a INNER JOIN 销售订单 b ON a.总金额>b.总金额
where b.销售订单号='XS001'
go
```

查询结果如图 3-37 所示。

	销售订单号	客户名称	联系电话	总金额
1	XS002	丫丫超市	13392663344	458.0000

图 3-37　任务 3-39 结果

3. 自然连接

在连接条件中使用等于（=）运算符比较被连接列的列值，它使用选择列表方式来指出查询结果集合中所包括的列，并删除连接表中的重复列。

任务 3-40：将销售订单表与销售订单明细表按照销售订单号做自然连接。

```
use 分销系统
go
select a.日期,a.客户编码,a.客户名称,a.联系人,a.联系电话,a.送货地址,a.总金额,b.*
from 销售订单 a INNER JOIN 销售订单明细表 b ON a.销售订单号=b.销售订单号
go
```

查询结果如图 3-38 所示。

	日期	客户编码	客户名称	联系人	联系电话	送货地址	总金额	销售订单号	商品编码	商品名称
1	2014-03-20 00:00:00.000	9-001	春之花	王小姐	13392661234	中山大道西1号	366.5000	XS001	A-001	阿一波无沙紫菜25g
2	2014-03-20 00:00:00.000	9-001	春之花	王小姐	13392661234	中山大道西1号	366.5000	XS001	A-002	阿一波杯装紫菜汤海鲜味
3	2014-03-20 00:00:00.000	9-001	春之花	王小姐	13392661234	中山大道西1号	366.5000	XS001	A-003	阿一波杯装紫菜汤排骨味
4	2014-03-20 00:00:00.000	9-001	春之花	王小姐	13392661234	中山大道西1号	366.5000	XS001	C-001	金丝猴纯脂牛奶巧克力(块46g)
5	2014-03-22 00:00:00.000	9-012	丫丫超市	张先生	13392663344	五山路46号	458.0000	XS002	C-002	金丝猴纯脂黑巧克力(块46g)
6	2014-03-22 00:00:00.000	9-012	丫丫超市	张先生	13392663344	五山路46号	458.0000	XS002	A-002	阿一波杯装紫菜汤海鲜味
7	2014-03-22 00:00:00.000	9-012	丫丫超市	张先生	13392663344	五山路46号	458.0000	XS002	B-001	金丝猴网双喜糖
8	2014-03-22 00:00:00.000	9-012	丫丫超市	张先生	13392663344	五山路46号	458.0000	XS002	B-002	金丝猴如意吉祥酥糖(罐装)

图 3-38　任务 3-40 结果

3.4.4　外连接

在内连接查询时，返回查询结果集合中的仅是符合查询条件（WHERE 搜索条件或 HAVING 条件）和连接条件的行。而采用外连接时，它返回到查询结果集合中的不仅包含符合连接条件的行，而且还包括左表（左外连接时）、右表（右外连接时）或两个连接表（全外连接）中的所有数据行。

1. 左外连接

左外连接是指返回所有的匹配行并从关键字 JOIN 左边的表中返回所有不匹配的行。所以，即使不匹配，JOIN 关键字左边的表中数据也将保留。

使用左外连接的语法格式如下：

```
SELECT select_list
FROM table1 LEFT OUTER JOIN table2 [ON join_conditions]
[WHERE search_conditions]
[ORDER BY order_condition]
```

其中，OUTER JOIN 表示外连接，而 LEFT 则是表示左外连接的关键字。

任务 3-41：客户资料表左外连接销售订单表。

```
use 分销系统
go
select a.客户编码,a.客户名称,a.联系人,b.*
from 客户资料 a LEFT OUTER JOIN 销售订单 b ON a.客户名称=b.客户名称
go
```

查询结果如图 3-39 所示。

	客户编码	客户名称	联系人	销售订单号	日期	客户编码	客户名称	联系人	联系电话	送货地址	总金额	备注
1	9-001	春之花	王小姐	XS001	2014-03-20 00:00:00.000	9-001	春之花	王小姐	13392661234	中山大道西1号	366.5000	NULL
2	9-012	丫丫超市	张先生	XS002	2014-03-22 00:00:00.000	9-012	丫丫超市	张先生	13392663344	五山路46号	458.0000	NULL
3	9-018	乐购超市	李先生	NULL	NULL	NULL	NULL	NULL	NULL	NULL	NULL	NULL

图 3-39　任务 3-41 结果

2. 右外连接

与左外连接相反，右外连接是指返回所有的匹配行并从关键字 JOIN 右边的表中返回所有不匹配的行。

使用右外连接的语法格式如下：

```
SELECT select_list
FROM table1 RIGHT OUTER JOIN table2 [ON join_conditions]
[WHERE search_conditions]
[ORDER BY order_condition]
```

其中，OUTER JOIN 表示外连接，而 RIGHT 则是表示右外连接的关键字。

任务 3-42：删除销售订单的外键（客户编码），并往销售订单中插入下面的一条记录（注：由于外键关系，所以直接插入下面的记录是不行的，要先把销售订单的外键删除，然后才能插入下面的记录）。

```
use 分销系统
go
insert  into  销售订单(销售订单号,日期,客户编码,客户名称,联系人,联系电话,送货地址,总金额,备注)
values('XS003','2008-10-01','C0002','谊家商场','赵小姐','020-85551111','天河北路号',7100,NULL)
go
```

任务 3-43：客户资料表右外连接销售订单表。

```
use 分销系统
go
select a.客户编码,a.客户名称,a.联系人,b.*
from 客户资料 a RIGHT OUTER JOIN 销售订单 b ON a.客户名称=b.客户名称
go
```

查询结果如图 3-40 所示。

	客户编码	客户名称	联系人	销售订单号	日期	客户编码	客户名称	联系人	联系电话	送货地址	总金额
1	9-001	春之花	王小姐	XS001	2014-03-20 00:00:00.000	9-001	春之花	王小姐	13392661234	中山大道西1号	366.50
2	9-012	丫丫超市	张先生	XS002	2014-03-22 00:00:00.000	9-012	丫丫超市	张先生	13392663344	五山路46号	458.00
3	NULL	NULL	NULL	XS003	2008-10-01 00:00:00.000	C0002	谊家商场	赵小姐	020-85551111	天河北路号	7100.0

图 3-40 任务 3-43 结果

3. 全外连接

全外连接返回两个表的所有行。不管两个表的行是否满足连接条件，均返回查询结果集。对不满足连接条件的记录，另一个表相对应的字段用 NULL 代替。

使用全外连接的语法格式如下：

```
SELECT select_list
FROM table1 FULL OUTER JOIN table2 [ON join_conditions]
[WHERE search_conditions]
[ORDER BY order_condition]
```

其中，OUTER JOIN 表示外连接，而 FULL 则是表示全外连接的关键字。

任务 3-44：客户资料表全外连接销售订单表。

```
use 分销系统
go
select a.客户编码,a.客户名称,a.联系人,b.*
from 客户资料 a FULL OUTER JOIN 销售订单 b ON a.客户名称=b.客户名称
go
```

查询结果如图 3-41 所示。

	客户编码	客户名称	联系人	销售订单号	日期	客户编码	客户名称	联系人	联系电话	送货地址	总金额
1	9-001	春之花	王小姐	XS001	2014-03-20 00:00:00.000	9-001	春之花	王小姐	13392661234	中山大道西1号	366.50
2	9-012	丫丫超市	张先生	XS002	2014-03-22 00:00:00.000	9-012	丫丫超市	张先生	13392663344	五山路46号	458.00
3	9-018	乐购超市	李先生	NULL	NULL	NULL	NULL	NULL	NULL	NULL	NULL
4	NULL	NULL	NULL	XS003	2008-10-01 00:00:00.000	C0002	谊家商场	赵小姐	020-85551111	天河北路号	7100.0

图 3-41 任务 3-44 结果

3.4.5 交叉连接

交叉连接不带 WHERE 子句，它返回被连接的两个表所有数据行的笛卡尔积，返回到结果集合中的数据行数等于第1个表中符合查询条件的数据行数乘以第2个表中符合查询条件的数据行数。

使用交叉连接的语法格式如下：

SELECT select_list
FROM table1 CROSS JOIN table2
[WHERE search_conditions]
[ORDER BY order_condition]

其中，CROSS JOIN 表示交叉连接，还要注意交叉连接不带 ON。

任务 3-45：客户资料交叉连接销售订单。

use 分销系统
go
select a.客户编码,a.客户名称,a.联系人,b.*
from 客户资料 a CROSS JOIN 销售订单 b
go

查询结果如图 3-42 所示。

	客户编码	客户名称	联系人	销售订单号	日期	客户编码	客户名称	联系人	联系电话	送货地址	总金额
1	9-001	春之花	王小姐	XS001	2014-03-20 00:00:00.000	9-001	春之花	王小姐	13392661234	中山大道西1号	366.50
2	9-012	丫丫超市	张先生	XS001	2014-03-20 00:00:00.000	9-001	春之花	王小姐	13392661234	中山大道西1号	366.50
3	9-018	乐购超市	李先生	XS001	2014-03-20 00:00:00.000	9-001	春之花	王小姐	13392661234	中山大道西1号	366.50
4	9-001	春之花	王小姐	XS002	2014-03-22 00:00:00.000	9-012	丫丫超市	张先生	13392663344	五山路46号	458.00
5	9-012	丫丫超市	张先生	XS002	2014-03-22 00:00:00.000	9-012	丫丫超市	张先生	13392663344	五山路46号	458.00
6	9-018	乐购超市	李先生	XS002	2014-03-22 00:00:00.000	9-012	丫丫超市	张先生	13392663344	五山路46号	458.00
7	9-001	春之花	王小姐	XS003	2008-10-01 00:00:00.000	C0002	谊家商场	赵小姐	020-85551111	天河北路号	7100.0
8	9-012	丫丫超市	张先生	XS003	2008-10-01 00:00:00.000	C0002	谊家商场	赵小姐	020-85551111	天河北路号	7100.0
9	9-018	乐购超市	李先生	XS003	2008-10-01 00:00:00.000	C0002	谊家商场	赵小姐	020-85551111	天河北路号	7100.0

图 3-42 任务 3-45 结果

3.4.6 自连接

前面的多种连接方式实现了两个或多个表之间的连接查询，但对同一个表同样也可以进行连接查询，这种连接查询方式称为自连接。对一个表使用自连接方式时，需要为该表定义一个别名，其他内容与两个表的连接操作完全相似，只是每次列出这个表时便为它命名一个别名。

任务 3-46：查询销售订单表中 2014-03-10 以来客户编码为 9-001 的订单的订单号、客户编码、客户名称、联系电话、送货地址（注：本任务也可以不用连接的方式进行查询，之所以用连接的方式，只是为了说明自连接的用法。本任务中，为销售订单表分别创建了两个别名 a

和 b, 接下来可将 a 和 b 看作是两个不同的表进行内连接查询)。

```
use 分销系统
go
select a.客户编码,a.客户名称,b.联系电话,b.送货地址
from 销售订单 a INNER JOIN 销售订单 b ON a.销售订单号=b.销售订单号
where a.日期>'2014-03-10' AND b.客户编码='9-001'
go
```

查询结果如图 3-43 所示。

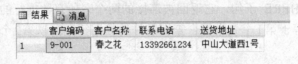

	客户编码	客户名称	联系电话	送货地址
1	9-001	春之花	13392661234	中山大道西1号

图 3-43 任务 3-46 结果

任务 3-47: 删除销售订单表中销售订单号为 XS003 的记录。

```
use 分销系统
go
delete from  销售订单  where  销售订单号='XS003'
go
```

3.5 联合查询

联合查询指两个或多个 SELECT 语句通过 UNION 运算符连接起来的查询。联合查询将 SELECT 查询结果合并为一个结果集合显示。UNION 运算符的语法格式如下:

```
select_statement
UNION [ALL] select_statement
[UNION [ALL] select_statement][,...n]
```

其中, select_statement 为 SELECT 查询语句, ALL 选项说明将所有行合并到结果集合中, 不指定 ALL 选项, 结果集合的重复行将只保留一行。

使用联合查询时, 要注意以下几点:

- 所有 UNION 查询必须在 SELECT 列表中有相同的列数。
- UNION 返回结果的列名仅从第一个查询获得。

任务 3-48: 查询销售订单明细表的销售订单号、商品编码、商品名称、数量、单价和采购订单明细表的采购订单号、商品编码、商品名称、数量、单价, 并将它们通过 UNION 联合起来。

```
use 分销系统
go
select 销售订单号  as 单号,商品编码,商品名称,数量,单价  from 销售订单明细表
UNION
select 采购订单号  as 单号,商品编码,商品名称,数量,单价  from 采购订单明细表
go
```

查询结果如图 3-44 所示。

结果 | 消息

	单号	商品编码	商品名称	数量	单价
1	CG001	A-001	阿一波无沙紫菜25g	20.00	1.5000
2	CG001	A-002	阿一波杯装紫菜汤海鲜味	70.00	2.0000
3	CG001	A-002	阿一波杯装紫菜汤海鲜味	80.00	2.0000
4	CG001	A-003	阿一波杯装紫菜汤排骨味	30.00	1.8000
5	CG001	C-001	金丝猴纯脂牛奶巧克力(块46g)	5.00	2.5000
6	CG001	C-002	金丝猴纯脂黑巧克力(块46g)	10.00	2.5000
7	CG002	B-001	金丝猴网双喜糖	50.00	3.2000
8	CG002	B-002	金丝猴如意吉祥酥糖(罐装)	10.00	5.5000
9	XS001	A-001	阿一波无沙紫菜25g	20.00	3.5000
10	XS001	A-002	阿一波杯装紫菜汤海鲜味	80.00	2.6000
11	XS001	A-003	阿一波杯装紫菜汤排骨味	30.00	2.2000
12	XS001	C-001	金丝猴纯脂牛奶巧克力(块46g)	5.00	4.5000
13	XS002	A-002	阿一波杯装紫菜汤海鲜味	70.00	2.4000
14	XS002	B-001	金丝猴网双喜糖	50.00	3.2000
15	XS002	B-002	金丝猴如意吉祥酥糖(罐装)	10.00	6.8000
16	XS002	C-002	金丝猴纯脂黑巧克力(块46g)	10.00	6.2000

图 3-44　任务 3-48 结果

任务 3-49：查询销售订单明细表的销售订单号、商品编码、商品名称、数量、单价和采购订单明细表的采购订单号、商品编码、商品名称、数量、单价，只需要商品编码为 A-001 的记录。

```
use 分销系统
go
select 销售订单号 as 单号,商品编码,商品名称,数量,单价 from 销售订单明细表
where 商品编码='A-001'
UNION
select 采购订单号 as 单号,商品编码,商品名称,数量,单价 from 采购订单明细表
where 商品编码='A-001'
go
```

查询结果如图 3-45 所示。

结果 | 消息

	单号	商品编码	商品名称	数量	单价
1	CG001	A-001	阿一波无沙紫菜25g	20.00	1.5000
2	XS001	A-001	阿一波无沙紫菜25g	20.00	3.5000

图 3-45　任务 3-49 结果

课外练习：

SQL 的查询语句可以有多种实现方式，其中嵌套查询和连接查询可以互相转换。任务 3-50 至任务 3-55，要求把嵌套查询转换成连接查询（包括谓词连接、内连接、外连接），请读者课后自己思考完成这几个任务。

任务 3-50：请使用连接查询完成任务 3-30，要求：执行结果完全一致（包括记录数量和字段数量）。

任务 3-51：请使用连接查询完成任务 3-31，要求：执行结果完全一致（包括记录数量和字段数量）。

任务 3-52：请使用连接查询完成任务 3-32，要求：执行结果完全一致（包括记录数量和字段数量）。

任务 3-53：请使用连接查询完成任务 3-33，要求：执行结果完全一致（包括记录数量和字段数量）。

任务 3-54：请使用连接查询完成任务 3-34，要求：执行结果完全一致（包括记录数量和字段数量）。

任务 3-55：请使用连接查询完成任务 3-35，要求：执行结果完全一致（包括记录数量和字段数量）。

任务 4 分销系统数据库索引和视图的设计

在对数据库进行操作时，提高数据存取的性能和操作的速度，从而使用户能够较快地查询并准确地得到希望的数据，是关系数据库管理系统中最重要的问题。作为辅助查询和组织数据的索引和视图的使用便大大地提高了查询数据的效率。

一、任务目标

1. 掌握索引的概念、索引的类型并熟悉索引的优点和缺点。
2. 掌握索引的创建和维护。
3. 掌握视图的概念、视图的创建方式。
4. 掌握视图的应用，熟练通过视图进行数据查询和数据维护操作。

二、教学任务

1. 介绍索引的基本知识。
2. 使用图形化工具创建索引。
3. 使用 Transact-SQL 创建索引。
4. 索引的维护。
5. 为分销系统创建索引。
6. 介绍视图的基本知识。
7. 使用图形化工具创建视图。
8. 对视图的维护和管理。
9. 通过视图进行的数据查询和数据维护操作。
10. 为分销系统创建视图。

4.1 分销系统索引的设计

用户对数据库最频繁的操作是数据查询。一般情况下，数据库在进行查询操作时需要对整个表进行数据搜索。当表中的数据很多时，搜索数据就需要很长的时间，这就造成了服务器的资源浪费。为了提高检索数据的能力，数据库引入了索引机制。索引是数据库中一种特殊数据类型的对象，不仅可用来提高表中数据的查询速度，还可实现某些数据的完整性。

4.1.1 索引的基础知识

索引是一个单独的、物理的数据库结构，它是某个表中一列或若干列值的集合和相应的指向表中物理标识这些值的数据页的逻辑指针清单。索引是依赖于表建立的，它提供了数据库中编排表中数据的内部方法。一个表的存储由两部分组成，一部分用来存放表的数据页面，另一部分用来存放索引页面。索引就存放在索引页面中，通常，索引页面相对于数据页面来说小得多。当进行数据检索时，系统先搜索索引页面，从中找到所需数据的指针，再通过指针从数据页面中读取数据。从某种程度上，可以把数据库看作一本书，把索引看作书的目录，通过目录查找书中的信息，显然比没有目录的书的方便、更快捷。

建立索引的目的有如下几点：

（1）保证数据记录的唯一性。通过创建唯一索引，可以保证数据记录的唯一性。

（2）可以大大加快数据检索的速度。表中创建了索引的列几乎可以立即响应查询，因为在查询时数据库会首先搜索索引列，找到要查询的值，然后按照索引中的位置确认表中的行，从而缩短了查询时间；而未创建索引的列在查询时就需要等待很长的时间。因为数据库会按照表的顺序逐行进行搜索，若要查找到满足条件的所有行，则需要访问表的每一行，这样自然需要很长的时间。

（3）可以加速表与表之间的连接。如果从表中检索数据，而每个表中都有索引列，则数据库可以通过直接搜索各表的索引列找到需要的数据。不但加快了表间的连接速度，也加快了表间的查询速度。

（4）加快 ORDER BY 和 GROUP BY 操作。在使用 ORDER BY 和 GROUP BY 子句进行检索数据时，可以显著减少查询中分组和排序的时间。如果在表中的列上创建索引，在使用 ORDER BY 和 GROUP BY 子句对数据进行检索时，其执行速度将大大提高。

（5）提高系统性能。可以在检索数据的过程中使用优化隐藏器从而提高系统性能。在执行查询过程中，数据库会自动地对查询进行优化，所以在建立索引后，数据会依据所建立的索引而采取相应的索引组合从而使检索的速度最快。

从以上可知，增加索引有诸多的优点，那么是否应该为表中的每一个列创建一个索引呢？

为加快检索效率而给表中的每一个列都创建索引，可能会适得其反。这是因为，增加索引也有许多不利的方面。第一，创建索引和维护索引要耗费时间，这种时间随着数据量的增加而增加。第二，索引需要占物理空间，除了数据表占数据空间之外，每一个索引还要占一定的物理空间，如果要建立聚集索引，那么需要的空间就会更大。第三，当对表中的数据进行增加、删除和修改时，索引也要动态地维护，这样就降低了数据的维护速度。

那么哪些列上可以创建索引，哪些列上不应该创建索引呢？

一般来说，应该在这些列上创建索引，例如：在经常需要搜索的列上，可以加快搜索的速度；在作为主键的列上，强制该列的唯一性和组织表中数据的排列结构；在经常用在连接的列上，这些列主要是一些外键，可以加快连接的速度；在经常需要根据范围进行搜索的列上创建索引，因为索引已经排序，其指定的范围是连续的；在经常需要排序的列上创建索引，因为索引已经排序，这样查询可以利用索引的排序，加快排序查询时间；在经常使用在 WHERE 子句中的列上面创建索引，加快条件的判断速度。

同样，对于有些列不应该创建索引。一般来说，不应该创建索引的列具有下列特点：第一，对于那些在查询中很少使用或者很少参考的列不应该创建索引。这是因为，既然这些列很少使用到，因此有索引或者无索引，并不能提高查询速度。相反，由于增加了索引，反而降低了系统的维护速度和增大了空间需求。第二，对于那些只有很少数据值的列也不应该增加索引。这是因为，由于这些列的取值很少，例如学生信息表的性别列，在查询的结果中，结果集的数据行占了表中数据行的很大比例，即需要在表中搜索的数据行的比例很大。增加索引，并不能明显加快检索速度。第三，对于那些定义为 text、image 和 bit 数据类型的列不应该创建索引。这是因为，这些列的数据量要么相当大，要么取值很少。第四，当修改性能远远大于检索性能时，不应该创建索引。这是因为，修改性能和检索性能是互相矛盾的。当增加索引时，会提高检索性能，但是会降低修改性能；当减少索引时，会提高修改性能，但会降低检索性能。因此，当修改性能远远大于检索性能时，不应该创建索引。

4.1.2　索引的分类

SQL Server 中提供了以下几种索引。

1. 聚集索引

在聚集索引中，行的物理存储顺序与索引逻辑顺序完全相同，即索引的顺序决定了表中行的存储顺序，因为行是经过排序的，所以每个表只能有一个聚集索引。

聚集索引有利于范围搜索，由于聚集索引的顺序与数据行存放的物理顺序相同，所以聚集索引最适合范围搜索，因此找到了一个范围内开始的行后可以很快地取出后面的行。

如果表中没有创建其他的聚集索引，则在表的主键列上自动创建聚集索引。

SQL Server 索引的结构一般是一个 B 树结构。索引 B 树中的每一页都称为一个索引节点。B 树的顶端节点称为根节点，索引中的底层节点称为叶节点，根节点与叶节点之间的任何索引级别统称为中间级。在聚集索引中，叶节点包含基础表的数据页，根节点和中间节点包含存有索引行的索引页。每个索引行包含一个键值和一个指针，该指针指向 B 树上的某一中间级页或叶级索引中的某个数据行。每级索引中的页均被链接在双向链接列表中。聚集索引单个分区的结构如图 4-1 所示。

2. 非聚集索引

非聚集索引并不是在物理上排列数据，即索引中的逻辑顺序并不等同于表中行的物理顺序，索引仅仅记录指向表中行的位置的指针，这些指针本身是有序的，通过这些指针可以在表中快速定位数据。非聚集索引作为与表分离的对象存在，可以为表的每一个常用于查询的列定义非聚集索引。

非聚集索引的特点使它很适合于那种直接匹配单个条件的查询，而不太适合于返回大量结果的查询。如客户表中的客户名称列上就很适合建立非聚集索引。

为一个表建立的索引默认都是非聚集索引，在一列上设置唯一性约束时也自动在该列上创建非聚集索引。

如图 4-2 所示为非聚集索引的数据结构。

3. 唯一性索引

聚集索引和非聚集索引是按照索引的结构划分的。按照索引实现的功能还可以划分为唯一性索引和非唯一性索引。

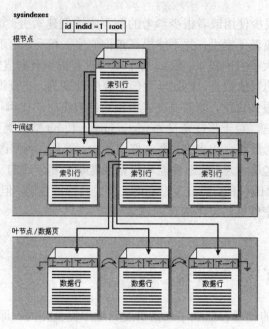

图 4-1 聚集索引结构图

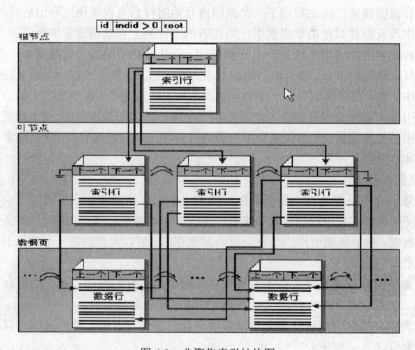

图 4-2 非聚集索引结构图

一个唯一性索引能够保证在创建索引的列或多列的组合上不包括重复的数据，聚集索引和非聚集索引都可以是唯一性索引。

在创建主键和唯一性约束的列上会自动创建唯一性索引。

4.1.3 索引的操作

创建索引之前应考虑以下几个问题：

- 只有表的拥有者才能在表上创建索引。
- 每个表上只能创建一个聚集索引。
- 每个表上最多能创建 249 个非聚集索引。
- 一个索引的宽度最大不超过 900 个字节，在 Char 等类型的大列上创建索引应考虑这一限制。另外，在多列上创建索引时要注意字节数的总和不要超过 900，如：不能在这样的 3 个列上创建索引：Char(300)、Char(301)、Char(300)。
- 数据类型为 text、ntext、image 或 bit 的列上不能创建索引。
- 一个索引中最多包含的列数为 16。

在创建聚集索引时还要考虑数据库剩余空间的问题，在建立聚集索引时所需要的可用空间应是数据库表中数据量的 120%，这是因为在建立聚集索引时表中的数据将被复制以便进行排序，排序完成后，再将旧的未加索引的表删除，所以数据库必须有足够的用来复制的空间。

创建唯一性索引时，应保证创建索引的列不包括重复的数据，并且没有两个或两个以上的空值，因为创建索引时将两个空值也视为重复的数据，如果有这种数据，必须先将其删除，否则索引不能成功创建。

1. 使用图形工具创建索引

任务 4-1：为分销系统数据库中的客户资料表创建一个唯一性非聚集索引 index_KHMC（客户名称）。

详细步骤如下：

（1）在 SQL Server Management Studio 的对象资源管理器中，展开分销系统数据库中的表客户资料。右击"索引"，在弹出的快捷键菜单中选择"新建索引"命令。

（2）打开"新建索引"窗口，在"索引名称"项中输入索引名称 index_KHMC；在"索引类型"下拉列表中选择"非聚集"，并选中"唯一"复选框，如图 4-3 所示。

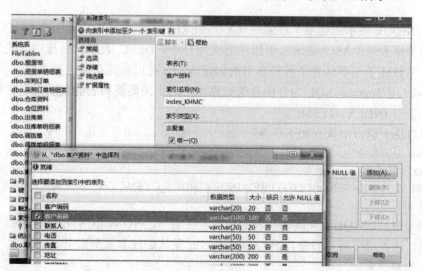

图 4-3 新建索引

（3）在输入索引名称和选择索引类型后，接着要添加索引键列。单击"添加"按钮，在弹出窗口的列表中选中"客户名称"复选框，如图 4-3 所示。

（4）单击"确定"按钮，返回"新建索引"窗口，然后再单击"新建索引"窗口的"确定"按钮，"索引"节点下便生成了一个名为 index_KHMC 的索引，说明该索引创建成功，如图 4-4 所示。

图 4-4　新建索引

2. 使用 CREATE INDEX 创建索引

在 Transact-SQL 语句中可以用 CREATE INDEX 语句在一个已经存在的表上创建索引，语法结构如下：

```
CREATE [ UNIQUE ] [ CLUSTERED | NONCLUSTERED ] INDEX index_name
ON { table | view } ( column [ ASC | DESC ] [ ,...n ] )
[ WITH < index_option > [ ,...n] ]
[ ON filegroup ]
< index_option > ::=
{ PAD_INDEX |
FILLFACTOR = fillfactor |
IGNORE_DUP_KEY |
DROP_EXISTING |
STATISTICS_NORECOMPUTE |
SORT_IN_TEMPDB
}
```

其中：UNIQUE 表示创建唯一性索引，CLUSTERED 表示创建聚集索引，NONCLUSTERED 表示创建非聚集索引；ASC 表示索引排序方式为升序，DESC 表示索引排序方式为降序，默认为 ASC。WITH 子句中包含了各种索引的创建选项，可以参阅帮助信息了解。

任务 4-2：用 Transact-SQL 为分销系统数据库中的供应商资料表的供应商名称创建一个唯一性非聚集索引 INDEX_GYSMC。

在 SQLQuery 窗口中执行如下命令：

```
USE 分销系统
GO
CREATE UNIQUE NONCLUSTERED INDEX INDEX_GYSMC ON    供应商资料(供应商名称)
go
```

以上语句中，UNIQUE 关键字代表创建唯一性索引，NONCLUSTERED 关键字代表创建非聚集索引，该关键字可以省略，因为 SQL Server 默认创建非聚集索引，INDEX_GYSMC 是用户自定义的索引名。

3. 查看索引信息

可以使用系统存储过程 Sp_helpindex 查看特定表上的索引信息。

任务 4-3：使用系统存储过程 Sp_helpindex 查看客户资料表上的索引信息。

在 SQLQuery 窗口中执行如下命令：

```
USE 分销系统
GO
exec Sp_helpindex  客户资料
GO
```

结果如图 4-5 所示。

	index_name	index_description	index_keys
1	index_KHMC	nonclustered, unique located on PRIMARY	客户名称
2	PK__客户资料__E3FA06F1E0F4DD2C	clustered, unique, primary key located on PRIMARY	客户编码

图 4-5　客户资料表上的索引

4. 删除索引

在图形化工具中，右击某个表上的某个索引，执行右键菜单的"删除"命令，即可删除该索引。

使用 Transact-SQL 语句也可以删除索引，格式如下：

```
Drop  Index  表名.索引名
```

可以用一条 Drop Index 语句删除多个索引，索引之间用逗号分开。

任务 4-4：用 Transact-SQL 语句删除客户资料表的索引 index_KHMC。

在 SQLQuery 窗口中执行如下命令：

```
use 分销系统
go
Drop Index 客户资料.Index_KHMC
go
```

4.1.4　设置索引的选项

Create Index 语句中有很多选项，下面对其中几个重要选项进行介绍。

1. FILLFACTOR 选项

当向一个已满的索引页添加新行时，SQL Server 要将该页进行拆分，将大约一半的行移到新页中，以便为新的记录行腾出空间，这需要很大的开销。为了尽量减少页拆分，在创建索引时，可以选择 FILLFACTOR（称为填充因子）选项，此选项用来指定各索引页叶级的填满程度，这样在索引页上就可以留出额外的间隙和保留一定百分比的空间，供将来表的数据存储容量进行扩充和减少页拆分。

设置 FILLFACTOR 值时，应考虑如下因素：

（1）填充因子的值是 0～100 之间的百分比数值，用来指定在创建索引后对数据页的填充比例。

（2）值为 100 时表示页将填满，所留出的存储空间量最小。只有当不会对数据进行更改时才会使用此设置。

（3）值越小则数据页上的空闲空间越大，这样可以减少在索引增长过程中对数据页进行拆分的需要，但需要更多的存储空间。当表中数据会发生更改时，这种设置更为适当。

（4）使用 sp_configure 系统存储过程可以在服务器级别设置默认的填充因子。

（5）填充因子只在创建索引时执行。索引创建后，当表中进行数据的添加、删除或更新时，不会保持填充因子。

2．PAD_INDEX 选项

FILLFACTOR 选项用来指定各索引页叶级的填满程度，对于非叶级索引页则需要使用 PAD_INDEX 选项设置其预留空间的大小。PAD_INDEX 选项只有在指定了 FILLFACTOR 时才有用，因为 PAD_INDEX 使用由 FILLFACTOR 所指定的百分比。默认情况下，给定中间级页上的键集，SQL Server 将确保每个索引页上的可用空间至少可以容纳一个索引允许的最大行。如果为 FILLFACTOR 指定的百分比不够大，无法容纳一行，SQL Server 将在内部使用允许的最小值替代该百分比。

4.1.5　分销系统中的索引

在销售模块中，经常要通过客户名称来查询销售订单表中的信息，应该给销售订单表的客户名称列创建索引 Index_KHMC；也经常会通过总金额来查询销售订单表中的信息或排序，也应该给销售订单表的总金额列创建索引 Index_ZJE；还经常会通过查询某段日期期间的销售订单表的信息或进行统计，还应该给销售订单表的日期列创建索引 Index_RQ。

任务 4-5：用 Transact-SQL 语句给销售订单表的总金额列创建索引 Index_ZJE。

在 SQLQuery 窗口中执行如下命令：

```
USE 分销系统
GO
CREATE NONCLUSTERED INDEX index_ZJE ON    销售订单(总金额)
GO
```

任务 4-6：用 Transact-SQL 语句给销售订单表的日期列创建索引 Index_RQ。

在 SQLQuery 窗口中执行如下命令：

```
USE 分销系统
GO
CREATE NONCLUSTERED INDEX index_RQ ON    销售订单(日期)
GO
```

类似的，在其他模块中同样需要创建若干索引，例如，应该在经常需要搜索的列上创建索引，应该在用于连接的列上创建索引，应该在经常需要根据范围进行搜索的列上创建索引，应该在经常需要排序的列上创建索引等。

4.2　分销系统视图的设计

视图是关系数据库中提供给用户以多种角度观察数据库中数据的重要机制。视图是基于某个查询结果的虚表，用户通过视图来浏览感兴趣的数据，而数据的物理存放位置仍在基础表中。

4.2.1　视图的概念

视图是一个虚拟表，其内容由查询定义。同真实的表一样，视图包含一系列带有名称的列和行数据。但是，视图并不在数据库中以存储的数据值集形式存在。行和列数据来自由定义视图的查询所引用的表，并且在引用视图时动态生成。那些用于产生视图的表称为视图的基础表。一个视图也可以从另一个视图产生。

视图的定义存在数据库中，与此定义相关的数据并没有再存储一份在数据库中。通过视图所看到的数据就是存放在基础表中的数据。对视图的操作与对表的操作一样，可以对其进行查询、修改和删除。当对通过视图看到的数据进行修改时，相应的基础表的数据也会发生变化，同样，若基础表中的数据发生变化，这种变化也会自动反映到视图中。

对其中所引用的基础表来说，视图的作用类似于筛选。分布式查询也可用于定义使用多个异类源数据的视图。如果有几台不同的服务器分别存储组织中不同地区的数据，而用户需要将这些服务器上相似结构的数据组合起来，这种方式就很有用。

视图通常用来集中、简化和自定义每个用户对数据库的不同认识。视图可以用作安全机制，方法是允许用户通过视图访问数据，而不授予用户直接访问视图基础表的权限。使用视图有很多的优点，主要表现在：

（1）视点集中。视图使用户可以将他们感兴趣的数据集中显示，而不需要的或无用的数据则不在视图中显示。这样可以通过用户看到视图中所定义的数据，而不是表中的全部数据来提高数据的安全性。

（2）简化操作。视图可以大大简化数据的操作。用户可以定义经常使用的连接、投影和选项为视图，这样就不必每次查询时都指定所有的查询条件，只要一条简单的查询视图语句即可。

（3）定制数据。视图可以让不同的用户从不同的角度查看数据库的数据，即使每次使用的是相同的数据。当一个数据库为许多有不同兴趣、不同水平的人共享时，视图的这个优势将更加明显。

（4）合并分割数据。有时由于表中的数据量太大，在表的设计时要将表进行水平分割或垂直分割，但表结构的变化会引起相应的应用程序变化。如果使用视图，就可以保持原有的结构关系，从而使外模式保持不变，原有的应用程序仍然可以通过视图来重载数据，而不需做任何修改。

（5）安全性。使用带 With Check Option 选项的 Create View 语句可以确保用户只需查询和修改满足条件的数据，从而提高数据的安全性。视图所引用表的访问权限与视图权限的设置互不影响。

同时，在创建或使用视图时，还应遵守以下规定：

（1）要创建视图，用户必须被数据库所有者授权可以使用 Create View 语句，并具有与定义的视图有关的表或视图的适当许可。同时，在一批事务处理中，Create View 语句不能与其他 SQL 语句结合使用。

（2）只能创建当前数据库的视图。一个视图最多有 250 列。

（3）不能在视图上创建触发器和索引。

（4）在用 Select 语句定义的视图中，如果在视图的基础表中加入新列，则新列不会在视图中出现，除非先删除视图再重建它。

（5）通过视图查询数据时，SQL Server 不仅要检查视图引用的表是否存在、有效，还要验证对数据的修改是否满足数据完整性的要求。如果失败，则将返回错误信息。若视图引用的基础表被删除了，则再使用这个视图时，SQL Server 会给出一个出错信息。如果新的表代替了删除的基础表，那么基于原表建立的视图则可以使用。

（6）如果视图中的某一列是函数、数学表达式、常量或来自多个表的相同列名，则必须为列定义一个不同的名称。

（7）Update 语句不能改变视图中需要计算的列值，也不能改变包括聚合函数、内建函数、带 Group By 子句或 Distinct 的视图。

（8）创建视图时，SQL 语句不能使用 Order By 语句（除非与 top 一起使用），不能使用 Into 关键字，不能使用临时表。

（9）在视图的 Text 和 Image 数据类型的列上不允许使用 READTEXT 和 WRITETEXT 语句。

4.2.2　视图的创建

在 SQL Server 中，创建视图有两种方式：一种是在 SQL Server Management Studio 中使用图形化的工具创建，另一种是通过 Transact-SQL 语句中的 Create View 来创建。

1. 使用图形化的工具创建

任务 4-7：为分销系统数据库创建一个视图，要求连接销售订单表和销售订单明细表。

详细步骤如下：

（1）在 SQL Server Management Studio 的对象资源管理器中，展开分销系统数据库，右击"视图"节点，在弹出的快捷菜单中选择"新建视图"命令，如图 4-6 所示。

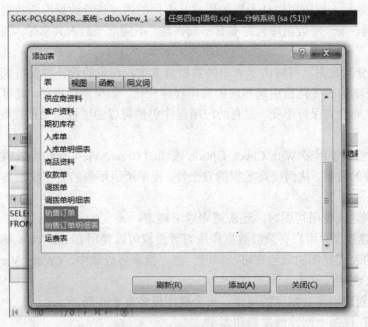

图 4-6　创建视图并添加表

（2）在"添加表"对话框中，选择要创建的视图的基础表：销售订单表和销售订单明细表，再单击"添加"按钮。如果还需要添加其他表，可以继续选择添加基础表；如果不再需要添加，则单击"关闭"按钮，如图 4-6 所示。

（3）在视图窗口的"关系图窗格"中，显示销售订单表和销售订单明细表的全部列信息，在此可以选择视图中查询的列，这里选择了销售订单表的日期列与销售订单明细表的销售订单号、序号、商品名称、规格型号、数量、单价、金额。相应的，在"条件"窗格中列出了选择的列，在"显示 SQL"窗格中显示了两个表的连接语句，表示这个视图包含的数据内容，如图 4-7 所示。

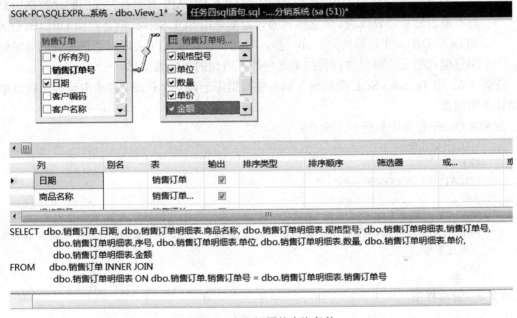

图 4-7　定义视图的查询条件

（4）单击常用工具栏的"保存"按纽，在弹出的"选择名称"窗口中输入视图名称 XSMX_view，单击"确定"按钮即可。然后就可以看到"视图"节点下增加了一个视图 XSMX_view。

2. 用 Create View 语句创建视图

在 SQL Server 中，也可以用 Create View 语句来创建视图，语法如下：

```
CREATE VIEW [database_name.][owner_name.]view_name[(column[,])]
    [WITH {ENCRYPTION|SCHEMABINDING|VIEW_METADATA}]
    AS
    select_statement
    [WITH CHECK OPTION]
```

各选项的含义如下：

● view_name：为新创建的视图所指定的名字。

● select_statement：为构成视图文本的主体，利用 SELECT 命令从表中或视图中选择列构成新的视图的列。

● With Check Option：强制所有通过视图修改的数据满足定义视图的 Select 语句中指定

的条件。当通过视图修改一条记录时，With Check Option 语句保证在修改的数据被提交之后仍然可以通过视图看到。如果不使用该项，那么当通过视图添加或修改记录时，如果它们不满足定义视图的查询条件，则它们将从视图中消失。

- ENCRYPTION：表示 SQL Server 加密包含 Create View 语句文本的系统表列。使用 WITH ENCRYPTION 可以防止将视图作为 SQL Server 复制的一部分发布。
- SCHEMABINDING：将视图绑定到架构上。指定时，在 select_statement 中如果包含所引用的表、视图或用户定义函数，则表名、视图名或函数名前必须包含所有者前缀。
- VIEW_METADATA：如果某一查询中引用该视图且要求返回浏览模式的元数据时，那么 SQL Server 将向 DBLIB、ODBC 和 OLE DB API 返回有关视图的元数据信息，而不是返回基础表或表。浏览模式的元数据是由 SQL Server 向客户端 DBLIB、ODBC 和 OLE DB API 返回的附加元数据，它允许客户端 API 实现可更新的客户端游标。浏览模式的元数据包含有关结果集内的列所属的基础表信息。

任务 4-8：用 Transact-SQL 语句为分销系统数据库创建一个视图，要求内连接采购订单和采购订单明细表。

在 SQLQuery 窗口中执行如下命令：

```
USE 分销系统
GO
CREATE VIEW CGMX_view
AS
SELECT 日期,采购订单明细表. 采购订单号,序号,商品名称,规格型号,数量,单价,金额
FROM 采购订单 INNER JOIN 采购订单明细表 ON 采购订单. 采购订单号= 采购订单明细表.
采购订单号
GO
```

4.2.3 管理视图

创建视图后，需要对视图进行管理，如修改视图的定义、删除不再需要的视图、参看视图的定义文本以及查看视图与其他数据库对象之间的依赖关系等各方面的管理。

1. 使用图形化的工具修改和删除视图

在 SQL Server Management Studio 的对象资源管理器中，展开分销系统数据库的"视图"节点，右击某个视图，在弹出的右键菜单中选择"删除"命令即可删除视图；选择"设计"命令则打开与创建视图时一样的视图窗口，对视图的修改就和创建视图的过程类似了。

2. 用 Transact-SQL 语句修改和删除视图

在 SQL Server 中，可以用 Alter View 语句来修改视图，语法如下：

```
ALTER VIEW [ < database_name > .] [ < owner > .] view_name [ ( column [ ,...n ] ) ]
[ WITH < view_attribute > [ ,...n ] ]
AS
    select_statement
[ WITH CHECK OPTION ]
< view_attribute > ::=
        { ENCRYPTION | SCHEMABINDING | VIEW_METADATA }
```

各选项的含义如下：

- view_name：要进行修改的视图的名字。
- column：一列或多列的名称，用逗号分开，将成为给定视图的一部分。
- WITH ENCRYPTION：加密 select_statement 表中包含 ALTER VIEW 语句文本的条目。使用 WITH ENCRYPTION 可以防止将视图作为 SQL Server 复制的一部分发布。

任务 4-9：修改视图 XSMX_view，去掉视图中的"金额"列，新增一个由数量与单价的乘积得到的"计算金额"列。

```
USE 分销系统
GO
ALTER VIEW XSMX_view
AS
SELECT 销售订单.日期,销售订单明细表.销售订单号,序号,商品名称,规格型号,数量,单价,数量*单价 AS 计算金额
FROM 销售订单 INNER JOIN 销售订单明细表 ON 销售订单.销售订单号= 销售订单明细表.销售订单号
GO
```

若要删除视图，则可以使用 DROP VIEW 语句，其语法格式如下：

```
DROP VIEW { view_name } [ ,...n ]
```

其中，View_name 是要删除的视图名称，可以删除多个视图。

任务 4-10：删除视图 XSMX_view。

```
USE 分销系统
GO
Drop view XSMX_view
GO
```

3. 查看视图信息

SQL Server 允许用户获得视图的一些有关信息，如视图的名称、视图的创建时间、视图的定义文本等。视图的信息存放在以下几个 SQL Server 系统表中：

- Sysobjects：存放视图名称等基本信息。
- Syscolumns：存放视图中定义的列。
- Sysdepends：存放视图的依赖关系。
- Syscomments：存放视图定义的文本。

可以使用系统存储过程 SP_HELP 来查看视图的创建者、创建时间等基本信息。

任务 4-11：使用系统存储过程 SP_HELP 查看视图 CGMX_view 的基本信息。

```
USE 分销系统
GO
SP_HELP CGMX_view
GO
```

执行结果如图 4-8 所示。

还可以使用系统存储过程 SP_HELPTEXT 来查看视图的文本信息。

任务 4-12：使用系统存储过程 SP_HELPTEXT 查看视图 CGMX_view 的文本信息。

```
USE 分销系统
GO
SP_HELPTEXT CGMX_view
GO
```

	Name	Owner	Type	Created_datetime								
1	CGMX_view	dbo	view	2014-02-13 21:20:59.800								

	Column_name	Type	Computed	Length	Prec	Scale	Nullable	TrimTrailingBl...	FixedLenNullInSo...	Collation
1	日期	datetime	no	8			no	(n/a)	(n/a)	NULL
2	销售订单号	varchar	no	20			no	no	no	Chinese_PRC_CI_AS
3	序号	int	no	4	10	0	no	(n/a)	(n/a)	NULL
4	商品名称	varchar	no	50			no	no	no	Chinese_PRC_CI_AS
5	规格型号	varchar	no	100			no	no	no	Chinese_PRC_CI_AS
6	数量	numeric	no	9	12	2	no	(n/a)	(n/a)	NULL
7	单价	numeric	no	9	12	4	no	(n/a)	(n/a)	NULL
8	金额	numeric	no	9	12	2	no	(n/a)	(n/a)	NULL

	Identity	Seed	Increment	Not For Replica...
1	No identity column defined.	NULL	NULL	NULL

	RowGuidCol
1	No rowguidcol column defined.

图 4-8　CGMX_view 基本信息

执行结果如图 4-9 所示。

	Text
1	create view CGMX_view
2	as
3	SELECT 日期, 销售订单明细表. 销售订单号, 序号, 商品名称, 规格型号, 数量, 单价, 金额
4	FROM 销售订单 INNER JOIN 销售订单明细表 ON 销售订单. 销售订单号= 销售订...

图 4-9　CGMX_view 的文本信息

4.2.4　视图的应用

利用视图可以完成某些和基础表相同的操作，如可以对基础表中的数据进行检索、添加、修改和删除。

使用视图维护数据时，需要注意以下几点：

（1）修改视图中的数据时，不能同时修改两个或者多个基础表，但可以对基于两个或多个基础表或者视图的视图进行修改，每次修改都只能影响一个基础表。

（2）不能修改那些通过计算得到的字段。

（3）如果在创建视图时指定了 WITH CHECK OPTION 选项，那么使用视图修改数据库信息时，必须保证修改后的数据满足视图定义的范围。

（4）执行 UPDATE、DELETE 命令时，所删除与更新的数据必须包含在视图的结果集中。

（5）如果视图引用多个表时，无法用 DELETE 命令删除数据。

1. 通过视图检索表数据

建立视图的一个最主要目的，是为了方便查询。将一些有特定要求的查询或一些复杂表连接的查询定义为视图后，通过查询视图就可以很方便地查询到所关心的表数据。查询视图的操作与查询基础表的操作一样。

任务 4-13：通过视图 CGMX_view 查询采购订单号为 CG001 的采购订单号、日期、商品名称、数量、单价、金额。

```
USE  分销系统
go
select  采购订单号,日期,商品名称,数量,单价,金额  from   CGMX_view
where  采购订单号='CG001'
go
```

2．通过视图添加表数据

向视图插入数据时，使用 INSERT 语句，语法格式与表操作完全一样，只需要将表名称改成视图名称即可。

任务 4-14：创建视图 SKD_view，该视图包含收款单表中的所有记录的非空列（收款单号，收款日期，收款人，应收总额，收款金额，客户编码，客户名称），然后往该视图中添加一条记录。

```
USE  分销系统
go
create view SKD_view
as
select  收款单号,收款日期,收款人,应收总额,收款金额,客户编码,客户名称  from  收款单
go
insert SKD_view values ('SK001','2008-04-02','章艺谋',366.5,200,'9-001','春之花')
go
```

3．通过视图修改表数据

使用 UPDATE 语句可以通过视图修改基础表的数据。语法格式与表操作完全一样。

任务 4-15：通过视图 SKD_view 修改收款单号为 SK001 的收款金额为 300。

```
USE  分销系统
go
UPDATE SKD_view set  收款金额=300
where  收款单号='SK001'
go
```

4．通过视图删除表数据

使用 DELETE 语句可以通过视图删除基础表的数据。语法格式与表操作完全一样。

任务 4-16：通过视图 SKD_view 删除收款单中收款人为"章艺谋"的收款记录。

```
USE  分销系统
go
delete from   SKD_view
where  收款人='章艺谋'
go
```

4.2.5 分销系统中的视图

在商品出仓（出库单明细表）环节中，对于商品核对人员来说，他要清楚某个订单的商品明细，核对具体的商品编码、商品名称、规格型号、单位和数量，而单价和金额则不是他的核对范围。

任务 4-17：为商品核对人员创建一个视图，视图名为 CCHD_view，包括出库单明细表的列（商品编码，商品名称，规格型号，单位，数量）。

```
USE  分销系统
GO
create view CCHD_view
as
SELECT  商品编码,商品名称,规格型号,单位,数量
FROM  出库单明细表
go
```

除了上面所举例子外，在分销系统中，其他使用者同样可以通过视图来浏览其感兴趣的数据。读者可以根据系统中不同身份的使用者，在采购订单明细表、盘点表明细表、入库单明细表、期初库存等基础表的基础上，为他们定制视图。

数据库存储过程的规划与设计

SQL 是应用程序和 SQL Server 数据库之间的主要编程接口。使用 SQL 编写代码时，可用两种方法存储和执行代码。一种是在客户端存储代码，并创建向数据库管理系统发送 SQL 命令（或 SQL 语句）并处理返回结果的应用程序；另一种是将发送的 SQL 语句存储在数据库管理系统中，然后再创建执行存储过程并处理返回结果的应用程序，存储在数据库管理系统中的 SQL 语句就是存储过程。存储过程是 SQL 语句和控制流语句的预编译集合，它以一个名称存储并作为一个单元处理，应用程序可以通过调用来执行存储过程。利用存储过程可以使用户对数据库的管理和操作更加容易、效率更高。存储过程在 SQL 编程中应用非常广泛。

一、任务目标

1. 掌握创建和使用存储过程来完成对数据库的操作。
2. 掌握在存储过程中使用游标来实现循环的目的。
3. 掌握事务的操作以及事务在存储过程中的应用。

二、教学任务

1. 介绍存储过程和事务的概念。
2. 存储过程的创建和执行语法。
3. 创建不带参数的存储过程。
4. 创建带参数的存储过程。
5. 创建带有多个输入参数并有默认值的存储过程。
6. 分析设计分销系统中需要的存储过程。

5.1 SQL Server 存储过程概述

5.1.1 存储过程的概念

当利用 MS SQL Server 创建一个应用程序时，Transact-SQL 是一种主要的编程语言。若运用 Transact-SQL 进行编程有两种方法：一是，在本地存储 Transact-SQL 程序，并创建应用程序向 SQL Server 发送命令来对结果进行处理；二是，可以把部分用 Transact-SQL 编写的程序作为存储过程存储在 SQL Server 中，并创建应用程序来调用存储过程，对数据结果进行处理，存储过程能够通过接收参数向调用者返回结果集，结果集的格式由调用者确定；

返回状态值给调用者，指明调用是成功或是失败；包括针对数据库的操作语句，并且可以在一个存储过程中调用另一个存储过程。在 SQL 编程中，第二种方法应用更加广泛，即在 SQL Server 中使用存储过程而不是在客户计算机上调用 Transact-SQL 编写的一段程序，原因在于存储过程允许标准组件式编程，存储过程在被创建以后可以在程序中被多次调用，而不必重新编写该存储过程的 SQL 语句。而且数据库专业人员可随时对存储过程进行修改，但对应用程序源代码毫无影响（因为应用程序源代码只包含存储过程的调用语句），从而极大地提高了程序的可移植性。

数据库管理系统中的存储过程与其他程序设计语言中的过程类似，存储过程可以：

● 接受输入参数并以输出参数的形式将多个值返回至调用程序。

● 包含执行数据库操作（包括调用其他存储过程）的编程语句。

● 向调用程序返回状态值，以表明成功或失败（以及失败原因）。

在 SQL Server 的系列版本中存储过程分为两类：系统提供的存储过程和用户自定义存储过程。系统存储过程主要存储在 master 数据库中并以 sp_为前缀，并且系统存储过程主要是从系统表中获取信息，从而为系统管理员管理 SQL Server 提供支持。通过系统存储过程，MS SQL Server 中的许多管理性或信息性的活动（如了解数据库对象、数据库信息）都可以被顺利有效地完成。尽管这些系统存储过程被放在 master 数据库中，但是仍可以在其他数据库中对其进行调用，并且在调用时不必在存储过程名前加上数据库名。而且当创建一个新数据库时，一些系统存储过程会在新数据库中被自动创建。用户自定义存储过程是由用户创建并能完成某一特定功能（如查询用户所需数据信息）的存储过程。在本章中所涉及到的存储过程主要是指用户自定义存储过程。

5.1.2　创建和执行存储过程

创建存储过程的 SQL 语句为 CREATE PROCEDURE，其语法格式为：

```
CREATE PROC 存储过程名
[{@参数名 数据类型}[=default][OUTPUT]]
AS
SQL 语句[...]
```

其中：

● [=default]为参数的默认值。如果定义了默认值，则不指定该参数的值也可以执行该存储过程。默认值必须是常量或 NULL。

● [OUTPUT]：带有 OUTPUT 的参数是输出参数，不带 OUTPUT 的参数是输入参数。

执行存储过程的语句是 EXECUTE，其语法格式为：

```
[EXEC [UTE ]] 存储过程名 [实参 [,OUTPUT] [,...n] ]
```

任务 5-1：创建不带参数的存储过程 Proc_kcxx1，查询仓库编码为 001 的期初库存记录。

在 SQLQuery 窗口中执行如下命令：

```
USE 分销系统
GO
CREATE PROCEDURE Proc_kcxx1
As
    select 仓库编码,仓位编码,商品编码,商品名称,单位,期初数量,期初金额
```

```
            from  期初库存
        where  仓库编码='001'
```

任务 5-2：执行存储过程 Proc_kcxx1。

在 SQLQuery 窗口中执行如下命令：

```
    USE 分销系统
    GO
    EXEC Proc_kcxx1
    GO
```

任务 5-3：创建带参数的存储过程 Proc_kcxx2。对任务 5-1 的存储过程进行改造，改成带一个参数"仓库编码"，可以查询指定仓库编码的期初库存记录（注：在 SQL 中，所有的变量都是以@开头，而以@@开头的则是系统变量）。

在 SQLQuery 窗口中执行如下命令：

```
    CREATE PROCEDURE Proc_kcxx2
    (@ckbm varchar(20))
    As
        Select 仓库编码,仓位编码,商品编码,商品名称,单位,期初数量,期初金额
        from  期初库存
    where  仓库编码=@ckbm
    GO
```

任务 5-4：执行存储过程 Proc_kcxx2，查询仓库编码为 001 的期初库存信息（注：执行带参数的存储过程时，必须为每个参数赋值，除非该参数有默认值，否则不能省略）。

在 SQLQuery 窗口中执行如下命令：

```
    EXEC Proc_kcxx2 '001'
```

任务 5-5：创建带有多个输入参数并有默认值的存储过程 Proc_kcxx3。对任务 5-2 的存储过程进行改造，改成带两个参数"仓库编码"和"商品名称"，可以查询指定仓库编码和商品名称的期初库存记录，其中参数"仓库编码"默认值为 001。

在 SQLQuery 窗口中执行如下命令：

```
    CREATE PROCEDURE Proc_kcxx3
    (@spmc varchar(50), @ckbm varchar(20)= '001')
    As
        Select 仓库编码,仓位编码,商品编码,商品名称,单位,期初数量,期初金额
        from  期初库存
            where 仓库编码=@ckbm and  商品名称=@spmc
```

任务 5-6：执行存储过程 Proc_kcxx3，查询仓库编码为 001，商品名称为"阿一波无沙紫菜 25g"的期初库存信息（注：执行带多个参数的存储过程时，参数值直接用逗号隔开。对于带有默认值的参数，可以省略，当省略的情况下，该参数取默认值）。

在 SQLQuery 窗口中执行如下命令：

```
    EXEC Proc_kcxx3 '阿一波无沙紫菜 25g','001'
```

由于在定义存储过程时为参数"仓库编码"指定了默认值 001，所以本任务在执行存储过程时可以不为有默认值的参数"仓库编码"提供值。下面是另外两种写法，这 3 个语句效果上是等同的。

```
    EXEC Proc_kcxx3   '阿一波无沙紫菜 25g'
```

或

     EXEC Proc_kcxx3   @spmc='阿一波无沙紫菜 25g'

任务 5-7：创建存储过程 Proc_kcxx_update，把期初库存中指定的记录（商品名称，仓库编码）更新为"期初金额＝期初数量×期初单价"（注：在存储过程中，不但可以写查询语句，还可以写其他的 SQL 语句，如插入、更新、删除数据的语句）。

在 SQLQuery 窗口中执行如下命令：

```
CREATE PROCEDURE Proc_kcxx_update
@spmc varchar(50),@ckbm varchar(20)='001'
As
  Update 期初库存 set 期初金额=期初数量*期初单价
    where 仓库编码=@ckbm and 商品名称=@spmc
```

任务 5-8：执行存储过程 Proc_kcxx_update，将所有商品名称为"阿一波无沙紫菜 25g"且仓库编码为 001 的期初库存中的期初金额重新计算。

在 SQLQuery 窗口中执行如下命令：

```
EXEC Proc_kcxx_update '阿一波无沙紫菜 25g','001'
```

5.1.3 游标

在数据库中，游标是一个十分重要的概念。游标提供了一种对从表中检索出的数据进行操作的灵活手段，就本质而言，游标实际上是一种能从包括多条数据记录的结果集中每次提取1 条记录的机制。游标总是与 1 条 T-SQL 选择语句相关联。因为游标由结果集（可以是 0 条、1 条或由相关的选择语句检索出的多条记录）和结果集中指向特定记录的游标位置组成。当决定对结果集进行处理时，必须声明一个指向该结果集的游标。

一般的，使用游标都遵循下列的常规步骤：

（1）声明游标。把游标与 T-SQL 语句的结果集联系起来。

DECLARE CURSOR 语法格式：

    DECLARE 游标名 [INSENSITIVE] [SCROLL] CURSOR
    FOR sql-statement

（2）打开游标。

    OPEN 游标名

当游标被打开时，行指针将指向该游标集第 1 行之前，如果要读取游标集中的第 1 行数据，必须移动行指针使其指向第 1 行。可以使用下列操作读取第 1 行数据：

    FETCH FIRST from 游标名

或

    FETCH NEXT from 游标名

（3）使用游标操作数据。

FETCH 操作的简明语法如下：

    FETCH
        [NEXT | PRIOR | FIRST | LAST]
    FROM
    { 游标名 |@游标变量名 } [INTO @变量名 [,...]]

参数说明如下：

- NEXT 取下一行的数据，并把下一行作为当前行（递增）。由于打开游标后，行指针是指向该游标第 1 行之前，所以第一次执行 FETCH NEXT 操作将取得游标集中的第 1 行数据。NEXT 为默认的游标提取选项。

- INTO @变量名[,...]：把提取操作的列数据放到局部变量中。列表中的各个变量从左到右与游标结果集中的相应列相关联。各变量的数据类型必须与相应的结果列的数据类型匹配或是结果列数据类型所支持的隐性转换。变量的数目必须与游标选择列表中的列的数目一致。

下面的示例用 @@FETCH_STATUS 控制在一个 WHILE 循环中的游标活动。

```
DECLARE E1cursor cursor
FOR SELECT * FROM c_example
OPEN E1cursor
FETCH NEXT from E1cursor
WHILE @@FETCH_STATUS = 0
BEGIN
FETCH NEXT from E1cursor
END
CLOSE E1cursor
DEALLOCATE E1cursor
```

（4）关闭游标。

使用 CLOSE 语句关闭游标，其语法格式如下：

```
CLOSE { { [ GLOBAL ] 游标名 } | 游标变量名 }
```

使用 DEALLOCATE 语句删除游标，其语法格式如下：

```
DEALLOCATE { { [ GLOBAL ] 游标名 } |游标变量名
```

任务 5-9：将入库单明细表的商品单价（特定供应商供应商品）统一更新为某个指定价格。

（注：下面的代码使用游标来实现。其实现思路为，首先将指定供应商所对应的商品放入游标，然后从游标里面一个个地取出商品编码，根据商品编码更新相应的入库单明细表单价。本任务可以不用游标来完成，之所以用游标，只是为了说明游标的用法）。

在 SQLQuery 窗口中执行如下命令（"--"符号后面是注释）：

```
CREATE PROCEDURE Proc_rkdj_update
@gysbm varchar(20),@dj numeric(12,2)
--参数@gysbm 是指定的供应商编码，@dj 是指定的单价，为 2 位小数的数字类型
As
declare @spbm     varchar(20)
--定义一个变量名@spbm 用来从游标中读出数据
DECLARE crusor_spbm CURSOR FOR
    SELECT distinct 商品编码 FROM 入库单 a left outer join 入库单明细表 b on a.入库单号 = b.入库单号 where a.供应商编码=@gysbm
--这里定义一个名字为 crusor_spbm 的游标，并且从入库单中找到该指定供应商供应的所有商品编码，存进游标中。distinct 关键字是用来去掉重复的商品编码值

    open crusor_spbm
--打开游标 crusor_spbm
        fetch next from crusor_spbm into @spbm
```

```
-- 从游标 crusor_spbm 中读出一个商品编码，并赋值给变量@spbm
        while @@fetch_status=0
--建立一个 while 循环，当@@fetch_status＝0 时，即游标还没有到最后一行数据时，继续循环体的
执行
            BEGIN
--循环体开始
            update  入库单明细表  set  单价=@dj where  商品编码=@spbm
--将商品编码＝@spbm 的单价设置为指定单价
            Fetch next from crusor_spbm into @spbm
--将游标中下一个商品编码值赋值给@spbm，并且游标往下游一步
            END
--循环结束
        CLOSE crusor_spbm
--关闭游标 crusor_spbm
DEALLOCATE crusor_spbm
--释放游标 crusor_spbm
```

任务 5-10：执行存储过程 Proc_rkdj_update，将供应商编码为 8002 的供应商所提供的所有商品的入库单明细表单价统一更新为 3.3 元。

```
EXEC Proc_rkdj_update   '8002', 3.3
```

5.1.4 事务

在存储过程中，如果里面的某些语句或者全部执行，或者全部不执行，为保证其一致性，则可以通过建立事务来实现其功能。

事务是单个的工作单位。如果某一事务成功，则在该事务中进行的所有数据更改均会提交，成为数据库中永久的组成部分。如果事务遇到错误，则必须取消或回滚，所有数据更改均被清除。

事务具有如下属性：

（1）原子性：事务是一个完整的操作，事务的各元素是不可分的。

（2）一致性：事务开始时和完成时，数据必须处于一致的状态。

（3）隔离性：对数据进行修改的所有并发事务是彼此隔离的。

（4）持久性：事务完成后，它对系统的影响是永久的。

事务的 Transact-SQL 语法如下：

- 开始事务：BEGIN TRANSACTION
- 提交事务：COMMIT TRANSACTION
- 回滚：ROLLBACK TRANSACTION

全局变量@@ERROR，用来判断 T-SQL 执行是否有错，若有错，返回非 0。

任务 5-11：创建存储过程，更新指定入库单号的指定商品编码的单价为指定价格，并更新金额，同时也要更新该入库单主表的总金额（注：本任务中有 3 个更新的操作，更新入库单明细表单价，更新入库单明细表金额，更新入库单的总金额，这 3 个操作具有一致性，即或者同时执行，或者同时不执行。可以通过事务来实现。其中"金额=数量*单价*(单价/单价)"，当单价为非 0 时，(单价/单价)等于 1，当单价为 0 时，出错。加上这个是为了说明事务对于出

错的回滚操作)。

在 SQLQuery 窗口中执行如下命令("--"符号后面是注释):

```
create PROCEDURE [dbo].[Proc_rkje_update]
@rkdh varchar(20),@spbm varchar(20),@dj numeric(12,2)
--参数@rkdh 是指定的入库单号,@spbm 为指定的商品编码,@dj 是指定的单价,为 2 位小数的
数字类型
As
declare @i int
set @i=0
begin transaction
--定义事务开始
update 入库单明细表  set 单价=@dj where 入库单号=@rkdh and 商品编码=@spbm
set @i=@i+@@ERROR
--当单价为非 0 时,(单价/单价)等于 1,当单价为 0 时,出错。加上这个是为了说明事务对于出错
的回滚操作
update 入库单明细表  set 金额=数量*单价*(单价/单价) where 入库单号=@rkdh and 商品编码
=@spbm
set @i=@i+@@ERROR

update 入库单 set 总金额=(select sum(金额) as zje from 入库单明细表 where 入库单号=@rkdh)
where 入库单号=@rkdh
set @i=@i+@@ERROR

If @i <> 0
--当@@Error <> 0,即上面 3 个 update 语句出错时,回滚事务到初始阶段
    BEGIN
            ROLLBACK TRANSACTION
    END
ELSE
--否则,即上面 3 个 update 语句都成功执行时,提交事务完成所有操作
    BEGIN
            COMMIT TRANSACTION
    END
```

任务 5-12: 执行存储过程 Proc_rkje_update,将入库单号为 RK001,商品编码为 A-001 的单价改为 1.45 元,并相应更改金额和总金额(注:前面 2 个 Select 语句为执行存储过程前的数据,后面 2 个 Select 语句为执行存储过程后的数据,方便对比前后的变化。本任务是Proc_rkje_update 的事务执行成功提交的例子,可以看到 3 个更新操作都成功执行。)

在 SQLQuery 窗口中执行如下命令:

```
Select * from  入库单
Select * from  入库单明细表
EXEC Proc_rkje_update    'RK001','A-001',1.45
Select * from  入库单
Select * from 入库单明细表
```

任务 5-13: 执行存储过程 Proc_rkje_update,将入库单号为 RK001,商品编码为 A-001 的单价改为 0 元并相应更改金额和总金额(注:前面 2 个 Select 语句为执行存储过程前的数据,

后面 2 个 Select 语右为执行存储过程后的数据，方便对比前后的变化。本任务是 Proc_rkje_update 的事务执行失败回滚的例子，可以看到 3 个更新操作都没有执行）。

在 SQLQuery 窗口中执行如下命令：

```
Select * from  入库单
Select * from  入库单明细表
EXEC Proc_rkje_update  'RK001','A-001',0
Select * from  入库单
Select * from  入库单明细表
```

由于定义了事务，就不会有只是更新了其中一些数据，而其他没有更改到的情况出现。

5.2 分销系统存储过程的创建

5.2.1 项目中需要设计的存储过程

在分销系统中，库存计算是其中最基本的功能，也是最复杂的一个计算过程。一般的做法是先建立一个库存交易表，然后建立一个存储过程来计算库存。为了简单化，本书对库存计算采取不用库存交易表的方法，而是直接将与库存有关系的各种表单（期初库存、入库单、出库单、调拨单、报废单）的数据取出来放到一个临时表中，然后再统一计算出某个商品的库存。这种方法实现起来比较简单，但当业务单据数据量多时，就存在计算速度慢的问题。本任务只是通过这个简单的例子使读者掌握在 SQL Server 中进行存储过程设计的要领。

同样的，在分销系统中还存在应付款计算和应收款计算的问题，这些计算过程都需要设计一个存储过程来实现。

5.2.2 库存计算存储过程设计实例

典型的库存计算流程如图 5-1 所示，下面的例子是用来进行库存计算的存储过程。

任务 5-14：创建一个简单的库存计算存储过程 pro_kcjs，有 4 个参数：仓库编码、仓位、商品编码、商品名称，通过该存储过程可以查询对应的库存信息（注：本任务是用一个非常笨的方法来计算库存，在实际应用系统中，采用的库存计算将比这个复杂得多。这里只是为了说明一个库存计算的思路）。

```
create proc [dbo].[pro_kcjs](
@ckbh varchar(100) ='%%',
@cw varchar(100)= '%%',
@spbm varchar(100)='%%',
```

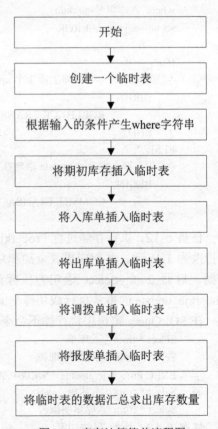

图 5-1 库存计算简单流程图

```
@spmc varchar(100)= '%%' )
as
create table #kc
(
ckbh varchar(100),
cw varchar(100),
spbm varchar(100),
spmc varchar(100),
sl numeric(12,2)
)

declare @wherestr as varchar(5000)
declare @sqlstr as varchar(8000)
--产生 where 条件
set @wherestr = ' where  仓库编码  like ''' + @ckbh + ''' and  仓位编码  like ''' + @cw + ''' and  商品编码
like ''' + @spbm + ''' and  商品名称  like ''' + @spmc + '''

--将期初库存插入临时表
--产生字符串
set @sqlstr = 'insert into #kc(ckbh,cw,spbm,spmc,sl) select 仓库编码,仓位编码,商品编码,商品名称,期
初数量  from  期初库存 ' + @wherestr
--执行字符串
print @sqlstr
exec (@sqlstr)
--将期初库存插入临时表结束

--将入库单插入临时表
--产生字符串
set @sqlstr = 'insert into #kc(ckbh,cw,spbm,spmc,sl) select 仓库编码,仓位编码,商品编码,商品名称,数
量  from  入库单明细表 ' + @wherestr
--执行字符串
exec (@sqlstr)
--将入库单插入临时表结束

--将出库单插入临时表
--产生字符串
set @sqlstr = 'insert into #kc(ckbh,cw,spbm,spmc,sl) select 仓库编码,仓位编码,商品编码,商品名称,数
量  as  数量  from  出库单明细表 ' + @wherestr
--执行字符串
exec (@sqlstr)
--将出库单插入临时表结束

--将调拨单插入临时表
--产生字符串
set @sqlstr = 'insert into #kc(ckbh,cw,spbm,spmc,sl) select 仓库编码,仓位编码,商品编码,商品名称,数
量  from (select 调出仓库编码  as  仓库编码,调出仓位编码  as   仓位编码,商品编码,商品名称,调拨
```

数量 as 数量 from 调拨单 dbd left outer join 调拨单明细表 dbdmxb on dbd.调拨单号=dbdmxb.调拨单号 union all select 调入仓库编码 as 仓库编码,调入仓位编码 as 仓位编码,商品编码,商品名称 调拨数量 as 数量 from 调拨单 dbd left outer join 调拨单明细表 dbdmxb on dbd.调拨单号=dbdmxb. 调拨单号) a ' + @wherestr

--执行字符串

exec (@sqlstr)

--将调拨单插入临时表结束

--将报废单插入临时表
--产生字符串

set @sqlstr = 'insert into #kc(ckbh,cw,spbm,spmc,sl) select 仓库编码,仓位编码,商品编码,商品名称,报废数量 as 数量 from 报废单明细表 ' + @wherestr

--执行字符串

exec (@sqlstr)

--将报废单插入临时表结束

--将库存汇总计算

select ckbh as 仓库编码,cw as 仓位,spbm as 商品编码,spmc as 商品名称,sum(sl) as 数量 from #kc group by ckbh,cw,spbm,spmc

任务 5-15： 执行存储过程 pro_kcjs 计算库存。

Exec pro_kcjs

5.2.3 项目中其他需要设计的存储过程

除了上面所举例子外，在分销系统中，应收款计算、应付款计算，甚至库存成本计算，也需要设计存储过程来实现。下面提供典型应付账款、应收账款的流程图（图 5-2 和图 5-3）及存储过程供读者参考，请读者参照这些例子完成其他存储过程的设计与编写。

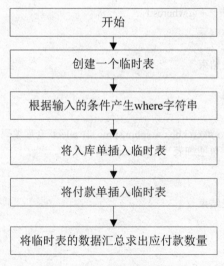

图 5-2　求应付款简单流程图

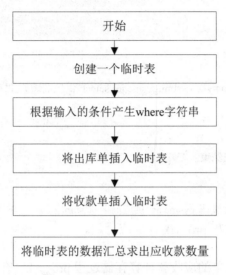

图 5-3   求应收款简单流程图

任务 5-16： 创建一个简单的应付款计算存储过程 pro_yfk。有两个参数：供应商编码、供应商名称，通过该存储过程可以查询对应的应付账款（注：本任务是用一个非常笨的方法来计算应付账款，在实际应用系统中，采用的应付账款计算将比这个复杂得多。这里只是为了说明一个应付账款计算的思路）。

```
--求应付款的简单存储过程
create proc pro_yfk(
@gysbm varchar(100)='%%',
@gysmc varchar(100)= '%%' )
as
create table #yfk
(
gysbm varchar(100),
gysmc varchar(100),
je    numeric(12,2),
)


declare @wherestr as varchar(5000)
declare @sqlstr as varchar(8000)
--产生 where 条件
set @wherestr = ' where  供应商编码  like ''' + @gysbm + ''' and  供应商名称  like ''' + @gysmc + '''
--将入库单明细插入临时表
--产生字符串

set  @sqlstr ='insert  into  #yfk(gysbm,gysmc,je)  select  供应商编码,供应商名称,金额  from  入库单  a
left outer join  入库单明细表  b on a.入库单号=b.入库单号  ' + @wherestr
--执行字符串
print 1
exec (@sqlstr)
--将入库单插入临时表结束
```

```
print 2
```

```
--将付款单插入临时表
--产生字符串
set @sqlstr = 'insert into #yfk(gysbm,gysmc,je) select  供应商编码,供应商名称,付款金额  from  付款单
' + @wherestr
--执行字符串
exec (@sqlstr)
--将付款单插入临时表结束
```

```
--将应付款汇总计算
select gysbm as  供应商编码,gysmc as  供应商名称,sum(je) as  金额  from #yfk group by gysbm,gysmc
```

任务 5-17：执行存储过程 pro_yfk 计算应付款。

```
Exec pro_yfk
```

任务 5-18：创建一个简单的应收款计算存储过程 pro_ysk。有两个参数：客户编码、客户名称，通过该存储过程可以查询对应的应收账款（注：本任务是用一个非常笨的方法来计算应收账款，在实际应用系统中，采用的应收账款计算将比这个复杂得多。这里只是为了说明一个应收账款计算的思路）。

```
--求应收款的简单存储过程
Create proc pro_ysk(
@khbm varchar(100)='%%',
@khmc varchar(100)= '%%' )
as
create table #ysk
(
khbm varchar(100),
khmc varchar(100),
je     numeric(12,2),
)

declare @wherestr as varchar(5000)
declare @sqlstr as varchar(8000)
--产生 where 条件
set @wherestr = ' where  客户编码  like '" + @khbm + "' and  客户名称  like '" + @khmc + "'"

--将出库单明细插入临时表
--产生字符串
set @sqlstr = 'insert into #ysk(khbm,khmc,je) select  客户编码,客户名称,金额  from  出库单  a  left
outer join  出库单明细表  b on a.出库单号=b.出库单号  ' + @wherestr
--执行字符串
exec (@sqlstr)
--将出库单插入临时表结束

--将收款单插入临时表
--产生字符串
```

set @sqlstr = 'insert into #ysk(khbm,khmc,je) select 客户编码,客户名称,收款金额 from 收款单' + @wherestr

--执行字符串

exec (@sqlstr)

--将收款单插入临时表结束

--将应收款汇总计算

select khbm as 客户编码,khmc as 客户名称,sum(je) as 金额 from #ysk group by khbm,khmc

任务 5-19：执行存储过程 pro_ysk 计算应收款。

Exec pro_ysk

任务 **6** 触发器的规划与设计

触发器实际上就是一种特殊类型的存储过程，它是在执行某些特定的 T-SQL 语句时自动执行的一种存储过程。在 SQL Server 2012 中，根据 SQL 语句的不同，把触发器分为两类：一类是 DML 触发器，一类是 DDL 触发器。

一、任务目标

1. 掌握创建和使用触发器来实现数据有效性和完整性。
2. 掌握创建和使用触发器来实现数据的业务逻辑。
3. 掌握创建和使用触发器来实现数据的保护。

二、教学任务

1. 介绍触发器的概念。
2. 介绍触发器的触发机制。
3. 创建带有提示信息的触发器。
4. 创建限制取值范围约束的触发器。
5. 创建实现用户逻辑上数据完整性的触发器。
6. 分析设计分销系统中需要的触发器。

6.1 SQL Server 触发器基础知识

6.1.1 触发器的概念

触发器是一种特殊的存储过程，其特殊性在于它不需要由用户调用执行，而是当用户对表中的数据进行 UPDATE、INSERT 或 DELETE 操作时自动触发执行。触发器通常用于保证业务规则和数据完整性约束，其优点是用户可以用编程的方法来实现复杂的处理逻辑和业务规则，增强了数据完整性约束的功能。在 SQL Server 2012 中，触发器有了更进一步的功能，在数据表（库）发生 CREATE、ALTER 和 DROP 操作时，也会自动激活执行。

6.1.2 触发器的分类

在 SQL Server 2012 中，触发器可以分为两大类：DML 触发器和 DDL 触发器。

（1）DML 触发器：DML 触发器是当数据库服务器中发生数据操作语言（Data Manipulation

Language，DML）事件时执行的存储过程。DML 事件包括在指定表或视图中修改数据的 INSERT 语句、UPDATE 语句或 DELETE 语句。DML 触发器又分为两类：After 触发器和 Instead Of 触发器。DML 触发器可以查询其他表，还可以包含复杂的 T-SQL 语句。系统将触发器和触发它的语句作为可在触发器内回滚的单个事务对待，如果检测到错误（例如，磁盘空间不足），则整个事务即自动回滚。

（2）DDL 触发器：DDL 触发器是当数据库服务器中发生数据定义语言（Data Definition Language，DDL）事件时执行的存储过程。这是 SQL Server 2012 的新增功能。与 DML 触发器不同的是，它不会为响应针对表或视图的 UPDATE、INSERT 或 DELETE 语句而激发；相反，它会为响应多种数据定义语言（DDL）语句而激发。这些语句主要是以 CREATE、ALTER 和 DROP 开头的语句。DDL 触发器一般用于执行数据库中的管理任务。如审核和规范数据库操作、防止数据库表结构被修改等。

1. DML 触发器的分类

SQL Server 2012 的 DML 触发器分为两类：After 触发器和 Instead Of 触发器。

（1）After 触发器：这类触发器是在记录已经改变完之后（after）才会被激活执行，它主要是用于记录变更后的处理或检查，一旦发现错误，也可以用 Rollback Transaction 语句来回滚本次的操作。

（2）Instead Of 触发器：这类触发器一般是用来取代原来的操作，在记录变更之前发生的，它并不去执行原来 SQL 语句中的操作（Insert、Update、Delete），而去执行触发器本身所定义的操作。

2. DML 触发器的工作原理

在 DML 触发器的工作过程中，SQL Server 建立和管理两个临时的虚拟表，一个是 Inserted（插入）表，一个是 Deleted（删除）表。这两个表建在数据库服务器的内存中，是由系统管理的逻辑表，而不是真正存储在数据库中的物理表。这两个特殊表可供用户读取，但是用户不能直接修改表中的数据。

Inserted 和 Deleted 两个表的结构与触发器所在数据表的结构是完全一致的，当触发器的工作完成之后，这两个表也将会从内存中删除。

Inserted 表中存放的是更新后的记录。在执行 Insert 语句时，Inserted 表中存放的是要插入的数据；在执行 Update 语句时，Inserted 表中存放的是要更新的记录。

Deleted 表中存放的是更新前的记录。在执行 Update 语句时，Deleted 表中存放的是更新前的记录（更新完后即被删除）；在执行 Delete 语句时，Deleted 表中存放的是被删除的旧记录。

激活触发器时 Inserted 表和 Deteted 表的内容见表 6-1。

表 6-1　Inserted 表和 Deteted 表在执行触发器时的状态

激活触发器的 SQL 语句	Inserted 表	Deleted 表
insert	所要添加的行	空
update	新的行	旧的行
delete	空	删除的行

下面介绍 After 触发器和 Instead Of 触发器的工作原理。

After 触发器是在记录变更完之后才被激活执行的。以添加记录为例，当 SQL Server 接收到一个要执行添加操作的 SQL 语句时，SQL Server 先将所要添加的记录存放在 Inserted 表中，然后把记录插入到数据表中，再激活 After 触发器，执行 After 触发器中的 SQL 语句。执行完毕之后，删除内存中的 Inserted 表，退出整个操作。

例如，在采购订单明细表中，如果要插入一条采购订单明细记录，在插入记录时，触发器可以检查该记录的商品采购数量是否大于一个上限（比如 1000），如果大于上限则取消插入操作。数据库的具体操作如下：

（1）接收 SQL 语句，把要添加的记录存放在 Inserted 表中。

（2）把记录添加到采购订单明细表中。

（3）从 Inserted 表中读出该产品的商品采购数量字段，判断是否大于上限，如果不大于上限，完成操作，从内存中清除 Inserted 表；如果大于上限，用 Rollback Transaction 语句来回滚操作。

Instead Of 触发器与 After 触发器不同。After 触发器是在 Insert、Update 和 Delete 操作完成后才激活的，而 Instead Of 触发器是在这些操作进行之前就激活了，并且不再去执行原来的 SQL 操作，而去运行触发器本身的 SQL 语句。

6.1.3 触发器的创建

可以通过两种方式创建触发器：一种是在 SQL Server Management Studio 中使用图形化的工具创建，另一种是通过 Create Trigger 语句来创建。

1. 使用图形化的工具创建

任务 6-1：给采购订单明细表创建一个触发器，限制该表中的数量字段不能大于 1000，避免过度采购。

具体步骤如下：

（1）在 SQL Server Management Studio 的对象资源管理器中，展开分销系统数据库，再展开采购订单明细表，并找到"触发器"项，如图 6-1 所示。

图 6-1　新建触发器

（2）右击"触发器"，在弹出的快捷菜单中选择"新建触发器"命令，此时会自动弹出"查询编辑器"，在"查询编辑器"的编辑区中 SQL Server 已经预写入了一些建立触发器相关的 SQL 语句。

（3）修改"查询编辑器"中的代码，将从 CREATE 开始到 GO 结束的代码改为以下代码，修改结果如图 6-2 所示。

```
CREATE TRIGGER TRI_check_cgmx
ON 采购订单明细表
FOR INSERT,UPDATE
AS
If (select 数量 from inserted)>1000
Begin
PRINT '采购数量超出上限，操作失败！'
Rollback
end
GO
```

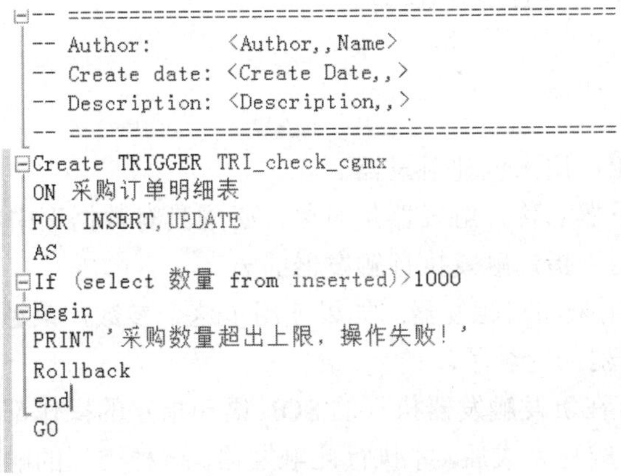

```
-- ================================================
-- Author:      <Author,,Name>
-- Create date: <Create Date,,>
-- Description: <Description,,>
-- ================================================
Create TRIGGER TRI_check_cgmx
ON 采购订单明细表
FOR INSERT,UPDATE
AS
If (select 数量 from inserted)>1000
Begin
PRINT '采购数量超出上限，操作失败！'
Rollback
end
GO
```

图 6-2　查询编辑器

（4）单击"执行"按钮，生成触发器。在对象资源管理器中右击采购订单明细表的"触发器"项目，再将其展开，可以看到其中已经有了对象 TRI_check_cgmx。

（5）测试该触发器。给采购订单明细表添加一条记录即可测试该触发器。

任务 6-2：往采购订单明细表插入一条数据，检验前面的触发器执行情况。

```
Use 分销系统
go
insert into 采购订单明细表(采购订单号,序号,商品编码,商品名称,规格型号,单位,数量,单价,金额)
values ('CG002',3,'B-001','金丝猴网双喜糖','1 箱*200 袋*30g','袋',1200,8,9600)
```

执行结果如图 6-3 所示。

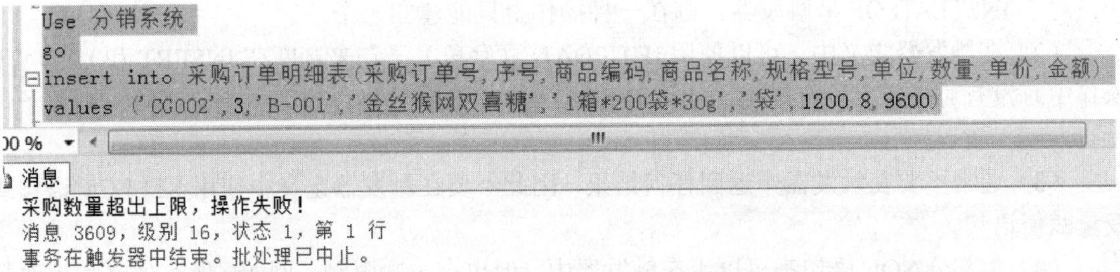

```
Use 分销系统
go
insert into 采购订单明细表(采购订单号,序号,商品编码,商品名称,规格型号,单位,数量,单价,金额)
values ('CG002',3,'B-001','金丝猴网双喜糖','1箱*200袋*30g','袋',1200,8,9600)
```

```
消息
采购数量超出上限，操作失败！
消息 3609，级别 16，状态 1，第 1 行
事务在触发器中结束。批处理已中止。
```

图 6-3　触发器 TRI_check_cgmx 执行情况

在 SQL Server Management Studio 中对触发器进行修改和删除也是非常便利的。例如，要修改上面所创建的触发器 TRI_check_cgmx，可以展开如图 6-1 所示的采购订单明细表的"触发器"项目，右击其中的触发器对象 TRI_check_cgmx，右键菜单中就有了"修改"和"删除"菜单项。单击"修改"菜单项则进入如图 6-2 所示的代码编辑界面，即可重新编辑触发器的定义，然后执行代码可重新生成触发器；若单击"删除"菜单项则可以立即把该触发器删除掉。

2. 用 Create Trigger 语句创建触发器

在 SQL Server 中，也可以用 Create Trigger 语句创建触发器，语法如下：

```
CREATE TRIGGER trigger_name
ON table_name
[WITH ENCRYPTION]
{ FOR | AFTER | INSTEAD OF }
{[ INSERT ] [,] [ DELETE ] [,] [ UPDATE ]}
AS
    SQL_statement[,… n]
```

参数含义说明如下：

- CREATE TRIGGER：用来创建触发器。
- trigger_name：触发器名称，触发器是对象，必须具有数据库中的唯一名称。
- ON table_name：用于指定触发执行触发器的表。
- With Encryption：用来加密触发器。如果使用了这个参数，该触发器将会被加密，任何人都看不到触发器的内容了。
- AFTER：指定只有在引发触发器执行的 SQL 语句指定的操作都已经成功执行，并且所有的约束检查也成功完成后，才执行此触发器。这种类型的触发器称为后触发型触发器。
- FOR：如果只是指定 FOR 关键字，则 AFTER 为默认值。
- INSTEAD OF：指定执行触发器而不是执行引发触发器执行的 SQL 语句，从而替代触发语句的操作。这种触发器称为前触发型触发器，一个表只能定义一个 INSTEAD OF 触发器。
- INSERT、DELETE、UPDATE：指定引发触发器执行的操作，若同时指定多个操作，则各操作之间用逗号分隔。

在创建触发器之前，还需要注意以下几点：

（1）在一个表上可以建立多个名称不同、类型各异的触发器，每个触发器可由 INSERT、DELETE、UPDATE 三个操作各自触发。对于 AFTER 型的触发器，可以在一个操作上建立多个，对于 INSTEAD OF 型触发器，则在一种操作上只能建立一个。

（2）在触发器定义中，可以使用 IF UPDATE（字段）子句来判断在 INSERT 和 UPDATE 操作中有没有对指定字段有影响。如果 INSERT 或 UPDATE 操作更改了指定字段，则该子句为真。

（3）通常不要在触发器中返回任何结果，因此不要在触发器定义中使用 SELECT 语句或变量赋值语句。

（4）大部分 SQL 语句都可以用在触发器中，但也有一些限制，例如，所有建立和更改数据库以及数据库对象的语句、所有的 DROP 语句都不允许在触发器中使用。

6.1.4 触发器的实例

任务 6-3：创建带有提示信息的触发器。当用户在期初库存表中插入数据时，产生一条提示信息。

在 SQLQuery 窗口中执行如下命令：

```
Use 分销系统
GO
Create TRIGGER TRI_insert_qckc
on  期初库存
FOR INSERT
AS
PRINT '在期初库存表中插入了数据！'
GO
```

上面的语句创建一个触发器，TRI_insert_qckc 是触发器的名称，"on 期初库存"表示此触发器是建立在期初库存表上，FOR INSERT 是触发条件，就是当有数据插入期初库存表的时候，就符合触发条件，AS 后面就是当符合触发条件时触发器所执行的动作，这里是打印提示语句"在期初库存表中插入了数据！"。

任务 6-4：往期初库存表中插入一条数据，验证任务 6-3 的触发器执行情况。

```
Use 分销系统
GO
insert into  期初库存
  (仓库编码,仓位编码,商品编码,商品名称,规格型号,单位,期初数量,期初单价,期初金额)
  values ('001','001-A' ,'A-001' ,'阿一波无沙紫菜 25g' ,'1 箱*80 包*25g ' ,'包',15 ,10,150)
GO
```

执行结果如图 6-4 所示。

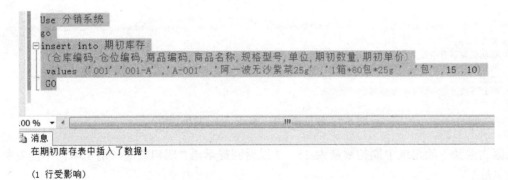

图 6-4 触发器 TRI_insert_qckc 执行情况

任务 6-5：创建限制取值范围约束的触发器。限制期初库存表中的期初数量和期初单价必须是大于 0 的数字。

在 SQLQuery 窗口中执行如下命令：

```
Use 分销系统
go
```

```
Create TRIGGER TRI_check_qckc
ON  期初库存
FOR INSERT,UPDATE
AS
If exists(select * from inserted where isnull(期初数量,0)<0 or isnull(期初单价,0)<0)
Begin
PRINT '期初数量或期初单价不能为负数，更改失败！'
Rollback
End
go
```

TRI_check_qckc 是一个建立在期初库存表上的，触发条件是 INSERT、UPDATE 的触发器，如果在 inserted 表中发现有期初数量或者期初单价是负数的记录，则回滚触发器，即不予更改。

执行如下语句，将触发该触发器的执行。

任务 6-6：往期初库存表中插入一条数据，验证任务 6-5 的触发器执行情况。

```
Use 分销系统
GO
insert into 期初库存
  (仓库编码,仓位编码,商品编码,商品名称,规格型号,单位,期初数量,期初单价,期初金额)
  values ('001','001-A','A-001','阿一波无沙紫菜 25g','1 箱*80 包*25g','包',-15 ,10,-150)
GO
```

执行结果如图 6-5 所示。

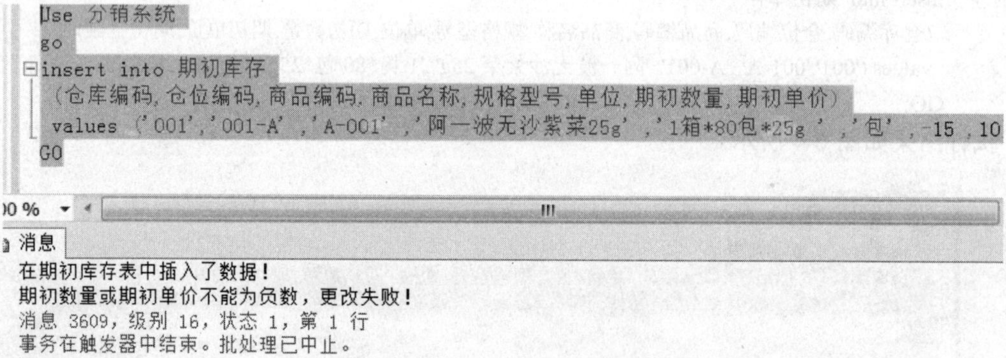

图 6-5　触发器 TRI_check_qckc 的执行情况

因为要插入的记录中期初数量为-15，所以返回提示语"期初数量或期初单价不能为负数，更改失败！"。

注：触发器与引发触发器执行的操作共同构成了一个事务，事务的开始是引发触发器执行的操作，事务的结束是触发器的结束。由于在执行 After 类型的触发器时，引发触发器执行的操作已经执行完了，因此，在触发器中应使用 rollback 语句撤销已完成的不正确操作，这里的 rollback 实际上是回滚到引发触发器执行的操作之前的状态。

任务 6-7：为收款单创建一个 Instead of 触发器，使得新插入记录中收款金额小于应收总额时，备注内容自动填写为"未收讫"，而收款金额等于应收总额时，备注内容自动填写为"已收讫"。

在 SQLQuery 窗口中执行如下命令：

```
Use 分销系统
GO
Create TRIGGER TRI_SKD_BZ
ON 收款单
INSTEAD OF INSERT
AS
begin
  insert into 收款单 select * from inserted
  update 收款单 set 备注='未收讫' where 收款金额<应收总额 and (收款单号 in (select 收款单号 from inserted ))
  update 收款单 set 备注='已收讫' where 收款金额=应收总额 and (收款单号 in (select 收款单号 from inserted ))
end
GO
```

当对收款单进行 insert 操作时触发器 TRI_SKD_BZ 即启动，它先将要插入的新记录存放在 Inserted 表中，然后执行触发器定义的 begin 和 end 之间的代码，不会执行激活触发器的 Insert 语句。可以通过执行以下两条插入数据语句后再查询收款单表来对该触发器进行测试。

任务 6-8：往收款单表中插入 2 条数据，验证任务 6-7 的触发器执行情况。

```
USE 分销系统
GO
insert 收款单 values ('SK001','2008-04-09','汪清凌','9-001','春之花', 366.50,366.50,NULL)
go
insert 收款单 values ('SK002','2008-05-20','李铭','9-012','丫丫超市', 458.00,300,NULL)
GO
select * from 收款单
```

测试结果如图 6-6 所示。

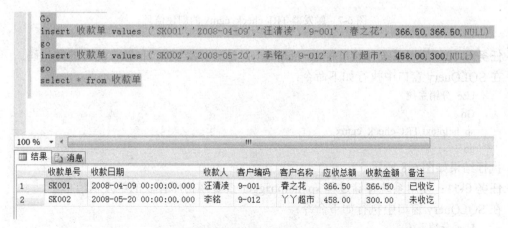

图 6-6 触发器 TRI_SKD_BZ 的执行情况

6.1.5 查看、修改和删除触发器

触发器创建后，可以查看、修改和删除触发器的定义。

1. 查看触发器

可以通过 SQL Server Management Studio 图形化工具查看触发器，也可以通过系统存储过程查看触发器。

常用的显示触发器有关信息的几个系统存储过程如下：

（1）sp_help trigger_name：显示触发器的所有者和创建时间。

（2）sp_helptext trigger_name：显示触发器的源代码。

（3）sp_helptrigger table_name：显示某个表定义的触发器清单。

任务 6-9： 使用系统存储过程 sp_help 查看触发器 TRI_check_cgmx 的所有者和创建时间。

在 SQLQuery 窗口中执行如下命令：

```
Use 分销系统
Go
sp_help TRI_check_cgmx
go
```

执行结果如图 6-7 所示。

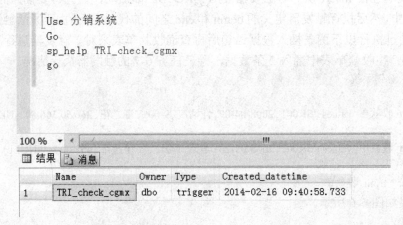

图 6-7　触发器 TRI_check_cgmx 的创建信息

任务 6-10： 使用系统存储过程 sp_helptext 查看触发器 TRI_check_cgmx 的源代码。

在 SQLQuery 窗口中执行如下命令：

```
Use 分销系统
Go
sp_helptext TRI_check_cgmx
go
```

执行结果如图 6-8 所示。

任务 6-11： 使用系统存储过程 sp_helptrigger 查看期初库存表的触发器清单。

在 SQLQuery 窗口中执行如下命令：

```
Use 分销系统
Go
sp_helptrigger 期初库存
go
```

```
Use 分销系统
Go
sp_helptext TRI_check_cgmx
go
```

	Text
1	-- ===
2	-- Author: <Author,,Name>
3	-- Create date: <Create Date,,>
4	-- Description: <Description,,>
5	-- ===
6	Create TRIGGER TRI_check_cgmx
7	ON 采购订单明细表
8	FOR INSERT,UPDATE
9	AS
10	If (select 数量 from inserted)>1000
11	Begin
12	PRINT '采购数量报出上限，操作失败'

图 6-8 触发器 TRI_check_cgmx 的源代码

执行结果如图 6-9 所示。

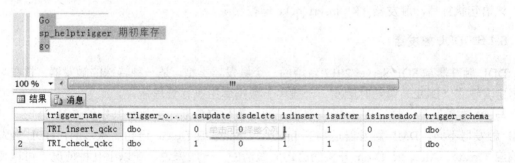

```
Go
sp_helptrigger 期初库存
go
```

	trigger_name	trigger_o...	isupdate	isdelete	isinsert	isafter	isinsteadof	trigger_schema
1	TRI_insert_qckc	dbo	0	0	1	1	0	dbo
2	TRI_check_qckc	dbo	1	0	1	1	0	dbo

图 6-9 期初库存的触发器清单

2. 修改触发器

可以使用 Alter Trigger 语句来修改触发器的定义。Alter Trigger 语句与 Create Trigger 语句的语法基本一样，其语法如下：

```
ALTER TRIGGER trigger_name
ON table_name
[WITH ENCRYPTION]
{ FOR | AFTER | INSTEAD OF }
{[ INSERT ] [,] [ DELETE ] [,] [ UPDATE ] }
AS
    SQL_statement[,... n]
```

任务 6-12：修改触发器 TRI_check_cgmx 的定义，将采购订单明细表的数量字段的上限修改为1200。

在 SQLQuery 窗口中执行如下命令：

```
Use 分销系统
Go
```

```
ALTER TRIGGER TRI_check_cgmx
ON 采购订单明细表
FOR INSERT,UPDATE
AS
If (select 数量 from inserted)>1200
Begin
PRINT '采购数量超出上限，操作失败！'
Rollback
end
go
```

3．删除触发器

可以使用 Drop Trigger 语句来删除触发器。

任务 6-13：删除触发器 TRI_insert_qckc。

在 SQLQuery 窗口中执行如下命令：

```
Use 分销系统
Go
drop trigger TRI_insert_qckc
go
```

该语句执行后，触发器 TRI_insert_qckc 即被删除。

6.1.6 DDL 触发器

DDL 触发器是 SQL Server 2012 新增的一个触发器类型，是一种特殊的触发器，它在响应数据定义语言（DDL）语句时触发。一般用于数据库中执行管理任务。

与 DML 触发器一样，DDL 触发器也是通过事件来激活，并执行其中的 SQL 语句。但与 DML 触发器不同，DML 触发器是响应 Insert、Update 或 Delete 语句而激活的，DDL 触发器是响应 Create、Alter 或 Drop 开头的语句而激活的。一般来说，在以下几种情况下可以使用 DDL 触发器：

（1）数据库里的库架构或数据表架构很重要，不允许被修改。

（2）防止数据库或数据表被误操作删除。

（3）在修改某个数据表结构的同时修改另一个数据表的相应的结构。

（4）要记录对数据库结构操作的事件。

1．创建 DDL 触发器

创建 DDL 触发器的语法如下：

```
CREATE TRIGGER trigger_name
ON { ALL SERVER | DATABASE }
[ WITH <ddl_trigger_option> [ ,...n ] ]
{ FOR | AFTER } { event_type | event_group } [ ,...n ]
AS { sql_statement   [ ; ] [ ...n ] | EXTERNAL NAME < method specifier >   [ ; ] }
```

参数含义说明如下：

● trigger_name：触发器名称，必须遵循标识符规则。

● ON All Server：是将 DDL 触发器作用到整个当前的服务器上。如果指定了这个参数，在当前服务器上的任何一个数据库都能激活该触发器。

- ON Database：是将 DDL 触发器作用到当前数据库，只能在这个数据库上激活该触发器。
- For 或 After：是同一个意思，指定的是 After 触发器，DDL 触发器无法作为 Instead Of 触发器。
- event_type：执行之后将导致激发 DDL 触发器的 Transact-SQL 事件的名称，表 6-2 列出了 DDL 触发器的部分事件。
- event_group：预定义的 Transact-SQL 事件分组的名称。

表 6-2 DDL 触发器部分事件

CREATE_APPLICATION_ROLE（适用于 CREATE APPLICATION ROLE 语句和 **sp_addapprole**。如果创建新架构，则此事件还会触发 CREATE_SCHEMA 事件）	ALTER_APPLICATION_ROLE（适用于 ALTER APPLICATION ROLE 语句和 **sp_approlepassword**）	DROP_APPLICATION_ROLE（适用于 DROP APPLICATION ROLE 语句和 **sp_dropapprole**）
CREATE_ASSEMBLY	ALTER_ASSEMBLY	DROP_ASSEMBLY
CREATE_ASYMMETRIC_KEY	ALTER_ASYMMETRIC_KEY	DROP_ASYMMETRIC_KEY
ALTER_AUTHORIZATION	ALTER_AUTHORIZATION_DATABASE（适用于 **sp_changedbowner**；当指定 ON DATABASE 时，还适用于 ALTER AUTHORIZATION 语句）	
CREATE_BROKER_PRIORITY	CREATE_BROKER_PRIORITY	CREATE_BROKER_PRIORITY
CREATE_CERTIFICATE	ALTER_CERTIFICATE	DROP_CERTIFICATE
CREATE_CONTRACT	DROP_CONTRACT	
CREATE_CREDENTIAL	ALTER_CREDENTIAL	DROP_CREDENTIAL
GRANT_DATABASE	DENY_DATABASE	REVOKE_DATABASE
CREATE_DATABASE_AUDIT_SPEFICIATION	ALTER_DATABASE_AUDIT_SPEFICIATION	DENY_DATABASE_AUDIT_SPEFICIATION
CREATE_DATABASE_ENCRYPTION_KEY	ALTER_DATABASE_ENCRYPTION_KEY	DROP_DATABASE_ENCRYPTION_KEY
CREATE_DEFAULT	DROP_DEFAULT	
BIND_DEFAULT（适用于 **sp_bindefault**）	UNBIND_DEFAULT（适用于 **sp_unbindefault**）	
CREATE_EVENT_NOTIFICATION	DROP_EVENT_NOTIFICATION	
CREATE_EXTENDED_PROPERTY（适用于 **sp_addextendedproperty**）	ALTER_EXTENDED_PROPERTY（适用于 **sp_updateextendedproperty**）	DROP_EXTENDED_PROPERTY（适用于 **sp_dropextended-property**）
CREATE_FULLTEXT_CATALOG（适用于 CREATE FULLTEXT CATALOG 语句；当指定 *create* 时，还适用于 **sp_fulltextcatalog**）	ALTER_FULLTEXT_CATALOG（适用于 ALTER FULLTEXT CATALOG 语句；当指定 *start_incremental*、*start_full*、*Stop* 或 *Rebuild* 时，适用于 **sp_fulltextcatalog**；当指定 *enable* 时，适用于 **sp_fulltext_database**）	DROP_FULLTEXT_CATALOG（适用于 DROP FULLTEXT CATALOG 语句；当指定 *drop* 时，还适用于 **sp_fulltextcatalog**）
CREATE_FULLTEXT_INDEX（适用于 CREATE FULLTEXT INDEX 语句；当指定 *create* 时，还适用于 **sp_fulltexttable**）	ALTER_FULLTEXT_INDEX（适用于 ALTER FULLTEXT INDEX 语句；当指定 *start_full*、*start_incremental* 或 *stop* 时，适用于 **sp_fulltextcatalog**；当指定 *create* 或 *drop* 以外的任何其他操作时，适用于 **sp_fulltext_table**；此外还适用于 **sp_fulltext_column**）	DROP_FULLTEXT_INDEX（适用于 DROP FULLTEXT INDEX 语句；当指定 *drop* 时，还适用于 **sp_fulltexttable**）

续表

CREATE_FULLTEXT_STOPLIST	ALTER_FULLTEXT_STOPLIST	DROP_FULLTEXT_STOPLIST
CREATE_FUNCTION	ALTER_FUNCTION	DROP_FUNCTION
CREATE_INDEX	ALTER_INDEX（适用于 ALTER INDEX 语句和 **sp_indexoption**）	DROP_INDEX
CREATE_MASTER_KEY	ALTER_MASTER_KEY	DROP_MASTER_KEY
CREATE_MESSAGE_TYPE	ALTER_MESSAGE_TYPE	DROP_MESSAGE_TYPE
CREATE_PARTITION_FUNCTION	ALTER_PARTITION_FUNCTION	DROP_PARTITION_FUNCTION
CREATE_PARTITION_SCHEME	ALTER_PARTITION_SCHEME	DROP_PARTITION_SCHEME
CREATE_PLAN_GUIDE（适用于 **sp_create_plan_guide**）	ALTER_PLAN_GUIDE（当指定 ENABLE、ENABLE ALL、DISABLE 或 DISABLE ALL 时适用于 **sp_control_plan_guide**）	DROP_PLAN_GUIDE（当指定 DROP 或 DROP ALL 时适用于 **sp_control_plan_guide**）
CREATE_PROCEDURE	ALTER_PROCEDURE（适用于 ALTER PROCEDURE 语句和 **sp_procoption**）	DROP_PROCEDURE
CREATE_QUEUE	ALTER_QUEUE	DROP_QUEUE
CREATE_REMOTE_SERVICE_BINDING	ALTER_REMOTE_SERVICE_BINDING	DROP_REMOTE_SERVICE_BINDING
CREATE_SPATIAL_INDEX		
RENAME（适用于 **sp_rename**）		
CREATE_ROLE（适用于 CREATE ROLE 语句、**sp_addrole** 和 **sp_addgroup**）	ALTER_ROLE	DROP_ROLE（适用于 DROP ROLE 语句、**sp_droprole** 和 **sp_dropgroup**）
ADD_ROLE_MEMBER	DROP_ROLE_MEMBER	
CREATE_ROUTE	ALTER_ROUTE	DROP_ROUTE
CREATE_RULE	DROP_RULE	
BIND_RULE（适用于 **sp_bindrule**）	UNBIND_RULE（适用于 **sp_unbindrule**）	
CREATE_SCHEMA（适用于 CREATE SCHEMA 语句、**sp_addrole**、**sp_adduser**、**sp_addgroup** 和 **sp_grantdbaccess**）	ALTER_SCHEMA（适用于 ALTER SCHEMA 语句和 **sp_changeobjectowner**）	DROP_SCHEMA
CREATE_SEARCH_PROPERTY_LIST	ALTER_SEARCH_PROPERTY_LIST	DROP_SEARCH_PROPERTY_LIST
CREATE_SEQUENCE_EVENTS	CREATE_SEQUENCE_EVENTS	CREATE_SEQUENCE_EVENTS
CREATE_SERVER_ROLE	ALTER_SERVER_ROLE	DROP_SERVER_ROLE
CREATE_SERVICE	ALTER_SERVICE	DROP_SERVICE
ALTER_SERVICE_MASTER_KEY	BACKUP_SERVICE_MASTER_KEY	RESTORE_SERVICE_MASTER_KEY
ADD_SIGNATURE（用于对非架构范围的对象的签名操作；数据库，程序集，触发器）	DROP_SIGNATURE	
ADD_SIGNATURE_SCHEMA_OBJECT（用于对架构范围的对象的签名操作；存储过程，函数）	DROP_SIGNATURE_SCHEMA_OBJECT	
CREATE_SPATIAL_INDEX	ALTER_INDEX 可用于空间索引	DROP_INDEX 可用于空间索引
CREATE_STATISTICS	DROP_STATISTICS	UPDATE_STATISTICS
CREATE_SYMMETRIC_KEY	ALTER_SYMMETRIC_KEY	DROP_SYMMETRIC_KEY

续表

CREATE_SYNONYM	DROP_SYNONYM	
CREATE_TABLE	ALTER_TABLE（适用于 ALTER TABLE 语句和 **sp_tableoption**）	DROP_TABLE
CREATE_TRIGGER	ALTER_TRIGGER（适用于 ALTER TRIGGER 语句和 **sp_settriggerorder**）	DROP_TRIGGER
CREATE_TYPE（适用于 CREATE TYPE 语句和 **sp_addtype**）	DROP_TYPE（适用于 DROP TYPE 语句和 **sp_droptype**）	
CREATE_USER（适用于 CREATE USER 语句、**sp_adduser** 和 **sp_grantdbaccess**）	ALTER_USER（应用于 ALTER USER 语句和 **sp_change_users_login**）	DROP_USER（适用于 DROP USER 语句、**sp_dropuser** 和 **sp_revokedbaccess**）
CREATE_VIEW	ALTER_VIEW	DROP_VIEW
CREATE_XML_INDEX	ALTER_INDEX 可用于 XML 索引	DROP_INDEX 可用于 XML 索引
CREATE_XML_SCHEMA_COLLECTION	ALTER_XML_SCHEMA_COLLECTION	DROP_XML_SCHEMA_COLLECTION

任务 6-14：创建用于保护"分销系统"数据库中的数据表不被删除的触发器。

在 SQLQuery 窗口中执行如下命令：

```
Use 分销系统
Go
create trigger disable_table_dropping
on database
for drop_table
as
begin
    raiserror('分销系统数据表不能被删除',16,10)
    rollback
end
go
```

2. 测试 DDL 触发器功能

任务 6-15：删除付款单表，验证任务 6-14 的触发器执行情况。

在 SQLQuery 窗口中执行如下命令：

```
Use 分销系统
Go
drop table  付款单
go
```

执行结果如图 6-10 所示。

在上述测试结果基础上，还可以通过对付款单进行查询来确认该表是否被删除了，读者可以自行测试。

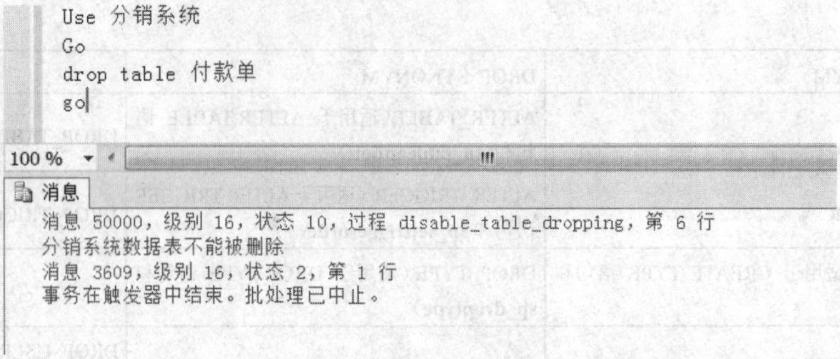

```
Use 分销系统
Go
drop table 付款单
go
```

100 %

消息

消息 50000，级别 16，状态 10，过程 disable_table_dropping，第 6 行
分销系统数据表不能被删除
消息 3609，级别 16，状态 2，第 1 行
事务在触发器中结束。批处理已中止。

图 6-10   触发器 disable_table_dropping 测试结果

6.2   分销系统触发器的设计

6.2.1   分销系统触发器规划

在分销系统的数据表中，销售订单明细表有字段"数量"、"单价"、"金额"。根据业务逻辑，"金额＝单价×数量"，所以对于销售订单明细表应该创建一个触发器，使得"金额"的值是由"单价"和"数量"的乘积得来的，保证该业务逻辑的准确性。同样的，根据业务逻辑，在某个销售订单中，销售订单明细表中字段"金额"和销售订单中字段"总金额"存在这样的关系：总金额等于该销售订单明细表中的金额的总和。为此，还需要为销售订单明细表创建一个触发器来保证该业务逻辑。

类似的，在采购订单与采购订单明细表之间、盘点表与盘点明细表之间、入库单与入库单明细表之间、出库单与出库单明细表之间，也有相同的业务逻辑，都需要建立保证相关业务逻辑准确性的触发器。

在部分缺少外键约束的数据表中，如入库单明细表，该表的"仓库编码"字段的值必须是仓库资料表中存在的仓库编码，因为仓库资料表中不存在的仓库编码就意味着这样的仓库编码所标识的仓库是不存在的，现实中是绝不可能把商品入库到一个不存在的仓库中的。同样的，该表的"仓位编码"字段的值必须是仓位资料表中存在的数据。要保证上述数据完整性要求，也可以创建相应的触发器。

在分销系统的数据表中，虽然不少表都定义了外键约束，但并没有定义级联删除和级联修改约束，为此，可以定义相应的触发器来达到相应的效果。若某个销售订单被删除，则该销售订单对应的明细记录也能被自动删除。

6.2.2   分销系统触发器设计

任务 6-16：为期初库存表创建一个触发器，保证插入新记录、更改了期初数量或更改了期初单价后期初金额都会随之自动更新为期初数量和期初单价的乘积。

对此触发器可以做如下分析：如果"期初单价"或者"期初数量"字段有更改，则将期初库存中序号与 inserted 表中序号对应的记录的期初金额按公式"期初金额＝期初单价*期初数量"计算后进行更新。

在 SQLQuery 窗口中执行如下命令：

```
Use 分销系统
Go
create trigger   TRI_update_qckc
on 期初库存  for insert,update
as
if update (期初单价) or update (期初数量)
Update 期初库存  set 期初金额=isnull(期初单价,0)*(isnull(期初数量,0)) where 序号 in ( select 序
号 from inserted )
go
```

任务 6-17：往期初库存插入一条记录，验证任务 6-16 的触发器执行情况。

```
Use 分销系统
Go
insert into  期初库存
(仓库编码,仓位编码,商品编码,商品名称,规格型号,单位,期初数量,期初单价,期初金额)
values ('001','001-A' ,'A-001' ,'阿一波无沙紫菜 25g' ,'1 箱*80 包*25g' ,'包',35 ,1,350)
  go
  select * from  期初库存

  go
```

结果如图 6-11 所示。

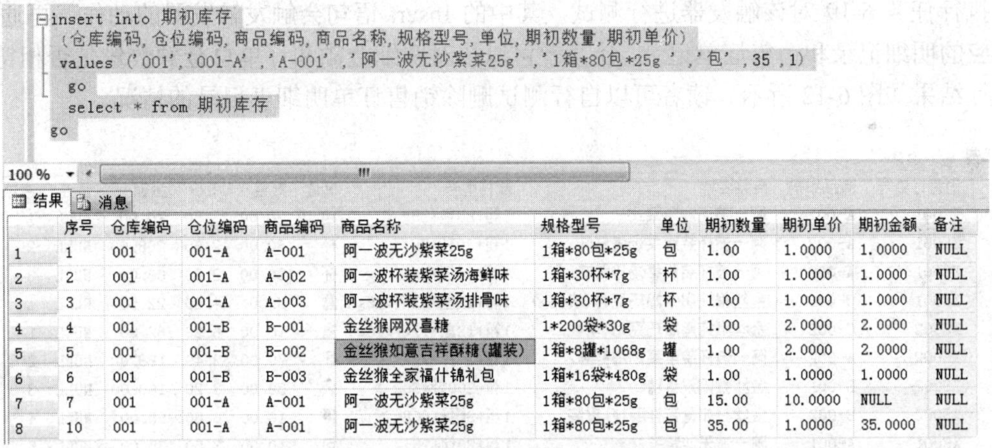

图 6-11 触发器 TRI_update_qckc 测试结果

任务 6-18：为销售订单明细表创建一个触发器，无论该表新增、修改或删除记录都能保证记录中的金额为数量和单价的乘积，同时其相应的销售订单主表中的总金额也能保持准确。

对此触发器可以做如下分析：先在销售订单明细表中更新 Inserted 表中涉及的记录的金额字段，然后在销售订单表中更新 Inserted 表中涉及的销售订单号的总金额字段，还要注意兼顾删除记录的情况，在销售订单表中更新 Deleted 表中涉及的销售订单号的总金额字段。

在 SQLQuery 窗口中执行如下命令：

```
Use 分销系统
Go
create trigger   TRI_xsddmxb
```

```
on 销售订单明细表 for insert,update,delete
as
begin
 Update 销售订单明细表 set 金额=isnull(单价,0)*(isnull(数量,0))
   where 销售订单号+cast(序号 as varchar(10)) in (select 销售订单号+cast(序号 as varchar(10))
from inserted )
--------------
 update 销售订单 set 总金额=a.总金额
 from
 (select 销售订单号,sum(金额) as 总金额 from 销售订单明细表 group by 销售订单号) a
   where 销售订单.销售订单号=a.销售订单号 and 销售订单.销售订单号 in (select 销售订单号
from inserted)


--------------
 update 销售订单 set 总金额=a.总金额
 from
 (select 销售订单号,sum(金额) as 总金额 from 销售订单明细表 group by 销售订单号) a
   where 销售订单.销售订单号=a.销售订单号 and 销售订单.销售订单号 in (select 销售订单号
from deleted)
end
go
```

　　执行任务 6-19 对该触发器进行测试，其中的 Insert 语句会触发触发器的动作，再通过查询相应的明细记录和销售订单记录，让读者可以核对明细金额和订单总金额数量是否相符。测试执行结果如图 6-12 所示。读者可以自行测试删除销售订单明细表记录的情况。

	销售订单号	商品编码	商品名称	规格型号	单位	数量	单价	金额	备注	序号
1	XS001	A-001	阿一波无沙紫菜25g	1箱*80包*25g	包	20.00	3.50	70.00	NULL	1
2	XS001	A-002	阿一波杯装紫菜汤海鲜味	1箱*30杯*7g	杯	80.00	2.60	208.00	NULL	2
3	XS001	A-003	阿一波杯装紫菜汤排骨味	1箱*30杯*7g	杯	30.00	2.20	66.00	NULL	3
4	XS001	C-001	金丝猴纯脂牛奶巧克力(块46g)	1箱*12盒*12块*46g	盒	5.00	4.50	22.50	NULL	4
5	XS002	C-002	金丝猴纯脂黑巧克力(块46g)	1箱*12盒*12块*46g	盒	10.00	6.20	62.00	NULL	1
6	XS002	A-002	阿一波杯装紫菜汤海鲜味	1箱*30杯*7g	杯	70.00	2.40	168.00	NULL	2
7	XS002	B-001	金丝猴网双喜糖	1箱*200袋*30g	袋	50.00	3.20	160.00	NULL	3
8	XS002	B-002	金丝猴如意吉祥酥糖(罐装)	1箱*8罐*1068g	罐	10.00	6.80	68.00	NULL	4
9	XS001	A-001	阿一波无沙紫菜25g	1箱*80包*25g	包	10.00	3.50	35.00	NULL	5
10	XS002	A-001	阿一波无沙紫菜25g	1箱*80包*25g	包	20.00	3.50	70.00	NULL	5

	销售订单号	日期	客户编码	客户名称	联系人	联系电话	送货地址	总金额	备注
1	XS001	2014-03-20 00:00:00.000	9-001	春之花	王小姐	13392661234	中山大道西1号	401.5000	NULL
2	XS002	2014-03-22 00:00:00.000	9-012	丫丫超市	张先生	13392663344	五山路46号	528.0000	NULL

图 6-12　触发器 TRI_xsddmxb 测试结果

任务 6-19：往期初库存插入 2 条记录，验证任务 6-18 的触发器执行情况。

```
Use 分销系统
Go
insert 销售订单明细表
(序号,销售订单号,商品编码,商品名称,规格型号,单位,数量,单价,金额)
values (5,'XS001','A-001','阿一波无沙紫菜 25g','1 箱*80 包*25g','包',10,3.5,20)
```

```
go
insert 销售订单明细表
(序号,销售订单号,商品编码,商品名称,规格型号,单位,数量,单价,金额)
values (5,'XS002', 'A-001','阿一波无沙紫菜 25g','1 箱*80 包*25g','包',20,3.5,20)
go
select * from 销售订单明细表
go
select * from 销售订单
go
```

执行结果如图 6-12 所示。

任务 6-20：为销售订单明细表创建一个触发器，当某个销售订单对应的所有明细记录全部被删除后，把该销售订单记录也一并删除。

此触发器可以做如下分析：使用 After 触发器，当销售订单明细表记录被删除时，若某销售订单号已经不存在于销售订单明细表但存在于 Deleted 表中，那么拥有该销售订单号的明细记录是刚被删除的，这时，只需要再在销售订单表中删除拥有该销售订单号的记录即可。

在 SQLQuery 窗口中执行如下命令：

```
Use 分销系统
Go
create trigger  TRI_del_xsdd
on 销售订单明细表  for  delete
as
begin
delete 销售订单 where 销售订单号 in
    (select distinct 销售订单号 from inserted
        where 销售订单号 not in
            (select distinct 销售订单号 from 销售订单明细表))
End
go
```

任务 6-21：为销售订单表创建一个触发器，当某个销售订单记录被删除时，其对应的所有明细记录也全部同时删除。

此触发器可以做如下分析：从销售订单明细表中删除销售订单号存在于 Deleted 表中的记录。

在 SQLQuery 窗口中执行如下命令：

```
Use 分销系统
Go
create trigger  TRI_del_xsddmx
on 销售订单  for  delete
as
begin
delete 销售订单明细表 where 销售订单号 in
    (select distinct 销售订单号 from deleted )
End
Go
```

任务 6-22：删除销售订单明细表的数据，验证任务 6-20 和任务 6-21 的触发器执行情况。

（注：图 6-13 展示的结果提示了这样一个问题：删除销售订单明细表记录时触发了触发器 TRI_del_xsdd 的动作，而触发器 TRI_del_xsdd 执行时删除了销售订单的记录从而触发了触发器 TRI_del_xsddmx 的动作，接着触发器 TRI_del_xsddmx 执行时又删除销售订单明细表记录，从而再次触发 TRI_del_xsdd 的动作，这样嵌套触发，实际上进入了一个死循环。在 SQL Server 中限定了存储过程、函数、触发器或视图的最大嵌套层数为 32，达到最大限定层数即被终止。因此在设计触发器时，需要考虑触发器会否被嵌套调用，以避免上述问题。对于 TRI_del_xsdd 和 TRI_del_xsddmx，根据业务逻辑，应该删除前者保留后者）。

```
Use  分销系统
Go
delete  from   销售订单明细表
go
```

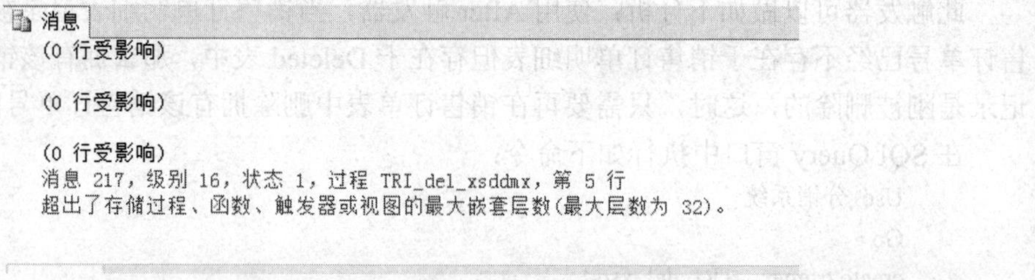

```
消息
(0 行受影响)

(0 行受影响)

(0 行受影响)
消息 217，级别 16，状态 1，过程 TRI_del_xsddmx，第 5 行
超出了存储过程、函数、触发器或视图的最大嵌套层数(最大层数为 32)。
```

图 6-13　触发器 TRI_del_xsddmx 测试结果

类似以上任务，分销系统的数据表还需要设计一些触发器来保证数据完整性和业务逻辑的准确性，读者可自行设计。

任务 7 数据库安全管理与维护

安全管理是数据库管理系统一个非常重要的组成部分,是数据库中数据被合理访问和修改的基本保证。为了维护数据库的安全,SQL Server 提供了非常完善的安全管理机制,包括用户登录管理和用户使用数据库对象的管理。另外,还要重视对数据库进行定期备份,以便于在数据库遭到破坏时能够恢复数据。

一、任务目标

1. 掌握 SQL Server 账户管理。
2. 掌握 SQL Server 角色管理。
3. 掌握 SQL Server 权限管理。
4. 掌握数据库的日常维护。

二、教学任务

1. 介绍 SQL Server 的安全机制。
2. 介绍 SQL Server 的身份验证模式。
3. SQL Server 的账户管理。
4. SQL Server 的角色管理。
5. SQL Server 的权限管理。
6. 介绍数据库备份、还原操作。
7. 介绍数据库分离、附加操作。
8. 介绍数据库维护计划操作。

7.1 数据库安全管理概述

7.1.1 SQL Server 2012 的安全机制

SQL Server 2012 作为一个网络数据库系统,其数据的安全性至关重要。安全管理是数据库管理系统的一个重要组成部分。为了保证 SQL Server 2012 数据库的安全性,系统采取如下安全机制:操作系统的安全性、SQL Server 2012 数据库服务器的安全性、用户数据库的安全性和数据库对象的安全性。

1. 操作系统的安全性

用户首先要获得客户计算机操作系统的使用权，才可能具有对 SQL Server 2012 服务器的访问权。操作系统的安全性是由网络管理员负责的，用户在访问计算机时，其访问权限是由网络管理员分配和管理的。

2. SQL Server 服务器的安全性

SQL Server 2012 通过设置服务器登录账号和密码来创建安全层。身份验证的登录方式保证了 SQL Server 2012 的安全性。用户只有登录成功才能与 SQL Server 2012 建立连接，获得登录到 SQL Server 2012 服务器的访问权。

3. 数据库的安全性

登录了 SQL Server 2012 系统并不表示能够访问所有数据库，只有成为数据库的用户才能拥有对该数据库的访问权限，才能在自己的权限范围内访问数据库。SQL Server 的安全系统会根据用户的需要，规定用户登录后可以使用哪些数据库。如果在设置登录账号时没有指定默认的数据库，则其权限仅局限在 master 数据库中。

4. 数据库对象的安全性

创建数据库对象（如表、存储过程等）时，SQL Server 2012 自动把该数据库对象的完全控制权赋予创建者。当一个非数据库拥有者想要访问数据库中的对象时，必须事先由数据库拥有者赋予该用户对指定对象的操作权限。

每个安全等级就好像一道门，如果门没有上锁，或者用户拥有开门的钥匙，则用户可以通过这道门到达下一个安全等级。如果通过了所有的门，则用户就可以实现对数据的访问了。这种关系可以用图 7-1 来表示。

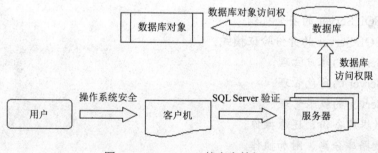

图 7-1　SQL Server 的安全等级

7.1.2　SQL Server 的身份验证模式

用户使用 SQL Server 2012 时，需要经过两个安全性阶段：身份验证和权限认证。首先经过身份验证来确认登录 SQL Server 的用户的登录账号和密码的正确性，由此来验证其是否具有连接 SQL Server 的权限。

SQL Server 提供了两种确认用户身份的验证模式：Windows 身份验证模式和混合验证模式（Windows 身份验证和 SQL Server 身份验证）。

1. Windows 身份验证

SQL Server 数据库系统通常运行在 Windows NT/2000 或 Windows 2003 服务器平台上，而作为网络操作系统，本身就具备管理登录、验证用户合法性的能力，因此 Windows 认证模式正是利用了这一用户安全性和账号管理的机制，允许 SQL Server 也可以使用 Windows 的用户名和口令。在这种模式下，用户只需要通过 Windows 身份的验证，就可以连接到 SQL Server，而 SQL Server 本身也就不需要管理一套登录数据。Windows 身份验证模式是默认的验证模式，又称为"信任连接"。

对于 Windows 身份验证模式登录需要注意两点：一是必须将 Windows 账号或组加入（映射）到 SQL Server 的登录账号，才能使用 Windows 账号登录 SQL Server；二是在 SQL Server 2012 系统中，必须启用两个信任协议，即命名管道协议（Named Pipes）和 TCP/IP 协议。

如果用户试图通过提供空白登录名称连接到 SQL Server 的实例，SQL Server 将使用 Windows 身份验证。此外，如果用户试图使用特定的登录连接到配置为 Windows 身份验证模式的 SQL Server 实例，则将忽略该登录并使用 Windows 身份验证。

2. 混合验证模式

在混合验证模式下，用户既可以使用 Windows 身份验证，也可以使用 SQL Server 身份验证连接到一个 SQL Server 2012 实例。

所谓 SQL Server 身份验证，就是一个数据库管理员创建的 SQL Server 2012 登录账户和密码。当用户以指定的登录名称和密码从非信任连接进行连接时，SQL Server 通过检查是否已设置 SQL Server 登录账户，以及指定的密码是否与以前记录的密码匹配，自己进行身份验证。如果 SQL Server 未设置登录账户，则身份验证将失败，而且用户将收到错误信息。

在混合验证模式下，SQL Server 2012 系统会优先采用 Windows 认证来确认用户，即如果将要连接服务器的用户是通过信任连接协议登录系统的，那么系统就会自动采用 Windows 认证进程确认用户。只有对于那些通过非信任连接协议登录系统的用户，系统才采用 SQL Server 2012 认证确认用户的身份。

7.1.3 SQL Server 账户管理

每个用户必须通过登录账户建立自己的连接能力（身份验证），以获得对 Microsoft SQL Server 实例的访问权限。然后，该登录必须映射到用于控制在数据库中所执行的活动（权限验证）的 SQL Server 用户账户。因此，单个登录映射到在该登录正在访问的每个数据库中创建的一个用户账户。如果数据库中没有用户账户，则即使用户能够连接到 SQL Server 实例，也无法访问该数据库。

1. SQL Server 系统内置登录账户

SQL Server 安装时会自动创建两个登录账户：Builtin\Administrators 和 sa。

（1）Builtin\Administrators：

属于 Windows NT/2000/2003 的 Administrators 组的账户，即 Windows 的系统管理员自动成为 SQL Server 的登录账户。

（2）sa：SQL Server 的默认管理员账户。

当 SQL Server 安装完成后，SQL Server 就建立了一个特殊的账户 sa（System Administrator）。sa 账户拥有对服务器和所有的数据库最高的管理权限，可以执行服务器范围内的所有操作。同时，sa 账户无法删除。

第一次登录到 SQL Server 实例时，请使用 sa 作为登录标识并且不使用密码。在登录之后，请更改 sa 密码以防止其他用户使用 sa 权限。

说明：在安装 SQL Server 时，如果请求混合模式身份验证，则 SQL Server 安装程序将提示更改 sa 登录密码。

2．查看与设置账户登录属性

（1）查看登录账户信息。

在对象资源管理器中可以查看与设置账户登录属性。在对象资源管理器中，可从 SQL Server 服务器的"安全性"|"登录"项目中查看默认的登录账户，如图 7-2 所示。

图 7-2　用户登录账户

还可以使用系统存储过程 sp_helplogins 查看账户信息。语法如下：

```
sp_helplogins [ [ @LoginNamePattern = ] 'login' ]
```

参数含义说明如下：

login：是登录名。login 的数据类型为 sysname，默认值为 NULL。如果指定 login，则它必须存在；如果没有指定 login，那么返回有关登录的所有信息。

（2）修改登录账户属性。

可以在添加了新的登录账户后修改其属性，如默认数据库、默认语言等。

使用对象资源管理器修改登录账户属性，只需双击要修改属性的登录账户，并在属性对话框中进行修改即可。

（3）删除登录账户。

在对象资源管理器中，选中用户图标则在右侧的窗格中显示当前的所有用户。在右侧的窗格中右击想要删除的数据库用户，则会弹出快捷菜单，然后选择"删除"命令，则会从当前数据库中删除该用户。

还可以使用存储过程 sp_revokedbaccess 删除登录账户。语法格式为：

```
sp_revokedbaccess [ @name_in_db = ] '数据库用户名'
```

3．添加 SQL Server 登录账户

（1）使用对象资源管理器添加登录账户。

（2）使用 Transact-SQL 语句添加登录账户。

语法如下：

```
sp_addlogin [ @loginame = ] 'login'
[ , [ @passwd = ] 'password' ]
[ , [ @defdb = ] 'database' ]
[ , [ @deflanguage = ] 'language' ]
[ , [ @sid = ] sid ]
[ , [ @encryptopt = ] 'encryption_option' ]
```

参数含义说明如下：

- [@loginame =] 'login'：登录的名称。
- [@passwd =] 'password'：登录密码。
- [@defdb =] 'database'：登录的默认数据库（登录后所连接到的数据库）。默认设置为 master。
- [@deflanguage =] 'language'：用户登录到 SQL Server 时系统指派的默认语言。
- [@sid =] sid：安全标识号（SID）。sid 的数据类型为 varbinary(16)，默认设置为 NULL。如果 sid 为 NULL，则系统为新登录生成 SID。尽管使用 varbinary 数据类型，非 NULL 的值也必须正好为 16 个字节长度，且不能事先存在。
- [@encryptopt =] 'encryption_option'：指定当密码存储在系统表中时，密码是否要加密。

4. 将 Windows 账户指定为 SQL Server 登录账户

若要获得对 SQL Server 数据库的访问权限，Windows NT/2000/2003 用户或组在需要访问的每个数据库中，必须拥有相应的用户账户。

（1）授权 Windows 用户或组访问数据库的方法。

展开服务器组，然后展开服务器。

展开"数据库"文件夹，然后展开将授权用户或组访问的数据库。

右击"用户"，然后单击"新建数据库用户"命令。

在"登录名"框中，键入或选择将被授权访问数据库的 Windows NT/2000/2003 用户名或组名。

在"用户名"框中，输入在数据库中识别登录所用的用户名。（可选）在默认的情况下，它设置为登录名。

除 public（默认）外，还选择授权给用户或组的其他数据库角色成员。（可选）

（2）使用 Transact-SQL 语句添加登录账户。

需要使用存储过程 sp_grantdbacess。

语法格式为：

```
sp_grantdbaccess    [@loginame =] '账户名'    [,[@name_in_db =] '数据库用户名'
```

任务 7-1：为用户 Victoria 创建一个 SQL Server 登录名，没有指定密码或默认数据库。

在 SQLQuery 窗口中执行如下命令：

```
Use 分销系统
Go
EXEC sp_addlogin   'Victoria'
Go
```

任务 7-2：将"分销系统"设置为用户 Victoria 的默认数据库。

在 SQLQuery 窗口中执行如下命令：

```
Use 分销系统
Go
EXEC sp_defaultdb 'Victoria',   '分销系统'
Go
```

任务 7-3：将登录 Victoria 的密码改为 coffee。

在 SQLQuery 窗口中执行如下命令：

```
Use 分销系统
Go
EXEC sp_password '', 'coffee' ,'Victoria'
Go
```

任务 7-4：删除用户 Victoria 的登录条目。

在 SQLQuery 窗口中执行如下命令：

```
Use 分销系统
Go
DROP LOGIN Victoria
go
```

7.1.4 管理数据库用户

在 SQL Server 中，每个数据库都有自己的用户，每个用户有对应的名称、对应的登录账户以及数据库存取权限。

1. 特殊数据库用户

每个数据库中都有两个默认的用户，即 dbo 和 guest。

（1）dbo（Database Owner）。在 SQL Server 2012 中，dbo 代表数据库的创建者即数据库的所有者，dbo 对应于创建该数据库的登录账号，在数据库中拥有执行所有操作的最高权限。在 SQL Server 安装时，dbo 被设置到 model 数据库中，但其实每个数据库都存在，它不仅具有所有的数据库操作权限，而且可向其他用户授权，同时不能被删除。

（2）guest。guest 用户允许那些没有被映射为数据库用户的服务器登录账户访问数据库。可以将权限应用到 guest 用户，就如同它是任何其他用户账户一样。可以在除 master 和 tempdb 外（在这两个数据库中它必须始终存在）的所有数据库中添加或删除 guest 用户。默认情况下，新建的数据库中没有 guest 用户。

2. 查看数据库用户

在"对象资源管理器"中，"数据库" | "安全性" | "用户"项目中列出了该数据库的用户，如图 7-3 所示。

3. 添加数据库用户

（1）使用对象资源管理器添加数据库用户

在 SQL Server 2012 中，使用对象资源管理器可以很方便地为数据库添加用户，但应该注意的是，先为准备添加的用户准备好登录名，如果还没有合适的登录名则应该创建，通过对象资源管理器| "安全性" | "登录名"可以很方便地创建登录名，7.1.7 节有详细介绍。

右击图7-3的"用户"项目，选择"新建用户"命令，弹出如图7-4所示的对话框，按要求填写相关信息即可。

图7-3　在对象资源管理器中查看数据库用户

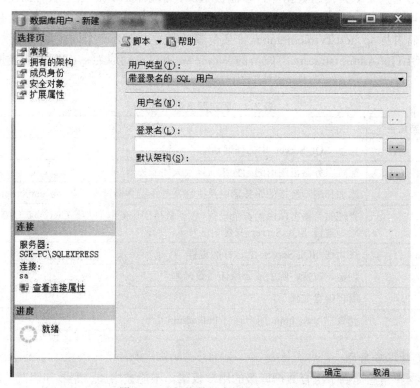

图7-4　"新建数据库用户"对话框

（2）使用 Transact-SQL 语句添加数据库用户。

为 SQL Server 登录或 Windows 2000/2003 用户或组在当前数据库中添加一个安全账户，并使其能够被授予在数据库中执行活动的权限。

语法如下：

```
sp_grantdbaccess [@loginame =] 'login'
    [,[@name_in_db =] 'name_in_db' [OUTPUT]]
```

4. 删除数据库用户

删除数据库用户实际上就是删除一个登录账户到一个数据库中的映射。

在对象资源管理器中删除一个数据库用户可以直接用鼠标右击要删除的用户，从弹出的快捷菜单中选择"删除"命令即可，读者需要注意两点，一是删除用户前应先删除相应的登录名，二是如果用户在该数据库中拥有架构则不能直接删除。

7.1.5 角色

角色是一个强大的工具，可以将用户集中到一个单元中，然后对该单元应用权限。对一个角色授予、拒绝或废除的权限也适用于该角色的任何成员。可以建立一个角色来代表单位中一类工作人员所执行的工作，然后给这个角色授予适当的权限。当工作人员开始工作时，只须将他们添加为该角色成员，当他们离开工作时，再将他们从该角色中删除。

1. 固定的服务器角色

固定服务器角色提供了组合服务器级的用户权限，这些角色可以在服务器上进行相应的管理操作，完全独立于具体的数据库，不能被增加、删除和修改。固定服务器角色的信息存储在 master 数据库中，常用的固定服务器角色见表 7-1。系统管理员可以使用对象资源管理器或系统存储过程 sp_addsrvrolemember 将某个登录账号添加为一个固定服务器角色的成员。一般一个 BULTIN\Administrators 组成员的 Windows 用户自动成为 sysadmin 固定服务器角色的成员。

表 7-1 固定服务器角色

固定服务器角色	描述
sysadmin	执行 SQL Server 中的任何活动
serveradmin	配置服务器范围内的配置选项以及关闭服务器
setupadmin	添加和删除链接的服务器以及执行某些系统存储过程（如 sp_serveroption）
securityadmin	管理服务器范围内的安全设置（包括链接的服务器）以及 CREATE DATABASE 权限。重置 SQL Server 身份验证登录的密码
processadmin	终止在 SQL Server 上运行的进程
dbcreator	创建、改变、除去或还原任何数据库
diskadmin	管理磁盘文件
bulkadmin	允许非 sysadmin 用户运行 bulkadmin 语句

2. 固定数据库角色

固定数据库角色提供了组合数据库级的用户权限，不能被增加、删除和修改。固定数据库角色见表 7-2。数据库管理员可以使用对象资源管理器或系统存储过程 sp_addrolemember 将任何有效的数据库用户账号添加为固定数据库角色的成员，每个成员都获得相应于固定数据库角色的权限。

public 角色是一个特殊的数据库角色，每个数据库用户都属于它。public 角色维护数据库中用户的所有默认权限，public 角色不能删除。

表 7-2 固定数据库角色

固定数据库角色	描述
db_owner	执行数据库中的所有维护和配置活动
db_accessadmin	添加或删除 Windows 用户、组和 SQL Server 登录的访问权限
db_datareader	读取所有用户表中的所有数据
db_datawriter	添加、删除或更改所有用户表中的数据
db_ddladmin	在数据库中运行任何数据定义语言（DDL）命令
db_securityadmin	修改角色成员身份并管理权限
db_backupoperator	备份数据库
db_denydatareader	无法读取数据库用户表中的任何数据
db_denydatawriter	无法添加、修改或删除任何用户表或视图中的数据

3. 创建用户自定义角色

（1）使用对象资源管理器创建用户自定义角色。

在对象资源管理器中找到要创建角色的数据库。

展开数据库。用鼠标右键单击"角色"，在弹出的快捷菜单中选择"新建数据库角色"命令。

在打开的"新建数据库角色"对话框中，在"名称"文本框中输入数据库角色的名称，选中"标准角色"单选按钮。

单击"添加"按钮，可以为角色添加用户，也可省略创建一个暂无成员的角色。

（2）使用对象资源管理器加入数据库角色。

使用对象资源管理器增删数据库角色成员的步骤如下：

在对象资源管理器中找到要添加角色的数据库。

展开该数据库。

单击"安全快" | "角色"，右边的窗口显示了数据库所有的角色，双击要修改的成员角色，弹出"数据库角色属性"对话框。

单击"添加"按钮可以从当前数据库用户的角色中选择角色成员。

在成员列表中选择一个成员，单击"确定"按钮就可以为该角色添加用户。

选中用户，单击"删除"按钮，则可删除该角色的成员。

（3）使用 T-SQL 语句增删数据库角色成员。

使用 T-SQL 语句增删数据库角色成员时，需要两个存储过程：

　　sp_addrolemember

　　sp_droprolemember

7.1.6 权限管理

用户若要进行任何涉及更改数据库定义或访问数据的活动，则必须有相应的权限。

权限包括授予或废除执行以下活动的用户权限：

（1）处理数据和执行过程（称为对象权限）。

（2）创建数据库或数据库中的项目（称为语句权限）。

（3）利用授予预定义角色的权限（称为暗示性权限）。

1. 权限类型

（1）对象权根。

定义：处理数据或执行过程时需要的权限称为对象权限。

包括：

- SELECT、INSERT、UPDATE 和 DELETE 语句权限可以应用到整个表或视图中。
- SELECT 和 UPDATE 语句权限可以有选择性地应用到表或视图中的单个列上。
- SELECT 权限可以应用到用户定义函数。
- INSERT 和 DELETE 语句权限会影响整行，因此只可以应用到表或视图中，而不能应用到单个列上。
- EXECUTE 语句权限可以影响存储过程和函数。

（2）语句权限。

定义：数据库或数据库中的项（如表或存储过程）所涉及的活动要求的权限称为语句权限。

包括：BACKUP DATABASE、BACKUP LOG、CREATE DATABASE、CREATE DEFAULT、CREATE FUNCTION、CREATE PROCEDURE、CREATE RULE、CREATE TABLE、CREATE VIEW。

（3）暗示性权限。

定义：暗示性权限控制那些只能由预定义系统角色的成员或数据库对象所有者执行的活动。

数据库对象所有者还有暗示性权限，可以对所拥有的对象执行一切活动。例如，拥有表的用户可以查看、添加或删除数据，更改表定义或控制允许其他用户对表进行操作的权限。

2. 管理权限

- 授予权限：授予允许用户账户在当前数据库中执行活动或处理数据的语句权限和对象权限。
- 禁止权限：拒绝权限始终优先。任何级别（用户、组或角色）的拒绝权限都拒绝该对象上的权限，无论该用户现有的权限是已授予权限还是已废除权限。
- 废除（撤销）权限：废除以前授予或拒绝的权限。废除类似于拒绝，因为二者都是在同一级别上删除已授予的权限。但是，废除权限是删除已授予的权限，并不妨碍用户、组或角色从更高级别继承已授予的权限。

（1）使用"对象资源管理器"权限。

管理权限的语句步骤如下：

1）在对象资源管理器中找到待修改权限的数据库。

2）右击该数据库，在弹出的快捷菜单中选择"属性"命令，打开对话框。

3）单击"权限"选项卡，打开窗口。

4）"权限"选项卡中列出了数据库中所有的用户和角色，以及所有的语句权限，单击用户/角色与权限的交叉点上方的方框可以改变用户或角色的授权状况。

5）设置完毕后，单击"确定"按钮，使设置生效。

（2）使用 Transact-SQL 语句管理权限。

T-SQL 语句使用 GRANT、DENY、REVOKE 三种命令来管理权限。

- GRANT 命令：用于把权限授予某一用户，以允许该用户执行针对该对象的操作或允许其运行某些语句。
- DENY 命令：用来禁止用户对某一对象或语句的权限，它不允许该用户执行针对数据库对象的某些操作或不允许其运行某些语句。
- REVOKE 命令：可以用来撤销用户对某一对象或语句的权限，使其不能执行操作，除非该用户是角色成员，且角色被授权。

语法如下：

GRANT /DENY/REVOKE

　　　　ALL/ 权限名

ON　　表 /其他对象名

TO|FROM　数据库用户/用户

用户不能使用 CREATE DATABASE 和 CREATE TABLE 语句，除非给他们显式授予权限。

7.1.7 创建新的登录账户

1. 将 Windows 账户指定为 SQL Server 登录账户

（1）依次单击 SQL Server Management Studio｜"对象资源管理器"｜"安全性"，右击"登录名"，在弹出的快捷菜单中选择"新建登录名"命令，打开"新建登录名"对话框，如图 7-5 所示。

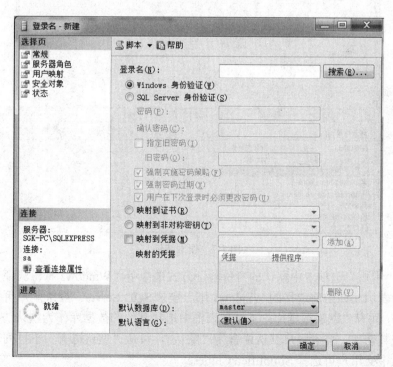

图 7-5 "新建登录名"对话框

（2）在打开的"新建登录名"对话框中的"常规"选项卡中，单击"登录名"文本框右侧的"搜索"按钮，打开"选择用户或组"对话框。查找 Windows 中的账户组和账户，在搜索的结果中选中其中的 Administrator，然后单击"添加"按钮将账户名称添加到对话框的"添加名称"文本框中，再单击"确定"按钮关闭对话框，如图 7-6 和图 7-7 所示。

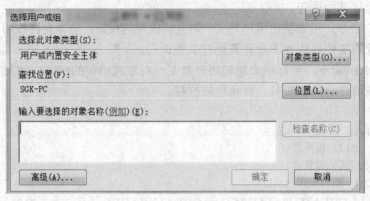

图 7-6 "选择用户或组"对话框

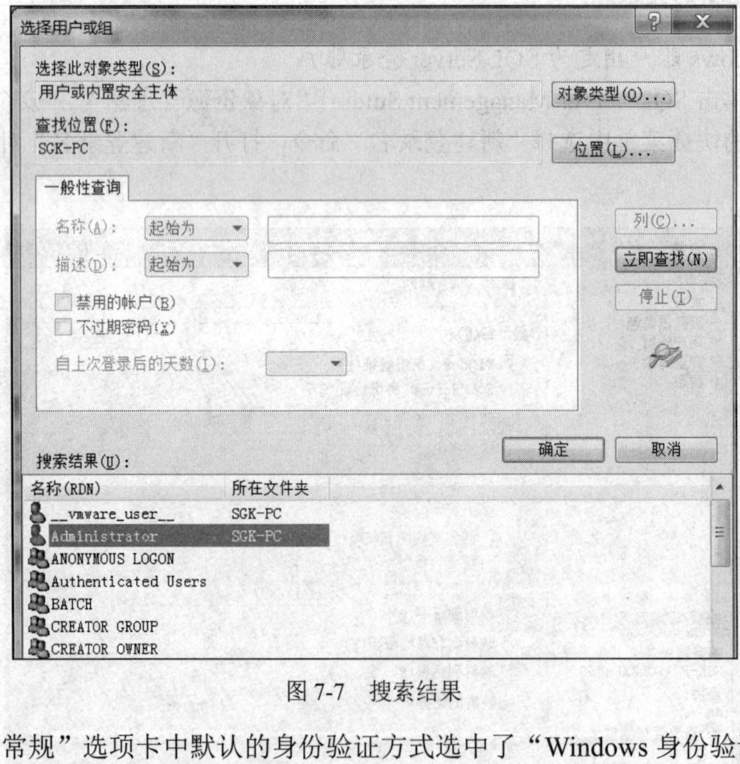

图 7-7 搜索结果

（3）在"常规"选项卡中默认的身份验证方式选中了"Windows 身份验证"和"允许访问"单选项，表示允许当前选择的 Windows 账户登录 SQL Server。登录账户可访问的默认数据库为 master，可从"默认数据库"下拉列表框中选择其他的数据库作为默认访问数据库，如选择分销系统数据库。登录账户默认语言为"默认"，可从"默认语言"下拉列表框中选择合适的语言，如中文用户可选择 Simplified Chinese。

（4）单击"服务器角色"选项卡，在"服务器角色"列表框中为登录账户选择服务器角色。例如，选中 SysAdmin 复选框，使账户成为 SQL Server 的系统管理员。

（5）单击"用户映射"选项卡，为登录账户指定可访问的数据库以及在数据库中允许的数据库角色。例如，要允许账户访问分销系统数据库，并且可执行该数据库的所有操作，则选中分销系统数据库对应的复选框和数据库角色列表框中的 **db_owner** 复选框（Public 角色为默认数据库角色，不能更改）。

（6）单击"确定"按钮关闭对话框，完成登录账户的创建操作。

2. 添加新的标准 SQL Server 登录账户

下面创建一个标准的 SQL Server 登录账户，其名称为 user01，密码为 123，默认数据库为分销系统，默认语言为 Simplified Chinese，服务器角色为 System Administrators，可访问的数据库为分销系统，数据库角色为 db_owner，其具体操作如下，主要截图如图 7-8 至图 7-10 所示。

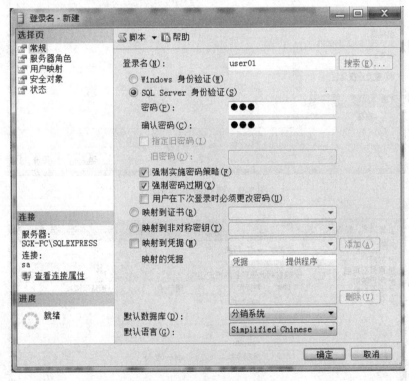

图 7-8　"新建登录名"对话框

（1）在 SQL Server Management Studio 的目录树窗格中选择"安全性"|"登录名"，右击"登录名"，在弹出的快捷菜单中选择"新建登录名"命令，打开"新建登录名"对话框。

（2）在"常规"选项卡的"名称"文本框中输入 user01，选中"SQL Server 身份验证"单选项，在"密码"文本框中输入 123，在"默认数据库"下拉列表框中选中"分销系统"，在"默认语言"下拉列表框中选中 Simplified Chinese。

（3）单击"服务器角色"选项卡，在"服务器角色"列表框中选中 sysadmin 复选框，使账户成为 SQL Server 的系统管理员。

（4）单击"用户映射"选项卡，选中"分销系统"数据库对应的复选框，选中"数据库角色成员身份"列表框中的 db_owner 复选框。

（5）单击"确定"按钮，完成登录账户的创建操作。

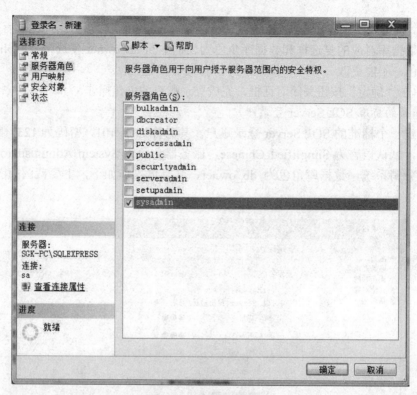

图 7-9　选择服务器角色

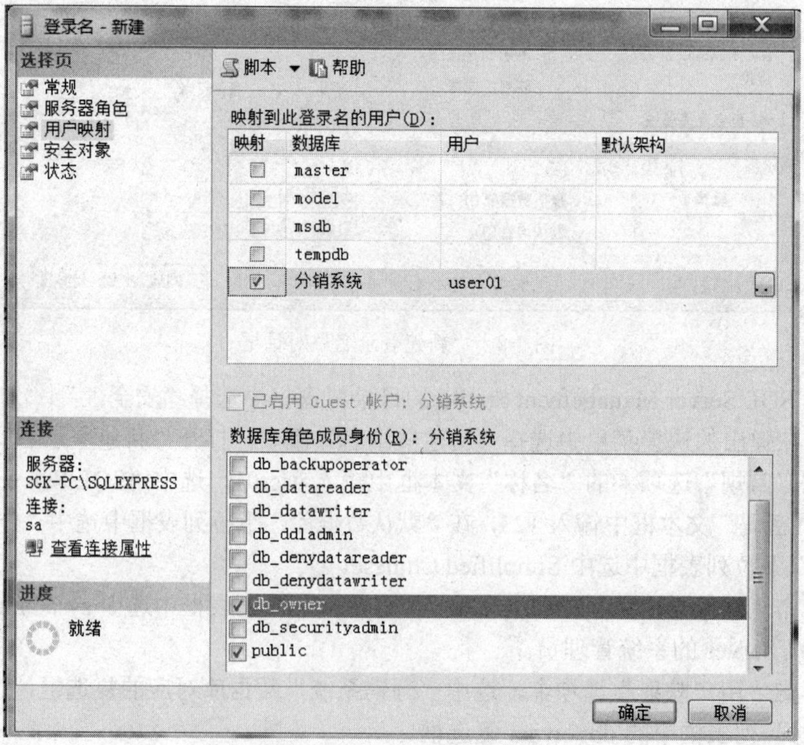

图 7-10　"用户映射"选项卡

7.1.8 创建和管理数据库用户

1. 查看数据库用户

在对象资源管理器中，展开某个数据库的"安全性"下的"用户"项目，其中列出了该数据库的用户。

每个数据库在建立时，SQL Server 会为其创建一个 dbo 用户，代表该数据库的所有者（Database Owner）。对数据库拥有访问权限的登录账户自动作为数据库的用户。

数据库的 guest 用户是一个特殊的用户，它允许非数据库用户以该用户身份访问数据库。在 SQL Server 中，登录账户只能访问允许的数据库，但如果一个数据库有 guest 账户，则不管登录账户是否被授权，都可通过 guest 用户访问数据库。

在 SQL Server 的默认数据库中，master、msdb、model 和 tempdb 数据库都有 guest 用户。除 master 和 tempdb 外，其他数据库中的 guest 用户都可删除，以阻止非数据库用户使用 guest 用户访问数据库。

2. 管理数据库用户权限

通过管理数据库的权限属性，可以方便地管理数据库用户权限，具体操作如下：

（1）在内容窗口中右击数据库名称，在弹出的快捷菜单中选择"属性"命令，打开"数据库属性"对话框。

（2）在对话框左上角的"选择页"下选择"权限"，然后在"用户或角色"下拉列表框中默认选中 guest 数据库用户，如果要修改其他用户的权限，可从列表框中选择其他数据库用户名。

（3）在"用户显式权限"列表框中有 5 个列："权限"、"授权者"、"授予"、"具有授予权限"和"拒绝"。

（4）在"授予"列中勾选对应权限的复选框，即可授予用户对应的权限，取消复选框前的选中标记即取消对应的权限。

（5）单击"确定"按钮，确认权限设置操作，关闭对话框。

3. 创建数据库用户

创建数据库用户实际上就是为 SQL Server 的登录账户赋予数据库访问权限，其具体操作如下：

（1）在对象资源管理器的目录树窗口中展开数据库节点，右击数据库"安全性"下的"用户"项目，在弹出的快捷菜单中选择"新建用户"命令，打开"新建登录名"对话框。

（2）单击"登录名"文本框右边的"浏览"按钮，选择登录账户名。

（3）在"用户名"文本框中输入数据库用户名称。用户名称可与登录账户名相同，也可不相同。

（4）在"数据库角色成员身份"列表框中为数据库用户指定数据库角色，如选中 db_owner 复选框，使用户成为数据库的所有者。

（5）单击"确定"按钮，完成数据库用户的创建。

4. 使用对象资源管理器加入数据库角色

在对象资源管理器增加或删除数据库角色成员的步骤如下：

（1）在对象资源管理器中找到要增加或删除角色的数据库。

（2）展开该数据库的"安全性"｜"角色"｜"数据库角色"。

（3）单击"数据库角色"，右边的窗口显示了所有的数据库角色，双击要修改的数据库角色，打开"数据库角色属性"对话框。

（4）在"数据库角色属性"对话框中单击"添加"按钮，可以从当前的数据库用户的角色中选择角色成员。

（5）在成员列表中选择一个成员，单击"确定"按钮就可以为该角色添加用户。

5. 设置身份验证模式的安全性

在对象资源管理器设置身份认证模式的步骤如下：

（1）展开一个服务器组。

（2）右击一个服务器，再单击"属性"命令，即打开"服务器属性"对话框。

（3）在"安全性"选项卡的"服务器身份验证"下，单击"Windows 身份验证模式"或单击 SQL Server 和"Windows 身份验证模式"。

（4）在"登录审核"中选择在 SQL Server 错误日志中记录的用户访问 SQL Server 的级别：

- "无"：表示不执行审核。
- "成功"：表示只审核成功的登录尝试。
- "失败"：表示只审核失败的登录尝试。
- "全部"：表示审核成功的和失败的登录尝试。

7.2 数据库维护概述

数据库中的数据是有价值的信息资源，是不允许丢失或损坏的。因此，在维护数据库时，一项重要的任务就是保证数据库中的数据不损坏和不丢失，这样即使存放数据库的物理介质损坏，也能够将数据库恢复过来。

7.2.1 数据库备份和恢复概述

1. 备份

备份就是对 SQL Server 数据或事务日志进行备份，数据库备份记录了在进行备份操作时数据库中所有数据的状态，以便在数据库遭到破坏时能够及时的将其恢复。

2. 恢复

恢复就是重新创建数据库和备份完成时数据库中存在的所有相关文件。但是，自创建备份后所做的任何数据库修改都将丢失。

3. 备份类型

（1）完整数据库备份。包括事务日志的整个数据库备份。完整数据库备份创建备份完成时数据库内存在的数据的副本。包括所有的数据以及数据库对象。

与事务日志备份和差异数据库备份相比，完整数据库备份中的每个备份使用的存储空间更多。因此，完成备份操作需要更多的时间，所以完整数据库备份的创建频率通常比差异数据库或事务日志备份低。

（2）差异数据库备份。通常在完整数据库备份之间执行差异数据库备份。差异数据库备份只记录自上次数据库备份后发生更改的数据。差异数据库备份比完整数据库备份小而且备份速度快，因此可以更经常的备份，经常进行差异数据库备份可以减少丢失数据的危险。

（3）事务日志备份。日志备份系列提供了连续的事务信息链，可支持从数据库、差异或文件备份中快速恢复。事务日志备份是自上次备份事务日志后对数据库执行的所有事务的一系列记录。可以使用事务日志备份将数据库恢复到特定的即时点（如输入多余数据前的那一点）或恢复到故障点。一般情况下，事务日志备份比完整数据库备份使用的资源更少，因此可以比完整数据库备份更经常地创建事务日志备份。

（4）文件和文件组备份。备份数据库中一个或者多个文件组。文件备份可以备份和还原数据库中的个别文件，这样将只还原已损坏的文件，而不用还原数据库的其余部分，从而加快了恢复速度。例如，如果数据库由几个在物理上位于不同磁盘上的文件组成，当其中一个磁盘发生故障时，只需还原发生了故障的磁盘上的文件即可。

7.2.2 数据库备份操作

可按如下操作进行数据库备份。

（1）在 SQL Server Management Studio 中，右击需要备份的数据库，选择"任务"|"备份"命令，如图 7-11 所示。

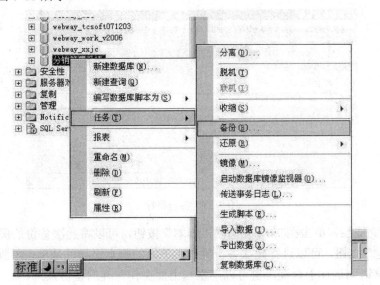

图 7-11 数据库备份操作命令

（2）进入如图 7-12 所示的界面。

（3）从"数据库"下拉列表框可以选择需要备份的数据库。备份类型可以选择"完整"、"差异"或"事务日志"中的一种。备份组件可以选择"数据库"或"文件和文件组"的备份模式。目标："备份"到选择"磁盘"，单击"添加"按钮可以添加一个物理磁盘上的文件作为备份文件，如图 7-13 所示。

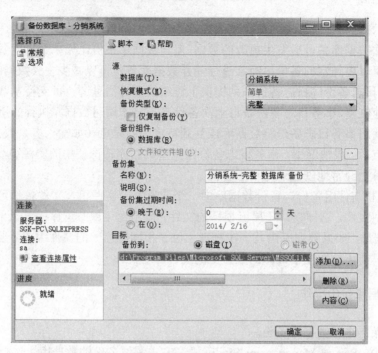

图 7-12　数据库备份界面

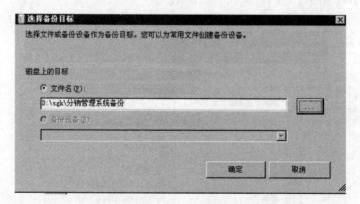

图 7-13　备份目标

（4）设置完成后，单击图 7-12 上面的"脚本"按钮，可以将此次备份的脚本语句保存起来。单击"确定"按钮，可以进行此次备份操作。下面的脚本语句就是单击"脚本"按钮后保存的语句，将该语句运行于查询，也可以产生与上面操作一样的备份效果。

```
BACKUP DATABASE [分销管理系统] TO   DISK = N'D:\sgk\分销管理系统备份' WITH
NOFORMAT, NOINIT,   NAME = N'分销管理系统-完整数据库备份', SKIP, NOREWIND,
NOUNLOAD,   STATS = 10
GO
```

图 7-14 就是上述语句在查询中的执行情况。

7.2.3　数据库还原操作

数据库备份后，需要对数据库进行还原，可按如下步骤进行操作。

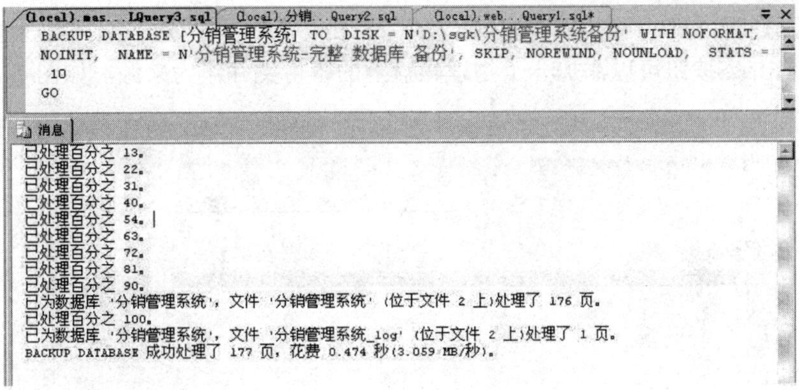

图7-14 执行数据库备份脚本

（1）在 SQL Server Management Studio 中，右键单击所需要备份的数据库，选择"任务"|"还原"命令，如图7-15所示。

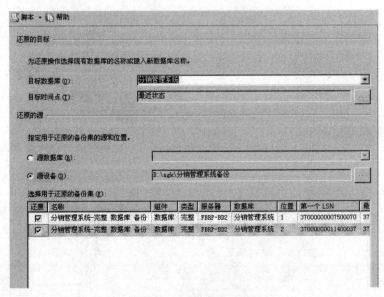

图7-15 数据库还原操作命令

（2）单击"还原数据库"进入如图7-16所示的界面。

图7-16 数据库还原界面

（3）"还原的目标"中"目标数据库"填写需要还原的数据库名字。"还原的源"中选择"源设备"，单击▦▦按钮可以添加一个物理磁盘上的备份文件作为来源，如图 7-17 所示。

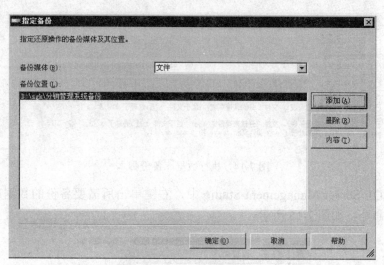

图 7-17　指定还原的备份位置

（4）当完成备份文件选择后，单击"确定"按钮可以返回如图 7-16 所示的界面。可以对还原选项进行设置，并可以选择将数据库文件放在哪个物理位置，如图 7-18 所示。

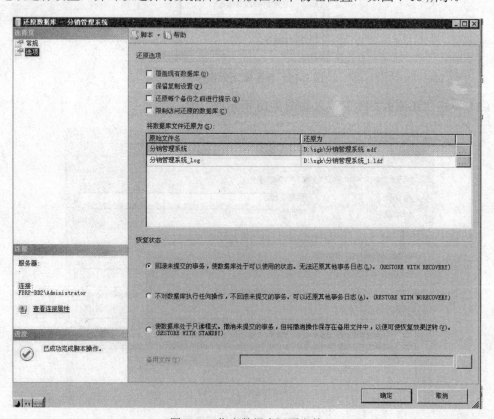

图 7-18　指定数据库还原文件

（5）当所有设置都完成后，单击图 7-16 上面的"脚本"按钮，可以将此次还原的脚本语句保存起来。单击"确定"按钮，可以进行还原操作。下面的脚本语句就是单击"脚本"按钮后保存的语句，将该语句运行于查询，也可以产生与上面操作一样的还原效果，如图 7-19 所示。

RESTORE DATABASE [分销管理系统] FROM   DISK = N'D:\sgk\分销管理系统备份' WITH   FILE = 1,   MOVE N'分销管理系统_log' TO N'D:\sgk\分销管理系统_1.ldf',   NORECOVERY, NOUNLOAD,   STATS = 10
GO

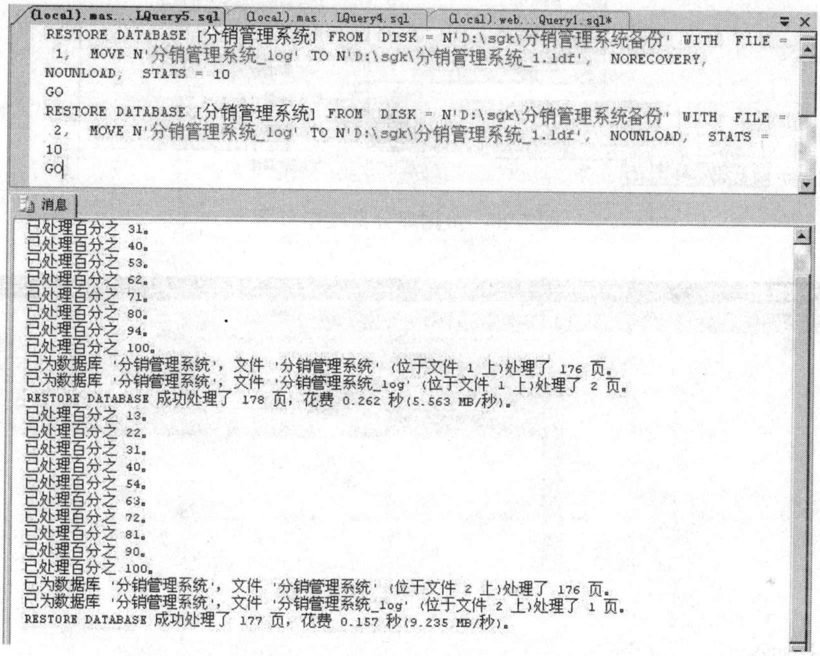

图 7-19   数据库还原脚本执行结果

7.2.4   数据库分离操作

可以分离数据库的数据和事务日志文件，然后将它们重新附加到同一或其他 SQL Server 实例。如果要将数据库更改到同一计算机的不同 SQL Server 实例或移动数据库，选择分离和附加数据库操作会很有用。

分离数据库的操作步骤如下：

（1）在 SQL Server Management Studio 中，右击需要备份的数据库，选择"任务"|"分离"命令，如图 7-20 所示。

（2）单击"分离"命令进入如图 7-21 所示的界面。可以看到要分离的数据库名称，其中"删除连接"是当该数据库还有其他连接时，分离是不成功的，当勾选后，则数据库系统会自动地删除所有对该数据库的连接以保证分离成功。其他几个选项可以根据需要勾选。

（3）当所有设置都完成后，单击图 7-21 上面的"脚本"按钮，可以将此次数据库分离的脚本语句保存起来。最后单击"确定"按钮，可以进行此次数据库分离操作。下面的脚本语句就是单击"脚本"按钮后保存的语句，将该语句运行于查询，也可以产生与上面效果一样的数据库分离操作，如图 7-22 所示。

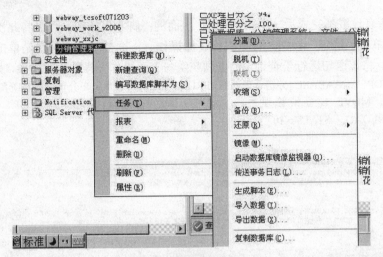

图 7-20 数据库分离操作命令

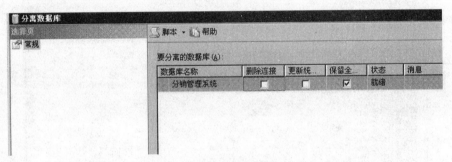

图 7-21 分离数据库界面

USE [master]
GO
EXEC master.dbo.sp_detach_db @dbname = N'分销管理系统', @keepfulltextindexfile=N'true'
GO

```
USE [master]
GO
EXEC master.dbo.sp_detach_db @dbname = N'分销管理系统', @keepfulltextindexfile=N
'true'
GO
```
消息
命令已成功完成。

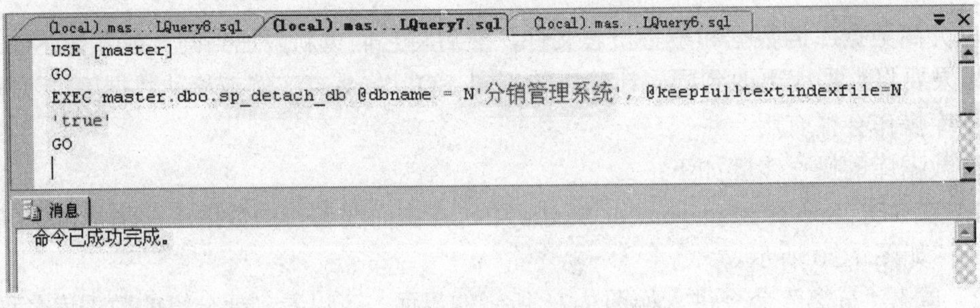

图 7-22 数据库分离脚本执行结果

7.2.5 数据库附加操作

附加数据库的操作步骤如下：

（1）在 SQL Server Management Studio 中，右击"数据库"，选择"附加"命令，如图 7-2
所示。

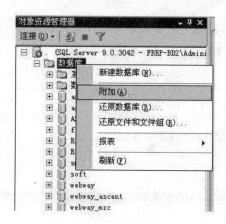

图 7-23 附加数据库操作命令

（2）单击"附加"命令进入如图 7-24 所示的窗口。

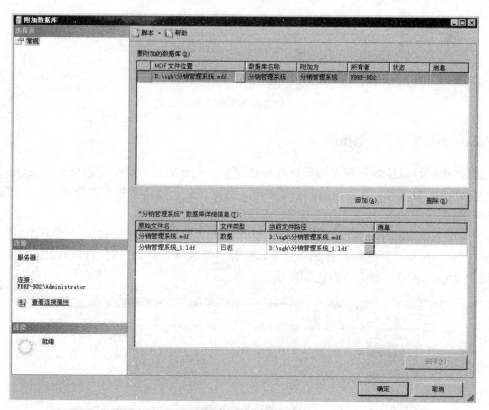

图 7-24 "附加数据库"窗口

（3）单击"添加"按钮可以添加需要附加的数据库文件。当选择完成后，在要附加的数据库列表中可以看到需要附加的数据库。其中"MDF 文件位置"是指物理文件的位置，即刚才添加时添加的文件名。"数据库名称"为该数据库文件分离前的数据库名。"附加为"可以填写附加后希望的数据库名字。

（4）当所有设置都完成后，单击图 7-24 上面的"脚本"按钮，可以将此次数据库附加的脚本语句保存起来。最后单击"确定"按钮，可以进行此次数据库附加操作。下面的脚本语句就是单击"脚本"按钮后保存的语句，将该语句运行于查询，也可以产生与上面效果一样的数据库附加操作，如图 7-25 所示。

```
USE [master]
GO
CREATE DATABASE [分销管理系统] ON
( FILENAME = N'D:\sgk\分销管理系统.mdf ),
( FILENAME = N'D:\sgk\分销管理系统_1.ldf )
 FOR ATTACH
GO
```

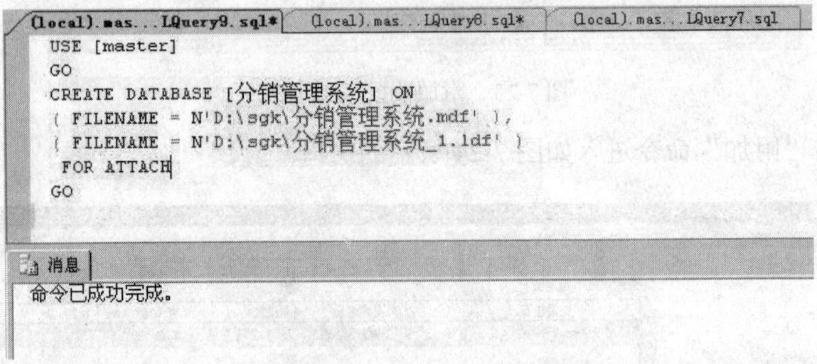

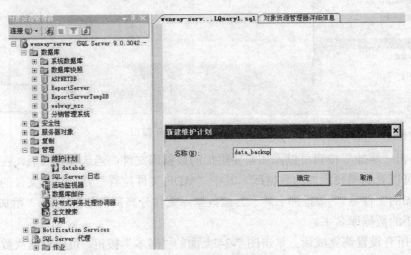

图 7-25　附加数据库脚本执行结果

7.2.6　数据库维护计划操作

数据库维护可以使数据库保持运行在最佳状态。创建数据库维护计划可以让 SQL Serve 有效地自动维护数据库，为管理员节省了时间，也可以防止延误数据库的维护工作。创建数据库维护计划的过程如下。

（1）进入 SQL Server Management Studio，展开"数据库"|"管理"|"维护计划"，右击"维护计划"，执行"新建维护计划"命令，打开"新建维护计划"对话框，如图 7-26 所示，输入维护计划的名字，单击"确定"按钮。

图 7-26　输入维护计划名称

（2）进入如图 7-27 所示的界面。单击"添加子计划"按钮添加一个子计划，可以输入子计划的名字和说明等内容。

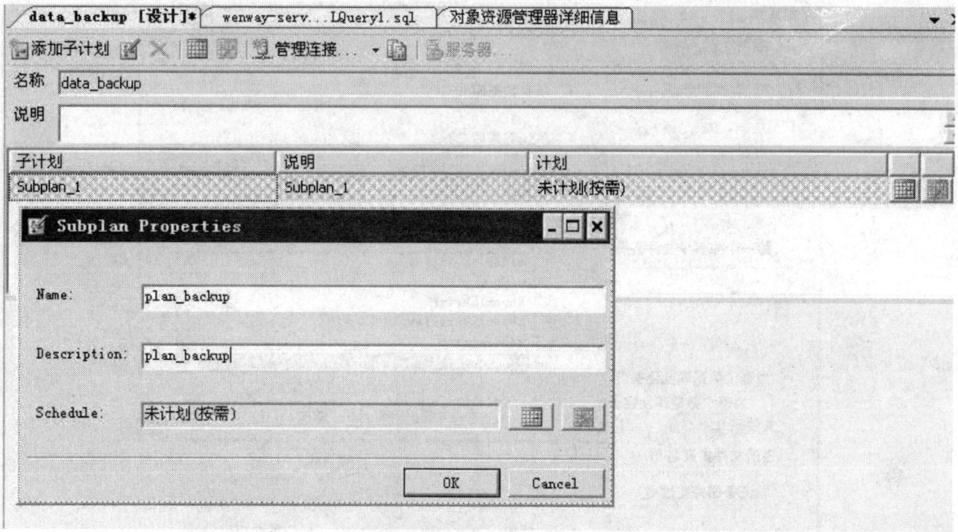

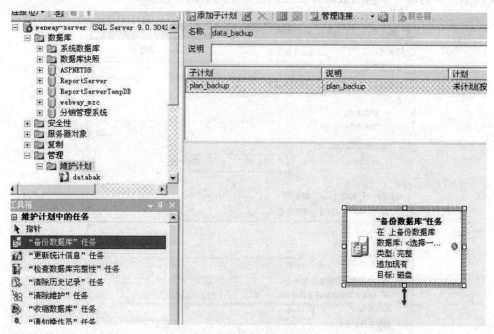

图 7-27 定义子计划

（3）在左下方的工具箱中选择需要的任务，拉到右边空白的地方，作为该子计划的任务。如图 7-28 所示，将"备份数据库"作为子计划"plan_backup"的一个任务。

图 7-28 添加子计划

（4）双击"备份数据库任务"图标，可以进入如图 7-29 所示的对话框对该任务进行详细设置，可在"数据库（D）"下拉列表框中选择需要备份的数据库。

图 7-29　任务设置

（5）在"备份到"中可以选择备份文件的存放位置。如图 7-30 所示，将备份文件放到 D:\bak 目录，并为每个不同的数据库独立创建一个同名的子目录。

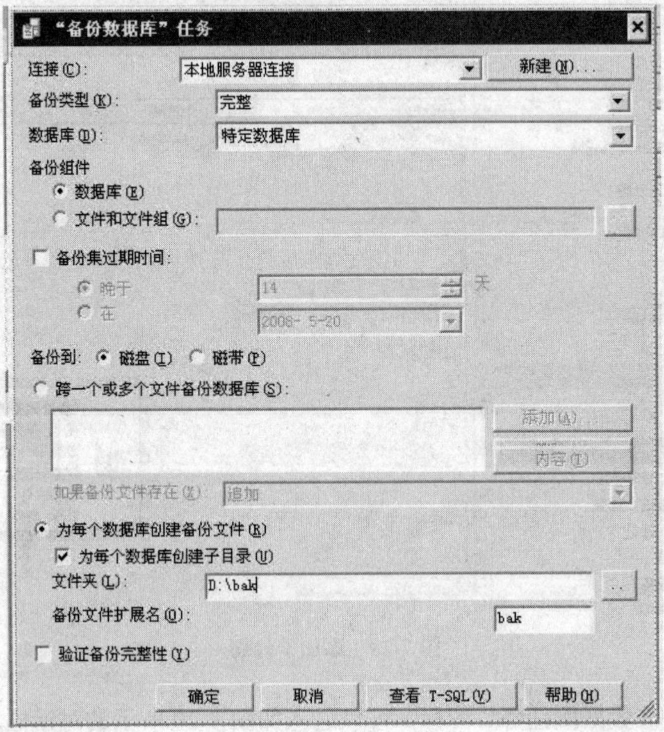

图 7-30　任务设置

（6）全部设置完成后，单击"查看 T-SQL"按钮，可以查看备份的 SQL 语句，如图 7-31 所示。

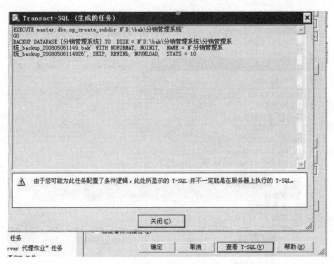

图 7-31 任务脚本

（7）完成后单击"确定"按钮返回图 7-27，在"子计划"列表中可以单击计划属性进入如图 7-32 所示的对话框进行子计划的属性设置。其中，"计划类型"可以选择是"一次执行"还是"重复执行"。"频率"可以指定该计划在哪些天执行。"每天频率"可以指定在指定天中执行的频率，如每 1 小时，或"执行一次"等。"持续时间"是指该计划生效的期间。当选项填写完毕，在"摘要"的"说明"列表框中会列出上面执行条件的总结。如果没有问题，则可以单击"确定"按钮返回。

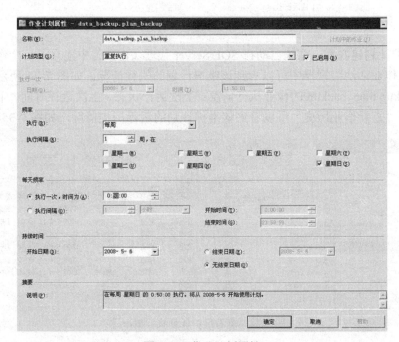

图 7-32 作业计划属性

（8）当所有设置都完成后，保存计划，在如图 7-33 所示的界面可以看到已经建好的维护计划 data_backup。

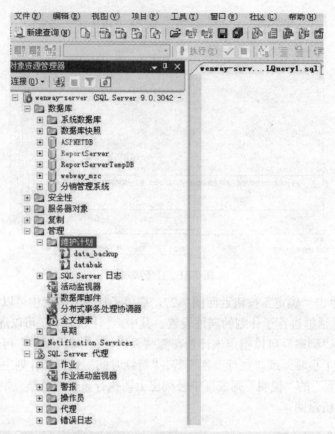

图 7-33　查看维护计划

（9）维护计划建好后，系统自动在 SQL Server 代理（作业）中建立了一个作业来执行该维护计划。在作业活动监视器中可以看到该维护计划的执行情况。如图 7-34 所示，可以看到名为 data_backup.plan_backup 的作业执行情况：上次运行状态、上次运行时间、下次运行时间等。右击选择"查看作业历史"可以看到该维护计划的运行历史情况，如图 7-35 所示。

名称	已启用	状态	上次运...	上次运...	下次运行时间	类别	可运
data_backup.plan_backup	是	空闲	未知	从不	2008-5-11 0:50:00	数据库维护	是
databak.Subplan_1	是	空闲	成功	2008-5...	2008-5-11 0:35:00	数据库维护	是
JZCY	是	正在执...	成功	2008-5...	2008-5-6 11:50:00	[未分类（本地）]	是
proc_jzsj	是	空闲	成功	2008-5...	2008-5-6 11:51:30	[未分类（本地）]	是
proc_oee	是	空闲	成功	2008-5...	2008-5-6 11:54:00	[未分类（本地）]	是
proc_shbg	是	空闲	成功	2008-5...	2008-5-6 11:52:00	[未分类（本地）]	是
proc_yqhl	是	空闲	成功	2008-5...	2008-5-6 11:53:00	[未分类（本地）]	是
proc_rtfb	是	空闲	成功	2008-5...	2008-5-6 11:56:00	[未分类（本地）]	是

图 7-34　查看维护计划执行情况

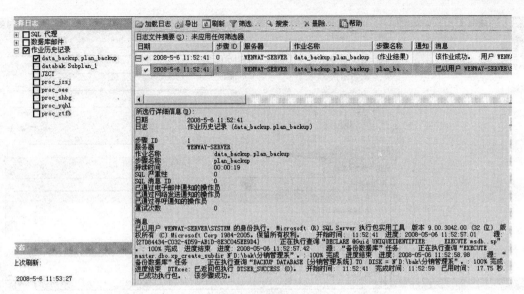

图 7-35 查看作业历史

7.3 分销系统安全管理与维护

7.3.1 添加数据库用户

任务 7-5：添加一个登录名 dba，密码为 123456，默认连接到的数据库为"分销系统"。

在 SQLQuery 窗口中执行如下命令：

```
use 分销系统
Go
create login dba with password='123456', default_database=分销系统
go
```

上面的语句创建了一个登录名 dba，用户可以使用该登录名和密码登陆到数据库引擎。

任务 7-6：为数据库"分销系统"添加一个用户 USER_TEST（对应登录名[dba]），并将 db_owner 的角色赋予给该用户。

在 SQLQuery 窗口中执行如下命令：

```
use 分销系统
Go
create user USER_TEST for login dba with default_schema=dbo
go
exec sp_addrolemember 'db_owner', 'USER_TEST'
go
```

上面的语句为分销管理系统数据库创建了一个用户名 USER_TEST，默认架构为 dbo，并被赋予 db_owner 角色。展开分销管理系统数据库"安全性"下的"用户"项目，右击其中的用户名 USER_TEST，选择"属性"命令，可以看到该用户名的相关信息，如图 7-36 所示。

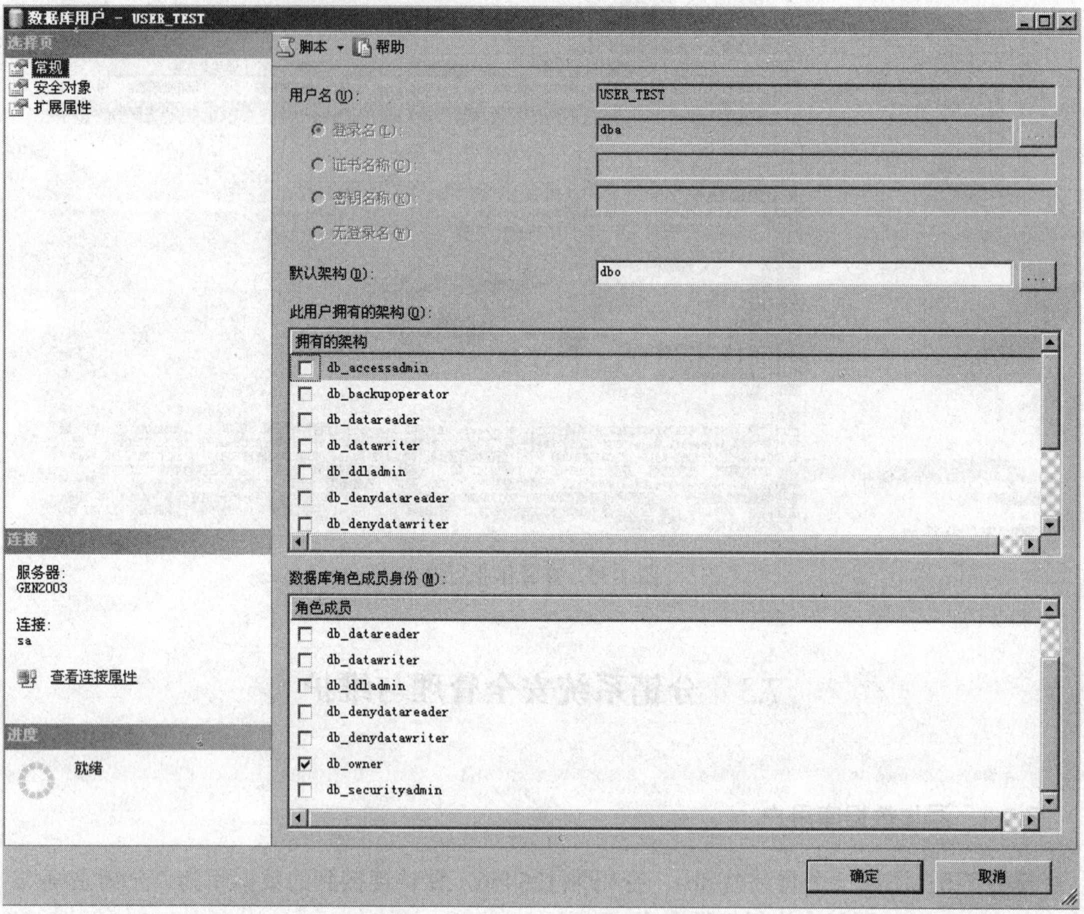

图 7-36　USER_TEST 用户的相关信息

7.3.2　分销系统数据库备份

任务 7-7：为数据库"分销管理系统"作一个完整备份到 D 盘，备份文件名为"分销管理系统_备份"（注：有些情况下，可能不能直接备份到 D 盘根目录下，遇到这种情况，读者自行更改备份目录不是根目录即可）。

在 SQLQuery 窗口中执行如下命令：

```
use 分销系统
Go
BACKUP DATABASE 分销系统 TO DISK ='D:\分销管理系统_备份'
go
```

用户也可以在对象资源管理器中，通过图形界面操作，完成数据库备份的要求。

7.3.3　分销系统数据库还原

任务 7-8：将任务 7-7 的备份文件还原为"分销管理系统_NEW"（注：还原操作使用了任务 7-7 的备份文件，如果任务 7-7 更改了备份路径，则下面的还原路径也要相应更改。还原操作把主数据文件和事务日志文件移到 D 盘根目录，如果遇到不能成功还原的情况，则需要更改为不是根目录的路径）。

在 SQLQuery 窗口中执行如下命令：

```
use 分销系统
Go
RESTORE DATABASE  分销管理系统_NEW
    FROM DISK = 'D:\分销管理系统_备份'
    WITH MOVE '分销系统' TO 'D:\分销管理系统.mdf',
    MOVE '分销系统_log' TO 'D:\分销管理系统_1.ldf',
STATS = 10, REPLACE
    Go
```

上面的语句将已有的备份"D:\分销管理系统_备份"还原为数据库"分销管理系统_NEW"。

7.3.4 分销系统数据库分离

任务 7-9：分离数据库"分销管理系统_NEW"。

在 SQLQuery 窗口中执行如下命令：

```
use 分销系统
Go
EXEC sp_detach_db @dbname = '分销管理系统_NEW'
go
```

用户也可以在对象资源管理器中，通过图形界面操作，完成数据库分离的要求。

7.3.5 分销系统数据库附加

任务 7-10：将任务 7-9 分离的数据库文件附加为"分销管理系统"（注：还原操作使用了任务 7-9 的分离文件，如果任务 7-8 更改了还原路径，则下面的文件路径也要相应更改）。

在 SQLQuery 窗口中执行如下命令：

```
EXEC sp_attach_db @dbname = '分销管理系统',
@filename1 = 'D:\分销管理系统.mdf',
@filename2= 'D:\分销管理系统_1.ldf'
Go
```

7.3.6 分销系统数据库维护计划

任务 7-11：为"分销管理系统"制定一个维护计划，在每个星期天的 23:00，将数据库"分销管理系统"进行完整备份。

具体操作步骤如下：

（1）进入 SQL Server Management Studio，展开"数据库"|"管理"|"维护计划"，右击"维护计划"，执行"新建维护计划"命令，如图 7-26 所示，输入维护计划的名字 Plan1，单击"确定"按钮。

（2）在 SQL Server Management Studio 左边的工具箱中，双击"'备份数据库'任务"项目，则在维护计划工作区域中出现一个"备份数据库"任务控制图标。

（3）双击"备份数据库"任务控制图标，打开如图 7-29 所示的"'备份数据库'任务"

对话框，在其中选择要备份的数据库"分销管理系统"，备份类型为"完整"，其他设置按默认值，然后单击"确定"按钮。

（4）单击"计划"最右端的"..."按钮，打开"作业计划属性"对话框，如图 7-32 所示。在其中按要求设置好每周星期日 23:00 执行计划，计划类型为"重复执行"。

（5）保存维护计划，即完成要求的操作。

还需要注意，在设置维护计划之前，SQL Server 代理服务应设置为"自动启动"。

任务 8　ASP.NET 连接数据库

8.1　什么是 ASP.NET

ASP 3.0 是 ASP 的最新版本，但是将不会再有 ASP 4.0 版本。

ASP.NET 是 ASP 的换代技术，但它不是 ASP 的简单升级，而是服务器端 ASP 脚本的全新范例。

ASP.NET 是新的.NET Framework 的一部分。Microsoft 用了 3 年时间从底层重写 ASP.NET，并且 ASP.NET 并不完全向前兼容 ASP 3.0。

8.1.1　.NET Framework

.NET Framework 是新的 Microsoft .NET 平台的基础结构。

.NET Framework 是一个用来建立、配置和运行 Web 应用程序和 Web 服务的通用环境。

.NET Framework 包含一个通用语言运行环境和通用类库，如 ADO.NET，ASP.NET 和 Windows 表单，来提供可以被集成到各种计算机系统的先进的标准服务。

.NET Framework 提供功能丰富的应用环境，简化了开发并且使得在多种不同开发语言之间的集成更加容易。

.NET Framework 具有语言中立性，目前它支持 C++、C#、Visual Basic 和 JScript（Microsoft 版本的 JavaScript）。

Microsoft 的 Visual Studio.NET 是一个用于新的.NET Framework 的通用开发环境。

ASP.NET 具有更好的语言支持、数量丰富的新控件和基于 XML 的组件的集合，以及更好的用户身份验证。

ASP.NET 通过运行已编译的代码提供了更好的性能。

ASP.NET 代码并不完全向前兼容 ASP。

8.1.2　ASP.NET 新特性

ASP.NET 具有以下新特性：更好的语言支持、可编程控件、事件驱动编程、基于 XML 的组件、带有账户和角色的用户身份验证、更高的扩展能力、提高了的性能——已编译代码、更容易设置和部署、与 ASP 不完全兼容。

● 语言支持

ASP.NET 使用新的 ADO.NET。

ASP.NET 支持完整的 Visual Basic，而不是 VBScript。

ASP.NET 支持 C#（C Sharp）和 C++。

ASP.NET 和以前一样支持 JScript。

● ASP.NET 控件

ASP.NET 包含一组大量的 HTML 控件。几乎页面中所有的 HTML 元素都可以被定义为能够用脚本进行控制的 ASP.NET 控制对象。

ASP.NET 还包含一组新的面向输入的控件，如可编程列表框和验证控件。有一个新的数据表格控件，支持排序、数据分页以及你期待可从数据集控件中得到的任何东西。

● 事件相关的控件

一个网页上所有的 ASP.NET 对象都可以引发能被 ASP.NET 代码处理的事件。

Load、Click 和 Change 事件用程序代码处理使得编写代码更加简单，并且可以更好地被组织起来。

● ASP.NET 组件

ASP.NET 组件在很大程度上基于 XML。例如新的 AD Rotator 就是使用 XML 来保存广告信息和设置的。

● 用户身份验证

ASP.NET 支持基于表单的用户身份验证，包括 Cookie 管理和自动重定向非授权登录等（当然，你仍然可以定制自己的登录页面以及用户检查）。

● 用户账户和角色

ASP.NET 预留了用户账户和角色，来赋予每个用户（以一种给定角色）对不同的服务器代码的访问和执行权限。

● 高扩展性

ASP.NET 做了许多工作来提供更大的可扩展性。

服务器之间的通信已做了很大改善，使得把一个应用程序扩展到多个服务器上成为可能。其中一个例子是在别的服务器上运行 XML 语法分析程序、XSL 转换程序，甚至为急需处理的进程对象提供资源的能力。

● 已编译代码

对服务器上的一个 ASP.NET 页面的第一次请求将会编译此页的 ASP.NET 代码，并且在内存中保留一个缓存副本。这样做的结果是大大提高了性能。

● 易于设置

ASP.NET 设置是用纯文本文件完成的。

程序运行当中设置文件也可以被上载或修改。不需要重新启动服务器，也不需要使用更多的数据库或是复杂的注册表。

● 易于部署

部署和替换编译的代码不需要重新启动服务器。ASP.NET 仅仅简单地将所有新的请求重定向到新的代码。

● 兼容性

ASP.NET 与以前版本的 ASP 并不完全兼容，因此大多数原来的 ASP 代码都需要经过修改才能在 ASP.NET 环境下运行。

为了克服这个问题，ASP.NET 使用了一个新的文件扩展名.aspx。这使得 ASP.NET 应用程序可以与标准的 ASP 应用程序一起运行在同一个服务器上。

8.2　ASP.NET 的安装

ASP.NET 很容易安装。

8.2.1　需要什么

● Windows 计算机

ASP.NET 是 Microsoft 的技术。需要一台适合运行 Windows 系统的计算机来运行 ASP.NET。

● Windows 2000 或 XP

如果你是要开发 ASP.NET 应用程序，那么应该安装 Windows 2000 Professional 或是 Windows XP Professional。

这两种情况下，你都应该确信从"添加/删除 Windows 组件"对话框中安装了 Internet 信息服务（IIS）。

● Service Pack 和更新

在安装 ASP.NET 之前，需要安装所有相关的 Service Pack 和安全更新。

最简单的方式是激活 Windows Internet Update。当访问 Windows Update 页面时，你将会被指导安装最新的 Service Pack 和所有关键的安全更新。对于 Windows 2000，确信你安装了 Service Pack 3。还建议安装 Internet Explorer 6。

8.2.2　Visual Studio .NET

Visual Studio .NET 是一套完整的开发工具，用于生成 ASP Web 应用程序、XML Web Service、桌面应用程序和移动应用程序。Visual Basic .NET、Visual C++ .NET、Visual C# .NET 和 Visual J# .NET 全都使用相同的集成开发环境（IDE），该环境允许它们共享工具并有助于创建混合语言解决方案。另外，这些语言利用了 .NET Framework 框架提供的对简化 ASP Web 应用程序和 XML Web Service 开发的关键技术的访问。

8.3　.NET Web 页面访问分销系统数据库

8.3.1　Web Form

表单，英文单词是 Form，学习过 Visual Basic 的朋友一定不会陌生。在 Microsoft.NET 架构里，Form 是一个经常使用到的词汇。如编写 Windows 应用时会提到 Windows Form，编写 Web 应用时会提到 Web Form。Windows Form 可以看作一个 Windows 窗体，这和在 Visual Basic 里面一样。而 Web Form 则代表了一个个的 Web 页面。总的看来，Form 就像是一个容纳各种控件的容器，各种控件都必须直接或者间接的和它有依存关系。Form 在这里译作"Web 表单"似乎有些不妥。"表单"这个词，在 Web 程序员看来，总是容易和 HTML 里面的 Form 相混淆。"Web 表单"似乎翻译成"Web 页面"更加妥当一些。

Visual Basic 中的 Form 实际上就是一个对象，它可以有自己的属性、方法、事件等。Web 表单，或者说 Web 页面，实际上也是一个"对象"（Object）。Microsoft.NET 架构中一个比较重要的概念就是"对象"：所有的控件都是对象，甚至数据类型都成了对象；每种数据类型都有自己特有的属性和方法。

Web Form 的后缀名是 ASPX。当一个浏览器第一次请求一个 ASPX 文件时，Web Form 页面将被 CLR（Common Language Runtime）编译器编译。此后，当再有用户访问此页面时，由于 ASPX 页面已经被编译过，所以，CLR 会直接执行编译过的代码。这和 ASP 的情况完全不同。ASP 只支持 VBScript 和 JavaScript 这样的解释性的脚本语言。所以 ASP 页面是解释执行的。当用户发出请求后，无论是第 1 次，还是第 1000 次，ASP 的页面都将被动态解释执行。而 ASP.NET 支持可编译的语言，包括 VB.NET、C#、JScript.NET 等。所以，ASP.NET 是一次编译多次执行。

为了简化程序员的工作，ASPX 页面不需要手工编译，而是在页面被调用时，由 CLR 自行决定是否编译。一般来说，下面两种情况，ASPX 会被重新编译：

（1）ASPX 页面第一次被浏览器请求。

（2）ASPX 被改写。

由于 ASPX 页面可以被编译，所以 ASPX 页面具有组件一样的性能。这就使得 ASPX 页面至少比同样功能的 ASP 页面快 250%。

下面来看一下简单的 Web 页面。

8.3.2　我的第一个 Page

把下面的代码拷贝到 myfirstpage.aspx 文件中，然后从浏览器访问这个文件。

```
<!--源文件：form\web 页面简介\myfirstpage.aspx-->
<form action="myfirstpage.aspx" method="post">

    <h3> 姓名: <input id="name" type=text>

    所在城市:   <select id="city" size=1>
                    <option>北京</option>
                    <option>上海</option>
                    <option>重庆</option>
                </select>

    <input type=submit value="查询">

</form>
```

你可能觉得这个页面太简单了，用 HTML 就可以完成。是的！Microsoft 建议你将所有的文件哪怕是纯 HTML 文件都保存为 ASPX 文件后缀，这样可以加快页面的访问效率。不仅仅是在 ASP.NET 环境中，在 IIS 5.0 以后的 ASP 3.0 中已经支持这个特性了。

由于我们没有对表单提交做任何响应，所以，当单击下"查询"按钮时页面的内容没有什么改变。

8.3.3　Web Form 连接数据库

ASP.NET 提供了很多控件为用户编程提供方便。其中，GridView 控件和 SqlDataSource 控件结合在一起，可以让用户很方便访问 SQL Server 并且对数据进行插入、更新、删除等操作。下面通过图文的形式，用 GridView 控件来实现对分销系统数据库中的客户资料的一些常用操作。

（1）打开 Microsoft Visual Studio 2005，如图 8-1 所示，单击"文件"→"新建"→"网站"，新建一个网站。

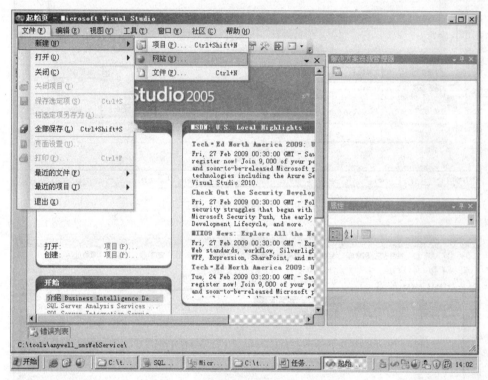

图 8-1　新建网站

（2）在"新建网站"界面，选择网站类型为"ASP.NET 网站"，并单击"浏览"选择网站存放的位置，如图 8-2 所示。

（3）新建完毕后进入如图 8-3 所示的界面，在左边的工具箱中拉动 SqlDataSource 控件到 Default.aspx 的空白地方。单击"配置数据源"，为 SqlDataSource 配置数据源。

（4）进入"配置数据源"界面，单击"新建连接"按钮建立一个新的数据库连接字符串，如图 8-4 所示。

（5）进入"添加连接"界面，如图 8-5 所示，在"服务器"名中填入 SQL Server 的服务器名。在"登录到服务器"中"使用 SQL Server 身份验证"，并输入连接数据库服务器的用户名和密码。在"连接到一个数据库"下拉框中选择"分销管理系统"（注：前提是在前面章节已经建好了分销系统数据库和客户资料这个表）。最后单击"确定"按钮。

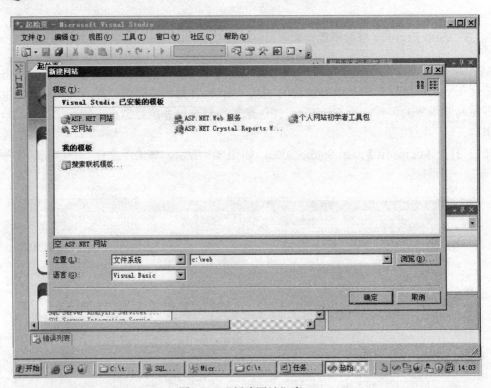

图 8-2　"新建网站"窗口

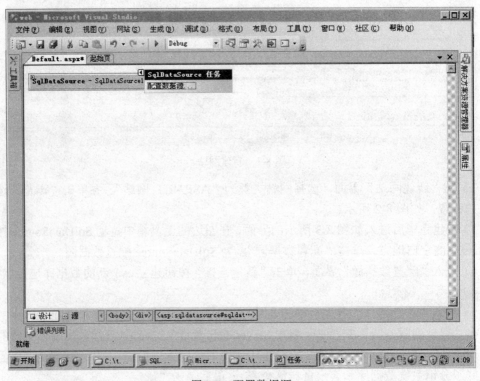

图 8-3　配置数据源

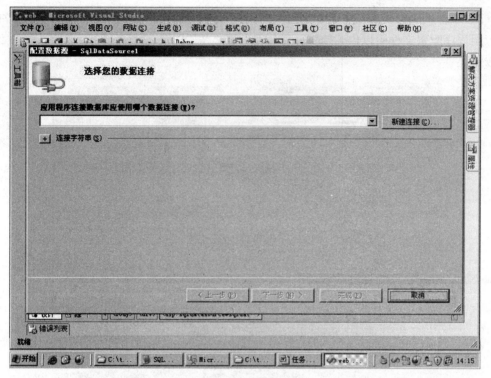

图 8-4 新建连接

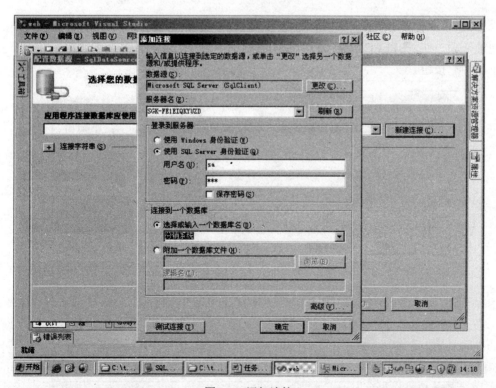

图 8-5 添加连接

（6）单击"确定"按钮进入如图 8-6 所示的界面，提示是否将刚才产生的连接字符串保存到应用程序配置文件中以供其他页面引用。勾选"是"选项，并输入一个名字，单击"下一步"按钮。

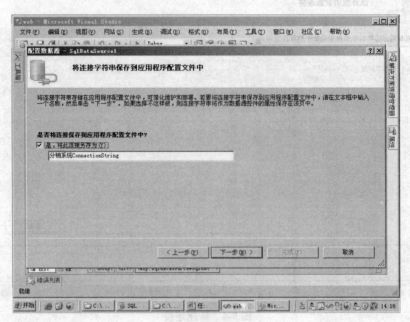

图 8-6　保存连接字符串

（7）进入"配置 Select 语句"界面，如图 8-7 所示，勾选客户名称、联系人、电话、传真、地址等项。在"SELECT 语句"下面的编辑框中可以看到自动产生的 SELECT 语句。单击"下一步"按钮。

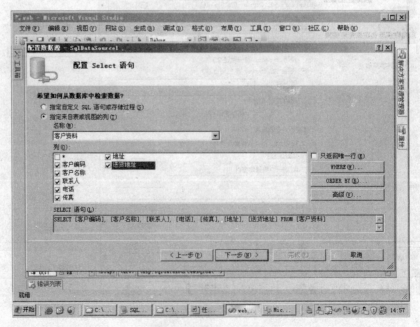

图 8-7　配置 Select 语句

（8）进入"测试查询"界面，如图 8-8 所示。单击"测试查询"按钮可以看到数据表的所有数据。如果确认无误，单击"完成"按钮以完成此次数据源的配制。

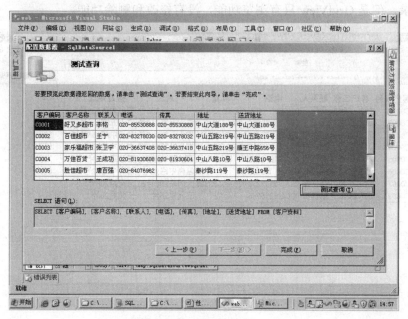

图 8-8 "测试查询"界面

（9）返回 Default.aspx 界面，如图 8-9 所示，将 GridView 控件拉到 Default.aspx 空白处，立于 SqlDataSource1 的下方，并且在"GridView 任务"窗格"选择数据源"下拉列表框中选择刚才配置好的数据源 SqlDataSource1，并勾选"启用分页"。此时，GridView 控件将自动显示出供应商档案的所有字段。

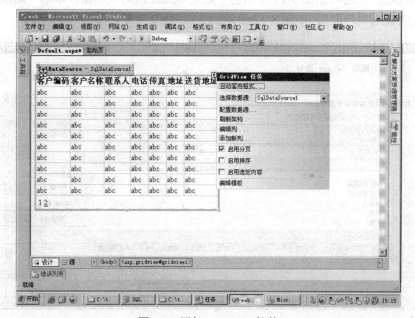

图 8-9 添加 GridView 控件

（10）保存，单击"运行"图标，系统将使用 IE 浏览器打开 Default.aspx 页面，进入运行状态，如图 8-10 所示。此时，Default.aspx 只有一个 GridView 控件，并且显示出供应商档案的所有记录，但是 GridView 只有浏览功能，没有修改和删除功能。

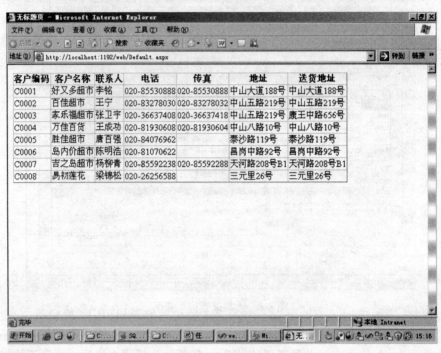

图 8-10　浏览记录

（11）关闭 IE 浏览器，返回编辑界面，选择 GridView 控件，在"GridView 任务"窗口单击"配置数据源"，进入如图 8-11 所示的"配置 Select 语句"界面，单击"高级"按钮进入"高级 SQL 生成选项界面"，如图 8-12 所示。

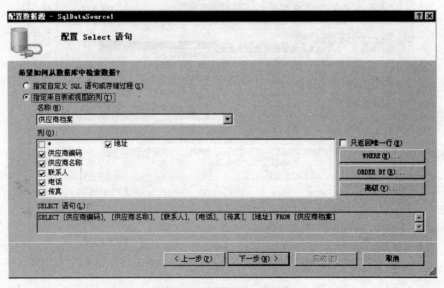

图 8-11　配置 Select 语句

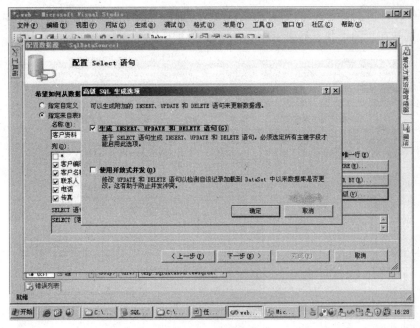

图 8-12　生成语句

（12）勾选"生成 INSERT、UPDATE 和 DELETE 语句"复选框，这样系统将自动为 SqlDataSource1 生成 INSERT、UPDATE 和 DELETE 的 SQL 语句（注：该功能要求"供应商档案"表已经指定了主键）。

（13）生成 INSERT、UPDATE 和 DELETE 的 SQL 语句后，单击 GridView 控件，在"GridView 任务"窗格下将出现"启用编辑"和"启用删除"选项，勾选这两项，如图 8-13 所示。

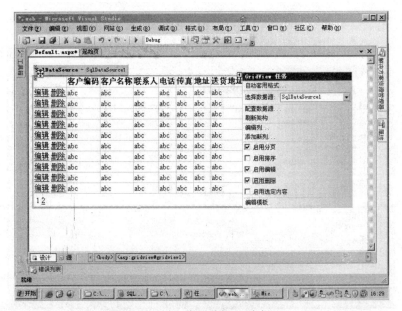

图 8-13　启用编辑和删除

（14）保存，再次运行，将出现如图 8-14 所示的界面，可以看到 GridView 中出现编辑和删除功能。试着在页面上执行这两个功能，看对数据库的数据是否有影响。

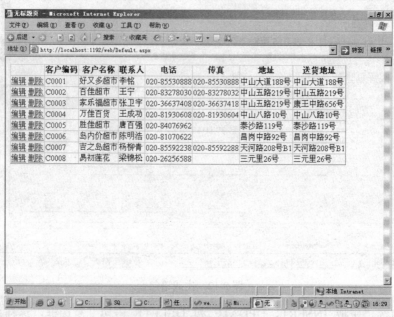

图 8-14　出现编辑和删除功能

（15）现在，我们已经实现了对分销管理系统的"供应商档案"表的数据的更新和删除功能，但是没有实现新增数据的功能。新增数据功能可以借助另外一个控件 DetailsView 来实现。我们把 DetailsView 控件从工具箱拉到 GridView 下方，如图 8-15 所示，并且选择数据源为 SqlDataSource1，并勾选"启用插入"复选框。

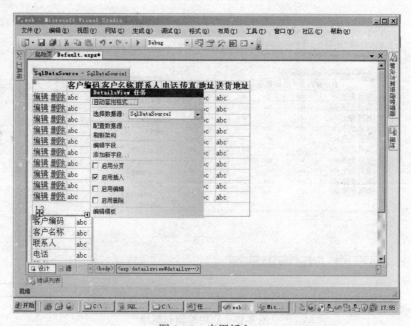

图 8-15　启用插入

（16）保存，再次运行，出现如图 8-16 所示的界面，可以发现 DetailsView 控件出现了并且其上面有"新建"功能。

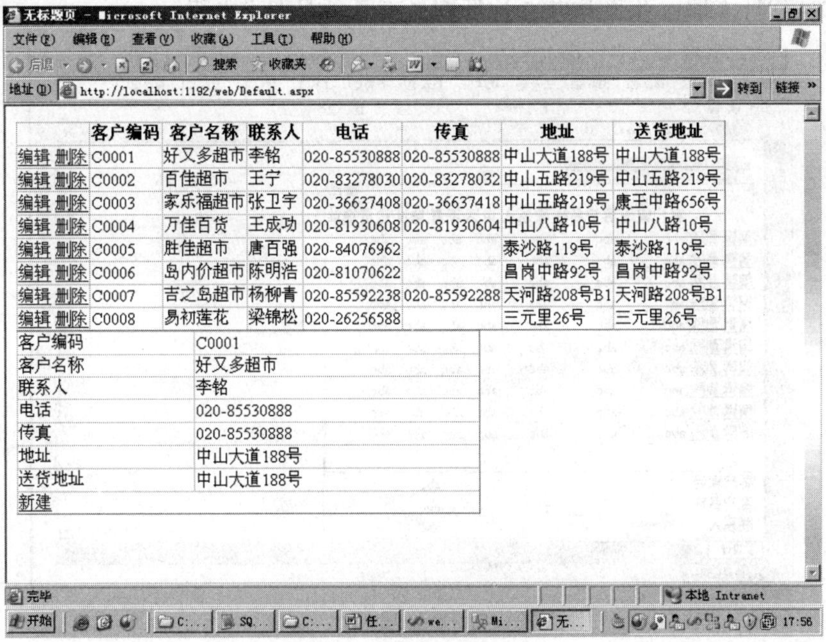

图 8-16 出现"新建"功能

（17）单击"新建"，出现如图 8-17 所示的界面，填入相关内容，单击"插入"，将在数据库中插入一条新的数据。

图 8-17 插入新数据

（18）现在已经实现数据的新增、更改、删除功能了，下面继续完善，给这个页面实现查找功能。在如图 8-18 所示的界面，在工具箱中把 TextBox 控件和 Button 控件分别拉到 SqlDataSource 控件上面，并将 Button 控件的显示字符改为"查找"。

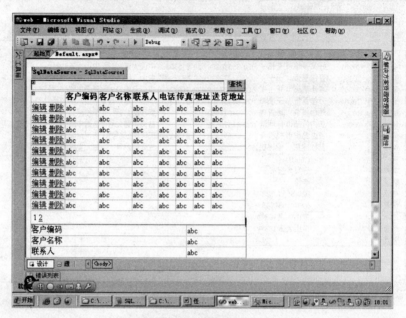

图 8-18　添加控件

（19）双击 Button 控件进入如图 8-19 所示的界面，在相应的地方输入下面的代码，该段代码的作用是根据 TextBox 控件中的数据产生一条 Select 语句，并调用 SqlDataSource1.Select 方法来查询数据。

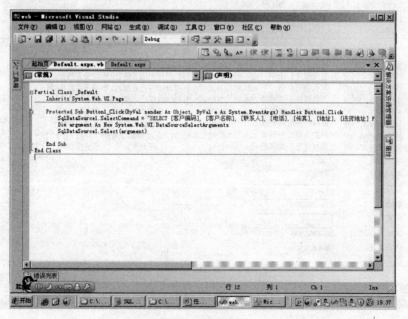

图 8-19　输入代码

SqlDataSource1.SelectCommand = "SELECT [客户编码], [客户名称], [联系人], [电话], [传真], [地址], [送货地址] FROM [客户资料] where [客户名称] like '%" & TextBox1.Text & "%' or [客户编码] like '%" & TextBox1.Text & "%'"
Dim argument As New System.Web.UI.DataSourceSelectArguments
SqlDataSource1.Select(argument)

（20）保存，并运行，如图 8-20 所示，在文本框中输入数据，单击"查找"按钮，将根据输入的内容查找供应商编码或者供应商名称符合条件的记录，并显示在控件 GridView 中。

图 8-20 查找记录

至此，已经完成分销管理系统的供应商档案的查找、新增、编辑、删除功能。当然，还可以继续美化 GridView，对 GridView 设置各种外观，使其更加美观。

同样的，也可以实现对其他数据表的各种操作。下面的代码为上面页面的源代码，附在后面供读者参考。

```
<%@ Page Language="VB" AutoEventWireup="false" CodeFile="Default.aspx.vb" Inherits="_Default" %>

<!DOCTYPE html PUBLIC "-//W3C//DTD XHTML 1.0 Transitional//EN" "http://www.w3.org/TR/xhtml1/DTD/xhtml1-transitional.dtd">

<html xmlns="http://www.w3.org/1999/xhtml" >
<head runat="server">
    <title>无标题页</title>
</head>
<body>
    <form id="form1" runat="server">
```

```
<div>
    <asp:SqlDataSource ID="SqlDataSource1" runat="server" ConnectionString="<%$
ConnectionStrings:分销系统 ConnectionString %>"
        DeleteCommand="DELETE FROM [客户资料] WHERE [客户编码] = @客户编码"
InsertCommand="INSERT INTO [客户资料] ([客户编码], [客户名称], [联系人], [电话], [传真], [地址],
[送货地址]) VALUES (@客户编码, @客户名称, @联系人, @电话, @传真, @地址, @送货地址)"
        SelectCommand="SELECT [客户编码], [客户名称], [联系人], [电话], [传真], [地址],
[送货地址] FROM [客户资料]"
        UpdateCommand="UPDATE [客户资料] SET [客户名称] = @客户名称, [联系人] = @
联系人, [电话] = @电话, [传真] = @传真, [地址] = @地址, [送货地址] = @送货地址 WHERE [客户
编码] = @客户编码">
        <DeleteParameters>
            <asp:Parameter Name="客户编码" Type="String" />
        </DeleteParameters>
        <UpdateParameters>
            <asp:Parameter Name="客户名称" Type="String" />
            <asp:Parameter Name="联系人" Type="String" />
            <asp:Parameter Name="电话" Type="String" />
            <asp:Parameter Name="传真" Type="String" />
            <asp:Parameter Name="地址" Type="String" />
            <asp:Parameter Name="送货地址" Type="String" />
            <asp:Parameter Name="客户编码" Type="String" />
        </UpdateParameters>
        <InsertParameters>
            <asp:Parameter Name="客户编码" Type="String" />
            <asp:Parameter Name="客户名称" Type="String" />
            <asp:Parameter Name="联系人" Type="String" />
            <asp:Parameter Name="电话" Type="String" />
            <asp:Parameter Name="传真" Type="String" />
            <asp:Parameter Name="地址" Type="String" />
            <asp:Parameter Name="送货地址" Type="String" />
        </InsertParameters>
    </asp:SqlDataSource>
    <asp:TextBox ID="TextBox1" runat="server" Width="400px"></asp:TextBox>
    <asp:Button ID="Button1" runat="server" Text="查找" /></div>
    <asp:GridView ID="GridView1" runat="server" AllowPaging="True" AutoGenerateColumns
="False"
        DataKeyNames="客户编码" DataSourceID="SqlDataSource1">
        <Columns>
            <asp:CommandField ShowDeleteButton="True" ShowEditButton="True" />
            <asp:BoundField DataField="客户编码" HeaderText="客户编码" ReadOnly="True"
SortExpression="客户编码" />
            <asp:BoundField DataField="客户名称" HeaderText="客户名称" SortExpression="
客户名称" />
            <asp:BoundField DataField="联系人" HeaderText="联系人" SortExpression="联系
人" />
```

```
            <asp:BoundField DataField="电话" HeaderText="电话" SortExpression="电话" />
            <asp:BoundField DataField="传真" HeaderText="传真" SortExpression="传真" />
            <asp:BoundField DataField="地址" HeaderText="地址" SortExpression="地址" />
            <asp:BoundField DataField="送货地址" HeaderText="送货地址" SortExpression="
送货地址" />
            </Columns>
        </asp:GridView>
        <asp:DetailsView    ID="DetailsView1"    runat="server"    AutoGenerateRows="False"
DataKeyNames="客户编码"
            DataSourceID="SqlDataSource1" Height="50px" Width="452px">
        <Fields>
            <asp:BoundField DataField="客户编码" HeaderText="客户编码" ReadOnly="True"
SortExpression="客户编码" />
            <asp:BoundField DataField="客户名称" HeaderText="客户名称" SortExpression="
客户名称" />
            <asp:BoundField DataField="联系人" HeaderText="联系人" SortExpression="联系
人" />
            <asp:BoundField DataField="电话" HeaderText="电话" SortExpression="电话" />
            <asp:BoundField DataField="传真" HeaderText="传真" SortExpression="传真" />
            <asp:BoundField DataField="地址" HeaderText="地址" SortExpression="地址" />
            <asp:BoundField DataField="送货地址" HeaderText="送货地址" SortExpression="
送货地址" />
            <asp:CommandField ShowInsertButton="True" />
        </Fields>
        </asp:DetailsView>
    </form>
</body>
</html>
```

本书 SQL 语句汇总

预备知识

create database my_first_database   //创建数据库 my_first_database

use my_first_database   //将当前操作范围切换到 my_first_database

```
create table employee    (职工号      char(10),
                          姓名        varchar(12),
                          出生年月     date,
                          性别        char(4),
                          籍贯        varchar(10),
                          工资        numeric(10,2)  )    //创建表 employee
```

insert into employee values('zs100001','蔡碧清', '1982-06-04', '女', '广东新会',5000)
insert into employee values('zs100002','陈洪明', '1963-5-7',   '男', '湖南郴州',4500)
insert into employee values('zs100003','党少申', '1982-3-9',   '男', '湖北武汉',3100)
insert into employee values('zs100004','龚自真', '1986-10-10','男', '云南大理',3200)
insert into employee values('zs100005','何少华', '1975-3-1',   '女', '广西百色',4600)
                           //将数据插入表中

select * from employee   //查询表中所有数据

select * from employee where 工资>4000   //查询表中工资大于 4000 的数据

update employee set 工资=5000 where 职工号='zs100003'   //更新表中的数据

delete from employee where 职工号='zs100004'   //删除表中的数据

drop table employee   //删除表格

use master   //将当前操作切换至 master 数据库
drop database my_first_database   //删除数据库 my_first_database

任务1

任务 1-2：创建一个数据库，名称为 student。
    CREATE   DATABASE   student
任务 1-3：创建一个数据库 CUSTOMER，该数据库的主数据文件的逻辑名称是 CUSTOMER_

DATA，操作系统文件是 CUSTOMER_DATA.MDF，大小是 15MB，最大是 30MB，以 20%的速度增加；该数据库的日志文件的逻辑名称是 CUSTOMER_LOG，操作系统文件是 CUSTOMER_LOG.LDF，大小是 3MB，最大是 10MB，以 1MB 的速度增加。

　　注：以下代码的前提是硬盘上存在目录 e:\yxl\，或者将 e:\yxl\改成一个已经存在的目录，否则将不能成功执行。

```
CREATE DATABASE    customer
ON
    PRIMARY (NAME = customer_data,
    FILENAME='e:\yxl\customer_data.mdf',
    SIZE = 15MB,
    MAXSIZE = 30MB,
    FILEGROWTH=20%)
LOG ON
    (NAME = customer_log,
    FILENAME = 'e:\yxl\customer_log.ldf',
    SIZE = 3MB,
    MAXSIZE = 10MB,
    FILEGROWTH = 1MB)
```

任务 1-4：删除任务 1-2 建立的 student 数据库。

```
DROP   DATABASE   student
```

任务 1-5：删除任务 1-3 建立的 CUSTOMER 数据库。

```
DROP   DATABASE   CUSTOMER
```

任务 2

任务 2-1：参考表 2-6 创建客户资料表。

```
use 分销系统
go
CREATE TABLE 客户资料
(
    客户编码  varchar(20) NOT NULL PRIMARY KEY,
    客户名称  varchar(100) NOT NULL,
    联系人  varchar(20) NOT NULL,
    电话  varchar(50) NOT NULL,
    传真  varchar(50),
    地址  varchar(200),
    送货地址  varchar(200)
)
go
```

任务 2-2：参考表 2-3 创建供应商资料表。

```
use 分销系统
go
CREATE TABLE 供应商资料
(
```

```
            供应商编码 varchar(20) NOT NULL PRIMARY KEY,
            供应商名称 varchar(100) NOT NULL,
            联系人 varchar(20) NOT NULL,
            电话 varchar(50) NOT NULL,
            传真 varchar(50),
            地址 varchar(200),
)
        go
```

任务 2-3：参考表 2-7 创建销售订单表。

```
    USE 分销系统
    GO
    CREATE TABLE 销售订单
    (
            销售订单号 varchar(20) NOT NULL PRIMARY KEY,
            日期 datetime NOT NULL,
            客户编码 varchar(20) NOT NULL FOREIGN KEY REFERENCES 客户资料(客户编码),
            客户名称 varchar(100) NOT NULL,
            联系人 varchar(20) NOT NULL,
            联系电话 varchar(50) NOT NULL,
            送货地址 varchar(200) NOT NULL,
            总金额 numeric(12,4) NOT NULL,
            备注 varchar(500)  NULL,
    )
        go
```

任务 2-4：参考表 2-9 创建商品资料表。

```
    USE 分销系统
    GO
    CREATE TABLE 商品资料
    (
        商品编码 varchar(20) NOT NULL primary key,
        商品名称 varchar(50) NOT NULL,
        规格型号 varchar(100) NOT NULL,
        单位 varchar(8) NOT NULL,
        主供应商编码 varchar(20) NULL    FOREIGN KEY REFERENCES 供应商资料(供应商编码),
        参考单价 Numeric(12,4) NULL,
        备注 varchar(500) NULL
    )
        go
```

任务 2-5：参考表 2-8 创建销售订单明细表。

```
    USE 分销系统
    GO
    CREATE TABLE  销售订单明细表
    (
            销售订单号 varchar(20)   NOT NULL,
            序号 int IDENTITY(1,1) NOT NULL,
            商品编码 varchar(20)   NOT NULL,
```

```
    商品名称  varchar(50)   NOT NULL,
    规格型号  varchar(100)   NOT NULL,
    单位  varchar(8)   NOT NULL,
    数量  numeric(12, 2) NOT NULL,
    单价  numeric(12, 2) NOT NULL,
    金额  numeric(12, 2) NOT NULL,
    备注  varchar(500) NULL,
    PRIMARY KEY (销售订单号,序号),
    FOREIGN KEY (销售订单号) REFERENCES  销售订单(销售订单号),
    FOREIGN KEY (商品编码)   REFERENCES  商品资料(商品编码)
)
    go
```

任务 2-6：参考表 2-21 用 Transact-SQL 创建收款单。

```
use 分销系统
    go
CREATE TABLE  收款单
    (
    收款单号  Varchar(20) NOT NULL PRIMARY KEY,
    收款日期  Datetime NOT NULL,
    收款人  Varchar(100) NOT NULL,
    客户编码  varchar(20) NOT NULL FOREIGN KEY REFERENCES  客户资料(客户编码),
    客户名称  varchar(100) NOT NULL,
    应收总额  Numeric(12,2) NOT NULL,
    收款金额  Numeric(12,2) NOT NULL,
    备注  Varchar(500) NULL
    )
    GO
```

任务 2-7：参考表 2-4 用 Transact-SQL 创建采购订单。

```
USE 分销系统
    GO
CREATE TABLE  采购订单
    (
    采购订单号  varchar(20) NOT NULL PRIMARY KEY,
    日期  datetime NOT NULL,
    供应商编码  varchar(20) NOT NULL FOREIGN KEY REFERENCES  供应商资料(供应商编码),
    供应商名称  varchar(100) NOT NULL,
    联系人  varchar(20) NOT NULL,
    联系电话  varchar(50) NOT NULL,
    总金额  numeric(12,4) NOT NULL,
    备注  varchar(500)
    )
    go
```

任务 2-8：参考表 2-5 用 Transact-SQL 创建采购订单明细表。

```
USE 分销系统
    GO
CREATE TABLE   采购订单明细表
```

```
(
    采购订单号  varchar(20)   NOT NULL,
    序号  int NOT NULL,
    商品编码  varchar(20)   NOT NULL FOREIGN KEY REFERENCES 商品资料(商品编码),
    商品名称  varchar(50)   NOT NULL,
    规格型号  varchar(100)   NOT NULL,
    单位  varchar(8)   NOT NULL,
    数量  numeric(12, 2) NOT NULL,
    单价  numeric(12, 2) NOT NULL,
    金额  numeric(12, 2) NOT NULL,
    备注  varchar(500)   NULL,
    PRIMARY KEY (采购订单号,序号),
    FOREIGN KEY (采购订单号) REFERENCES 采购订单(采购订单号)
)
go
```

任务 2-9：修改销售订单明细表中单价字段的数据类型为 numeric(12,4)。

```
ALTER TABLE 销售订单明细表 ALTER COLUMN 单价 numeric(12,4) NOT NULL
```

任务 2-10：给客户资料表新增一个名为"登记日期"的 datetime 类型的字段，然后再将该新增字段删除。

```
ALTER TABLE 客户资料 ADD 登记日期 datetime NULL

ALTER TABLE 客户资料 drop column 登记日期
```

任务 2-11：用 ALTER TABLE 语句来达到取消销售订单明细表中序号字段的标识列定义的目的。

```
ALTER TABLE 销售订单明细表
drop column 序号
go
ALTER TABLE 销售订单明细表
ADD 序号 int NOT NULL
```

任务 2-12：删除采购订单明细表。

```
drop table 采购订单明细表
```

任务 2-13：为分销系统数据库创建规则，规则名称为 rule1，它将限定使用了该规则的列的值都必须大于 0。

在 SQLQuery 窗口中执行如下命令：

```
use 分销系统
go
create rule rule1
as @value>0
```

任务 2-14：将规则 rule1 绑定到销售订单明细表的单价列中。

在 SQLQuery 窗口中执行如下命令：

```
sp_bindrule 'rule1','销售订单明细表.单价'
```

任务 2-15：为销售订单明细表的单价列解除规则绑定。

在 SQLQuery 窗口中执行如下命令：

```
sp_unbindrule  '销售订单明细表.单价'
```

任务 2-16：在确认规则 rule1 已不被绑定到任何对象上后，删除规则 rule1。

在 SQLQuery 窗口中执行如下命令：

```
DROP RULE rule1
```

任务 2-17：参照表 2-19 创建报废单，其中"报废单号"为主键。

在 SQLQuery 窗口中执行如下命令：

```
use 分销系统
go
create table 报废单
(
报废单号  varchar(20) NOT NULL constraint PK_BFDH primary key,
报废日期  datetime NOT NULL,
报废人  varchar(20) NOT NULL,
备注  varchar(500) NULL
)
go
```

任务 2-18：参照表 2-20 创建报废单明细表（暂时未考虑外键约束）。

在 SQLQuery 窗口中执行如下命令：

```
USE  分销系统
GO
CREATE TABLE   报废单明细表
(
报废单号  varchar(20) NOT NULL,
序号  int NOT NULL,
仓库编码  Varchar(20) NOT NULL,
仓位编码  Varchar(20) NOT NULL,
商品编码  varchar(20) NOT NULL,
商品名称  varchar(50) NOT NULL,
规格型号  varchar(100) NOT NULL,
单位  Varchar(8) NOT NULL,
报废数量  numeric(12,2) NOT NULL,
报废原因  Varchar(200) NULL,
备注  varchar(500) NULL,
constraint PK_BFDH_XH PRIMARY KEY (报废单号,序号)
)
GO
```

任务 2-19：参照表 2-22 创建付款单。

在 SQLQuery 窗口中执行如下命令：

```
USE 分销系统
GO
CREATE TABLE 付款单
(
付款单号  Varchar(20) NOT NULL PRIMARY KEY,
付款日期  Datetime NOT NULL,
付款人  Varchar(100) NOT NULL,
供应商编码  varchar(20) NOT NULL   FOREIGN KEY REFERENCES 供应商资料(供应商编码),
```

```
供应商名称 varchar(100) NOT NULL,
应付总额 Numeric(12,2) NOT NULL,
付款金额 Numeric(12,2) NOT NULL,
备注 Varchar(500) NULL
)
GO
```

任务 2-20：参照表 2-20 给报废单明细表添加外键约束（报废单号+商品编码）。

```
USE 分销系统
GO
ALTER TABLE 报废单明细表
ADD CONSTRAINT BF_BFDH FOREIGN KEY (报废单号) REFERENCES 报废单(报废单号),
CONSTRAINT BF_SPBM FOREIGN KEY (商品编码) REFERENCES 商品资料(商品编码)
GO
```

任务 2-21：参照表 2-10 创建仓库资料表，对仓库名称建立唯一性约束。

在 SQLQuery 窗口中执行如下命令：

```
use 分销系统
go
create table 仓库资料
(
    仓库编码 varchar(20)    primary key,
    仓库名称 varchar(50) NOT NULL,
    仓库位置 varchar(500) NOT NULL ,
    备注 varchar(500),
    constraint UK_CCMC UNIQUE (仓库名称)
)
go
```

任务 2-22：参照表 2-12 创建期初库存表，为其中的期初单价创建检查约束（期初单价>0）。

在 SQLQuery 窗口中执行如下命令：

```
use 分销系统
go
create table 期初库存
(
    序号 int IDENTITY(1,1) Primary Key,
    仓库编码 varchar(20) NOT NULL FOREIGN KEY REFERENCES 仓库资料(仓库编码),
    仓位编码 varchar(20) NOT NULL,
    商品编码 varchar(20) NOT NULL FOREIGN KEY REFERENCES 商品资料(商品编码),
    商品名称 varchar(50) NOT NULL,
    规格型号 varchar(100) NOT NULL,
    单位 varchar(8) NOT NULL,
    期初数量 numeric(12,2) NOT NULL,
    期初单价 numeric(12,4) NOT NULL,
    期初金额 numeric(12,4) NOT NULL,
    备注 varchar(500),
    constraint CK_QCDJ CHECK (期初单价>0)
)
go
```

任务 2-23：参照表 2-17 创建调拨单表，为其中的调拨日期定义一个默认值为当前时间（sql 中 getdate()函数返回服务器当前时间）。

在 SQLQuery 窗口中执行如下命令：

```
use 分销系统
go
create table  调拨单
(
    调拨单号  varchar(20) Primary Key,
    调拨日期  datetime DEFAULT (GetDate()),
    调拨人  varchar(20) NOT NULL,
    调出仓库编码  varchar(20) NOT NULL FOREIGN KEY REFERENCES  仓库资料(仓库编码),
    调出仓位编码  varchar(20) NOT NULL,
    调入仓库编码  varchar(20) NOT NULL FOREIGN KEY REFERENCES  仓库资料(仓库编码),
    调入仓位编码  varchar(20) NOT NULL,
    备注  varchar(500)
)
go
```

任务 2-24：参照表 2-18 创建调拨单明细表，为其中的调拨数量定义一个默认值 1。

```
use 分销系统
go
create table  调拨单明细表
(
    调拨单号  varchar(20) NOT NULL,
    序号  int   NOT NULL,
    商品编码  varchar(20)   NOT NULL,
    商品名称  varchar(50)   NOT NULL,
    规格型号  varchar(100)   NOT NULL,
    单位  varchar(8) NOT NULL,
    可用库存  numeric(12,2),
    调拨数量  numeric(12,2) NOT NULL DEFAULT (1),
    备注  varchar(500),
    primary key (调拨单号,序号),
    foreign key (调拨单号) references  调拨单(调拨单号),
    foreign key (商品编码) references  商品资料(商品编码)
)
go
```

任务 2-25：参照表 2-11 创建仓位资料。

```
use 分销系统
go
create table  仓位资料
(
仓库编码  varchar(20) NOT NULL FOREIGN KEY REFERENCES  仓库资料(仓库编码),
仓位编码  varchar(20) NOT NULL PRIMARY KEY,
仓位名称  varchar(50) NOT NULL,
```

```
备注  varchar(500)
)
go
```

任务 2-26：参照表 2-13 创建入库单。

```
use 分销系统
go
create table  入库单
(
入库单号  varchar(20) NOT NULL PRIMARY KEY ,
日期  datetime NOT NULL,
供应商编码  varchar(20) NOT NULL FOREIGN KEY REFERENCES 供应商资料(供应商编码),
供应商名称  varchar(100) NOT NULL,
联系人  varchar(20) NOT NULL,
联系电话  varchar(50) NOT NULL,
总金额  numeric(12,4) NOT NULL,
备注  varchar(500)
)
go
```

任务 2-27：参照表 2-14 创建入库单明细表。

```
use 分销系统
go
create table  入库单明细表
(
入库单号  varchar(20) NOT NULL FOREIGN KEY REFERENCES 入库单(入库单号),
序号  int NOT NULL,
采购订单号  varchar(20) FOREIGN KEY REFERENCES 采购订单(采购订单号),
商品编码  varchar(20) NOT NULL FOREIGN KEY REFERENCES 商品资料(商品编码),
商品名称  varchar(50) NOT NULL,
规格型号  varchar(100) NOT NULL,
单位  Varchar(8) NOT NULL,
数量  numeric(12,2) NOT NULL,
单价  numeric(12,4) NOT NULL,
金额  numeric(12,4) NOT NULL,
仓库编码  Varchar(20) NOT NULL FOREIGN KEY REFERENCES 仓库资料(仓库编码),
仓位编码  Varchar(20) NOT NULL FOREIGN KEY REFERENCES 仓位资料(仓位编码),
备注  varchar(500),
PRIMARY KEY (入库单号,序号)
)
go
```

任务 2-28：参照表 2-15 创建出库单。

```
use 分销系统
go
create table  出库单
(
出库单号  varchar(20) NOT NULL PRIMARY KEY,
日期  datetime NOT NULL,
```

```
客户编码  varchar(20) NOT NULL FOREIGN KEY REFERENCES  客户资料(客户编码),
客户名称  varchar(100) NOT NULL,
联系人  varchar(20) NOT NULL,
联系电话  varchar(50) NOT NULL,
送货地址  varchar(200) NOT NULL,
总金额  numeric(12,4) NOT NULL,
备注  varchar(500)
)
go
```

任务 2-29：参照表 2-16 创建出库单明细表。

```
use  分销系统
go
create table  出库单明细表
(
出库单号  varchar(20) NOT NULL FOREIGN KEY REFERENCES  出库单(出库单号),
序号  int NOT NULL,
销售订单号  varchar(20)   FOREIGN KEY REFERENCES  销售订单(销售订单号),
商品编码  varchar(20) NOT NULL FOREIGN KEY REFERENCES  商品资料(商品编码),
商品名称  varchar(50) NOT NULL,
规格型号  varchar(100) NOT NULL,
单位  Varchar(8) NOT NULL,
数量  numeric(12,2) NOT NULL,
单价  numeric(12,4) NOT NULL,
仓库编码  Varchar(20) NOT NULL FOREIGN KEY REFERENCES  仓库资料(仓库编码),
仓位编码  Varchar(20) NOT NULL FOREIGN KEY REFERENCES  仓位资料(仓位编码),
金额  numeric(12,4) NOT NULL,
备注  varchar(500) ,
PRIMARY KEY (出库单号,序号)
)
go
```

任务 2-30：使用 SQL Server Management Studio 给仓库资料表录入如表 2-25 所示的数据。

任务 2-31：使用 SQL Server Management Studio 修改仓库表中仓库编码为 001 的记录的仓库位置为"长青路 221 号"。

任务 2-32：使用 SQL Server Management Studio 删除仓库资料表中仓库编码为 003 的记录。

任务 2-33：使用 SQL Server Management Studio 删除仓库资料表中剩余的两条记录。

任务 2-34：使用 Transact-SQL 语句给仓库资料表录入如表 2-25 所示的数据。

在 SQLQuery 窗口中执行如下命令（注：下面是 3 条语句，分别往数据库里面插入 1 条数据，虽然 3 条语句的写法有些不同，但实现的功能是一样的。第 1 句和第 2 句的 Column_name 省略了，则对应仓库资料表里的所有字段（仓库编码，仓库名称，仓库位置，备注）。强烈建议读者在以后的插入数据中使用完整的语句，即第 3 条语句，这样不容易出错）：

```
use  分销系统
go
insert into  仓库资料
values ('001','主仓库','常青路 221 号','易燃物')
go
```

```
insert 仓库资料
values ('002','报废仓','桥东路 12 号',NULL)
go
insert 仓库资料 (仓库编码,仓库名称, 仓库位置)
values ('003','辅料仓','新港东路 241 号')
go
```

任务 2-35：使用 Transact-SQL 语句给供应商资料添加如表 2-23 所示的两条记录。

在 SQLQuery 窗口中执行如下命令：

```
use 分销系统
go
insert 供应商资料
values ('8001','西蒙乳品股份有限公司','张三','13302345684','0471-22335678','内蒙古呼和浩特南京路
178 号')
go
insert 供应商资料
values ('8002','广东优品股份有限公司','李四','13602322684','020-22222222','广州市新港西路 22 号')
go
```

任务 2-36：使用 Transact-SQL 语句修改仓库资料表中仓库编码为 001 的记录的仓库位置为 "长青路 221 号"。

在 SQLQuery 窗口中执行如下命令：

```
use 分销系统
go
update 仓库资料 set 仓库位置='长青路 221 号' where 仓库编码='001'
go
```

任务 2-37：使用 Transact-SQL 语句将供应商资料中供应商编码为 8001 的电话修改为 13302345685，传真修改为 0471-22335679。

在 SQLQuery 窗口中执行如下命令：

```
use  分销系统
go
update 供应商资料 set 电话='13302345685', 传真='0471-22335679' where 供应商编码='8001'
go
```

任务 2-38：使用 Transact-SQL 语句删除仓库资料表中仓库编码为 003 的记录。

在 SQLQuery 窗口中执行如下命令：

```
use 分销系统
go
delete from 仓库资料 where 仓库编码='003'
go
```

任务 2-39：使用 Transact-SQL 语句删除仓库资料表中剩余的两条记录。

在 SQLQuery 窗口中执行如下命令：

```
use 分销系统
go
delete from 仓库资料
go
```

任务 2-40：使用 Transact-SQL 语句给仓库资料表录入如表 2-25 所示的数据。

```
use 分销系统
go
insert into 仓库资料
values ('001','主仓库','常青路 221 号','易燃物')
go
insert 仓库资料
values ('002','报废仓','桥东路 12 号',NULL)
go
insert 仓库资料 (仓库编码,仓库名称, 仓库位置)
values ('003','辅料仓','新港东路 241 号')
go
```

任务 2-41： 使用 Transact-SQL 语句给客户资料表录入如表 2-27 所示的数据。
综合练习

```
use 分销系统
go
insert into 客户资料(客户编码,客户名称,联系人,电话,传真,地址,送货地址)
values ('9-001','春之花','王小姐','13392661234','','','中山大道西 1 号')
go
insert into 客户资料(客户编码,客户名称,联系人,电话,传真,地址,送货地址)
values ('9-012','丫丫超市','张先生','13392663344','','','五山路 46 号')
go
insert into 客户资料(客户编码,客户名称,联系人,电话,传真,地址,送货地址)
values ('9-018','乐购超市','李先生','13392666677','','','黄边路 3 号')
go
```

任务 2-42： 使用 Transact-SQL 语句修改客户资料表中客户编码为 9-001 的送货地址为"中山大道西 2 号"。

```
use 分销系统
go
update 客户资料 set 送货地址='中山大道西 2 号' where 客户编码='9-001'
go
```

任务 2-43： 使用 Transact-SQL 语句修改客户资料，使得每个客户的地址和送货地址相同。

```
use 分销系统
go
update 客户资料 set 地址=送货地址
go
```

任务 2-44： 使用 Transact-SQL 语句删除客户资料表中客户编码为 9-001 的记录。

```
use 分销系统
go
delete from 客户资料 where 客户编码='9-001'
go
```

任务 2-45： 使用 Transact-SQL 语句删除客户资料表中剩余的记录。

```
use 分销系统
go
delete from 客户资料
```

任务 2-46： 使用 Transact-SQL 语句给商品资料表录入如表 2-24 所示的数据。

```
--DELETE FROM 商品资料
use 分销系统
go
insert into 商品资料(商品编码,商品名称,规格型号,单位,主供应商编码,参考单价,备注)
values('A-001','阿一波无沙紫菜 25g','1 箱*80 包*25g','包','8001',null,'')
go
insert into 商品资料(商品编码,商品名称,规格型号,单位,主供应商编码,参考单价,备注)
values('A-002','阿一波杯装紫菜汤海鲜味','1 箱*30 杯*7g','杯','8001',null,'')
go
insert into 商品资料(商品编码,商品名称,规格型号,单位,主供应商编码,参考单价,备注)
values('A-003','阿一波杯装紫菜汤排骨味','1 箱*30 杯*7g','杯','8001',null,'')
go
insert into 商品资料(商品编码,商品名称,规格型号,单位,主供应商编码,参考单价,备注)
values('B-001','金丝猴网双喜糖','1 箱*200 袋*30g','袋','8002',null,'')
go
insert into 商品资料(商品编码,商品名称,规格型号,单位,主供应商编码,参考单价,备注)
values('B-002','金丝猴如意吉祥酥糖(罐装)','1 箱*8 罐*1068g','罐','8002',null,'')
go
insert into 商品资料(商品编码,商品名称,规格型号,单位,主供应商编码,参考单价,备注)
values('B-003','金丝猴全家福什锦礼包','1 箱*16 袋*480g','袋','8002',null,'')
go
insert into 商品资料(商品编码,商品名称,规格型号,单位,主供应商编码,参考单价,备注)
values('C-001','金丝猴纯脂牛奶巧克力(块 46g)','1 箱*12 盒*12 块*46g','块','8001',null,'')
go
insert into 商品资料(商品编码,商品名称,规格型号,单位,主供应商编码,参考单价,备注)
values('C-002','金丝猴纯脂黑巧克力(块 46g)','1 箱*12 盒*12 块*46g','块','8001',null,'')
go
insert into 商品资料(商品编码,商品名称,规格型号,单位,主供应商编码,参考单价,备注)
values('C-003','金丝猴麦莱克(200g)','1 箱*54 包*200g','包','8001',null,'')
go
--select * from 商品资料
```

任务 2-47：使用 Transact-SQL 语句给仓位资料表录入如表 2-26 所示的数据。

```
--DELETE FROM 仓位资料
use 分销系统
go
insert into 仓位资料(仓库编码,仓位编码,仓位名称,备注)
values('001','001-A','主仓库 A 区',null)
go
insert into 仓位资料(仓库编码,仓位编码,仓位名称,备注)
values('001','001-B','主仓库 B 区',null)
go
insert into 仓位资料(仓库编码,仓位编码,仓位名称,备注)
values('002','002-A','报废仓 A 区',null)
go
insert into 仓位资料(仓库编码,仓位编码,仓位名称,备注)
values('002','002-B','报废仓 B 区',null)
```

go

insert into 仓位资料(仓库编码,仓位编码,仓位名称,备注)

values('003','003-A','辅料仓 A 区',null)

go

--SELECT * FROM 仓位资料

任务 2-48：使用 Transact-SQL 语句给客户资料录入如表 2-27 所示的数据。

--DELETE FROM 客户资料

use 分销系统

go

insert into 客户资料(客户编码,客户名称,联系人,电话,传真,地址,送货地址)

values ('9-001','春之花','王小姐','13392661234','','','中山大道西 1 号')

go

insert into 客户资料(客户编码,客户名称,联系人,电话,传真,地址,送货地址)

values ('9-012','丫丫超市','张先生','13392663344','','','五山路 46 号')

go

insert into 客户资料(客户编码,客户名称,联系人,电话,传真,地址,送货地址)

values ('9-018','乐购超市','李先生','13392666677','','','黄边路 3 号')

go

--SELECT * FROM 客户资料

任务 2-49：使用 Transact-SQL 语句给期初库存录入如表 2-28 所示的数据。

--DELETE FROM 期初库存

use 分销系统

go

insert into 期初库存(仓库编码,仓位编码,商品编码,商品名称,规格型号,单位,期初数量,期初单价,期初金额,备注)

VALUES('001','001-A','A-001','阿一波无沙紫菜 25g','1 箱*80 包*25g','包',1,1,1,NULL)

go

insert into 期初库存(仓库编码,仓位编码,商品编码,商品名称,规格型号,单位,期初数量,期初单价,期初金额,备注)

VALUES('001','001-A','A-002','阿一波杯装紫菜汤海鲜味','1 箱*30 杯*7g','杯',1,1,1,NULL)

go

insert into 期初库存(仓库编码,仓位编码,商品编码,商品名称,规格型号,单位,期初数量,期初单价,期初金额,备注)

VALUES('001','001-A','A-003','阿一波杯装紫菜汤排骨味','1 箱*30 杯*7g','杯',1,1,1,NULL)

go

insert into 期初库存(仓库编码,仓位编码,商品编码,商品名称,规格型号,单位,期初数量,期初单价,期初金额,备注)

VALUES('001','001-B','B-001','金丝猴网双喜糖','1*200 袋*30g','袋',1,2,2,NULL)

go

insert into 期初库存(仓库编码,仓位编码,商品编码,商品名称,规格型号,单位,期初数量,期初单价,期初金额,备注)

VALUES('001','001-B','B-002','金丝猴如意吉祥酥糖(罐装)','1 箱*8 罐*1068g','罐',1,2,2,NULL)

go

insert into 期初库存(仓库编码,仓位编码,商品编码,商品名称,规格型号,单位,期初数量,期初单价,期初金额,备注)

VALUES('001','001-B','B-003','金丝猴全家福什锦礼包','1 箱*16 袋*480g','袋',1,1,1,NULL)

```
go
--SELECT * FROM 期初库存
```

任务 2-50：使用 Transact-SQL 语句给销售订单录入如表 2-29 所示的数据。

```
--DELETE FROM 销售订单
use 分销系统
go
insert into 销售订单(销售订单号,日期,客户编码,客户名称,联系人,联系电话,送货地址,总金额,备注)
VALUES('XS001','2014-3-20','9-001','春之花','王小姐','13392661234','中山大道西 1 号',366.50,NULL)
GO
insert into 销售订单(销售订单号,日期,客户编码,客户名称,联系人,联系电话,送货地址,总金额,备注)
VALUES('XS002','2014-3-22','9-012','丫丫超市','张先生','13392663344','五山路 46 号',458,NULL)
GO
--SELECT * FROM 销售订单
```

任务 2-51：使用 Transact-SQL 语句给销售订单明细表录入如表 2-30 所示的数据。

```
--DELETE FROM 销售订单明细表
use 分销系统
go
insert into 销售订单明细表(销售订单号,序号,商品编码,商品名称,规格型号,单位,数量,单价,金额,备注)
VALUES('XS001',1,'A-001','阿一波无沙紫菜25g','1 箱*80 包*25g','包',20,3.50,70.00,NULL)
GO
insert into 销售订单明细表(销售订单号,序号,商品编码,商品名称,规格型号,单位,数量,单价,金额,备注)
VALUES('XS001',2,'A-002','阿一波杯装紫菜汤海鲜味','1 箱*30 杯*7g','杯',80,2.60,208.00,NULL)
GO
insert into 销售订单明细表(销售订单号,序号,商品编码,商品名称,规格型号,单位,数量,单价,金额,备注)
VALUES('XS001',3,'A-003','阿一波杯装紫菜汤排骨味','1 箱*30 杯*7g','杯',30,2.20,66.00,NULL)
GO
insert into 销售订单明细表(销售订单号,序号,商品编码,商品名称,规格型号,单位,数量,单价,金额,备注)
VALUES('XS001',4,'C-001','金丝猴纯脂牛奶巧克力(块 46g)','1 箱*12 盒*12 块*46g','盒',5,4.50,22.50,NULL)
GO
insert into 销售订单明细表(销售订单号,序号,商品编码,商品名称,规格型号,单位,数量,单价,金额,备注)
VALUES('XS002',1,'C-002','金丝猴纯脂黑巧克力(块 46g)','1 箱*12 盒*12 块*46g','盒',10,6.20,62.00,NULL)
GO
insert into 销售订单明细表(销售订单号,序号,商品编码,商品名称,规格型号,单位,数量,单价,金额,备注)
VALUES('XS002',2,'A-002','阿一波杯装紫菜汤海鲜味','1 箱*30 杯*7g','杯',70,2.40,168.00,NULL)
GO
insert into 销售订单明细表(销售订单号,序号,商品编码,商品名称,规格型号,单位,数量,单价,金额,备注)
VALUES('XS002',3,'B-001','金丝猴网双喜糖','1 箱*200 袋*30g','袋',50,3.20,160.00,NULL)
```

GO

insert into 销售订单明细表(销售订单号,序号,商品编码,商品名称,规格型号,单位,数量,单价,金额,备注)

VALUES('XS002',4,'B-002','金丝猴如意吉祥酥糖(罐装)','1 箱*8 罐*1068g','罐',10,6.80,68.00,NULL)

GO

--SELECT * FROM 销售订单明细表

任务 2-52：使用 Transact-SQL 语句给采购订单录入如表 2-31 所示的数据。

--DELETE FROM 采购订单

use 分销系统

go

insert into 采购订单(采购订单号,日期,供应商编码,供应商名称,联系人,联系电话,总金额,备注)

VALUES('CG001','2014-3-10','8001','西蒙乳品股份有限公司','张三','13302345684',421.5,NULL)

GO

insert into 采购订单(采购订单号,日期,供应商编码,供应商名称,联系人,联系电话,总金额,备注)

VALUES('CG002','2014-3-12','8002','广东优品股份有限公司','李四','13602322684',215,NULL)

GO

--SELECT * FROM 采购订单

任务 2-53：使用 Transact-SQL 语句给采购订单明细表录入如表 2-32 所示的数据。

--DELETE FROM 采购订单明细表

use 分销系统

go

insert into 采购订单明细表(采购订单号,序号,商品编码,商品名称,规格型号,单位,数量,单价,金额,备注)

VALUES('CG001',1,'A-001','阿一波无沙紫菜 25g','1 箱*80 包*25g','包',20,1.5,30,NULL)

GO

insert into 采购订单明细表(采购订单号,序号,商品编码,商品名称,规格型号,单位,数量,单价,金额,备注)

VALUES('CG001',2,'A-002','阿一波杯装紫菜汤海鲜味','1 箱*30 杯*7g','杯',80,2.0,160,NULL)

GO

insert into 采购订单明细表(采购订单号,序号,商品编码,商品名称,规格型号,单位,数量,单价,金额,备注)

VALUES('CG001',3,'A-003','阿一波杯装紫菜汤排骨味','1 箱*30 杯*7g','杯',30,1.8,54,NULL)

GO

insert into 采购订单明细表(采购订单号,序号,商品编码,商品名称,规格型号,单位,数量,单价,金额,备注)

VALUES('CG001',4,'C-001','金丝猴纯脂牛奶巧克力(块 46g)','1 箱*12 盒*12 块*46g','盒',5,2.5,12.5,NULL)

GO

insert into 采购订单明细表(采购订单号,序号,商品编码,商品名称,规格型号,单位,数量,单价,金额,备注)

VALUES('CG001',5,'C-002','金丝猴纯脂黑巧克力(块46g)','1箱*12盒*12块*46g','盒',10,2.5,25,NULL)

GO

insert into 采购订单明细表(采购订单号,序号,商品编码,商品名称,规格型号,单位,数量,单价,金额,备注)

VALUES('CG001',6,'A-002','阿一波杯装紫菜汤海鲜味','1 箱*30 杯*7g','杯',70,2,140,NULL)

GO

```
insert into 采购订单明细表(采购订单号,序号,商品编码,商品名称,规格型号,单位,数量,单价,金额,备注)
VALUES('CG002',1,'B-001','金丝猴网双喜糖','1 箱*200 袋*30g','袋',50,3.20,160,NULL)
GO
insert into 采购订单明细表(采购订单号,序号,商品编码,商品名称,规格型号,单位,数量,单价,金额,备注)
VALUES('CG002',2,'B-002','金丝猴如意吉祥酥糖(罐装)','1 箱*8 罐*1068g','罐',10,5.5,55,NULL)
GO


----------出库单
```

任务 2-54：使用 Transact-SQL 语句给出库单录入如表 2-33 所示的数据。

```
--DELETE FROM 出库单
use 分销系统
go
insert into 出库单(出库单号,日期,客户编码,客户名称,联系人,联系电话,送货地址,总金额,备注)
VALUES('CK001','2014-3-20','9-001','春之花','王小姐','13392661234','中山大道西 1 号',366.50,NULL)
GO
insert into 出库单(出库单号,日期,客户编码,客户名称,联系人,联系电话,送货地址,总金额,备注)
VALUES('CK002','2014-3-22','9-012','丫丫超市','张先生','13392663344','五山路 46 号',458,NULL)
GO
--SELECT * FROM 出库单
```

任务 2-55：使用 Transact-SQL 语句给出库单明细表录入如表 2-34 所示的数据。

```
--DELETE FROM 出库单明细表
use 分销系统
go
insert into 出库单明细表(仓库编码,仓位编码,出库单号,序号,商品编码,商品名称,规格型号,单位,数量,单价,金额,备注)
VALUES('001','001-A','CK001',1,'A-001','阿一波无沙紫菜 25g','1 箱*80 包*25g','包',20,3.50,70.00,NULL)
GO
insert into 出库单明细表(仓库编码,仓位编码,出库单号,序号,商品编码,商品名称,规格型号,单位,数量,单价,金额,备注)
VALUES('001','001-A','CK001',2,'A-002','阿一波杯装紫菜汤海鲜味','1 箱*30 杯*7g','杯',80,2.60,208.00,NULL)
GO
insert into 出库单明细表(仓库编码,仓位编码,出库单号,序号,商品编码,商品名称,规格型号,单位,数量,单价,金额,备注)
VALUES('001','001-A','CK001',3,'A-003','阿一波杯装紫菜汤排骨味','1 箱*30 杯*7g','杯',30,2.20,66.00,NULL)
GO
insert into 出库单明细表(仓库编码,仓位编码,出库单号,序号,商品编码,商品名称,规格型号,单位,数量,单价,金额,备注)
VALUES('001','001-A','CK001',4,'C-001','金丝猴纯脂牛奶巧克力(块 46g)','1 箱*12 盒*12 块*46g','盒',5,4.50,22.50,NULL)
GO
insert into 出库单明细表(仓库编码,仓位编码,出库单号,序号,商品编码,商品名称,规格型号,单位,数
```

量,单价,金额,备注)

VALUES('001','001-A','CK002',1,'C-002','金丝猴纯脂黑巧克力(块 46g)','1 箱*12 盒*12 块*46g','盒',10,6.20,62.00,NULL)

GO

insert into 出库单明细表(仓库编码,仓位编码,出库单号,序号,商品编码,商品名称,规格型号,单位,数量,单价,金额,备注)

VALUES('001','001-A','CK002',2,'A-002','阿一波杯装紫菜汤海鲜味','1 箱*30 杯*7g','杯',70,2.40,168.00,NULL)

GO

insert into 出库单明细表(仓库编码,仓位编码,出库单号,序号,商品编码,商品名称,规格型号,单位,数量,单价,金额,备注)

VALUES('001','001-A','CK002',3,'B-001','金丝猴网双喜糖','1 箱*200 袋*30g','袋',50,3.20,160.00,NULL)

GO

insert into 出库单明细表(仓库编码,仓位编码,出库单号,序号,商品编码,商品名称,规格型号,单位,数量,单价,金额,备注)

VALUES('001','001-A','CK002',4,'B-002','金丝猴如意吉祥酥糖(罐装)','1 箱*8 罐*1068g','罐',10,6.80,68.00,NULL)

GO

--SELECT * FROM 出库单明细表

任务 2-56： 使用 Transact-SQL 语句给入库单录入如表 2-35 所示的数据。

--DELETE FROM 入库单

use 分销系统

go

insert into 入库单(入库单号,日期,供应商编码,供应商名称,联系人,联系电话,总金额,备注)

VALUES('RK001','2014-3-10','8001','西蒙乳品股份有限公司','张三','13302345684',421.5,NULL)

GO

insert into 入库单(入库单号,日期,供应商编码,供应商名称,联系人,联系电话,总金额,备注)

VALUES('RK002','2014-3-12','8002','广东优品股份有限公司','李四','13602322684',215,NULL)

GO

--SELECT * FROM 入库单

任务 2-57： 使用 Transact-SQL 语句给入库单明细表录入如表 2-36 所示的数据。

--DELETE FROM 入库单明细表

use 分销系统

go

insert into 入库单明细表(仓库编码,仓位编码,入库单号,序号,商品编码,商品名称,规格型号,单位,数量,单价,金额,备注)

VALUES('001','001-A','RK001',1,'A-001','阿一波无沙紫菜25g','1 箱*80 包*25g','包',20,1.5,30,NULL)

GO

insert into 入库单明细表(仓库编码,仓位编码,入库单号,序号,商品编码,商品名称,规格型号,单位,数量,单价,金额,备注)

VALUES('001','001-A','RK001',2,'A-002','阿一波杯装紫菜汤海鲜味','1 箱*30 杯*7g','杯',80,2.0,160,NULL)

GO

insert into 入库单明细表(仓库编码,仓位编码,入库单号,序号,商品编码,商品名称,规格型号,单位,数量,单价,金额,备注)

VALUES('001','001-A','RK001',3,'A-003','阿一波杯装紫菜汤排骨味','1 箱*30 杯*7g','杯',30,1.8,54,NULL)

GO

insert into 入库单明细表(仓库编码,仓位编码,入库单号,序号,商品编码,商品名称,规格型号,单位,数量,单价,金额,备注)

VALUES('001','001-A','RK001',4,'C-001','金丝猴纯脂牛奶巧克力(块 46g)','1 箱*12 盒*12 块*46g','盒',5,2.5,12.5,NULL)

GO

insert into 入库单明细表(仓库编码,仓位编码,入库单号,序号,商品编码,商品名称,规格型号,单位,数量,单价,金额,备注)

VALUES('001','001-A','RK001',5,'C-002','金丝猴纯脂黑巧克力(块 46g)','1 箱*12 盒*12 块*46g','盒',10,2.5,25,NULL)

GO

insert into 入库单明细表(仓库编码,仓位编码,入库单号,序号,商品编码,商品名称,规格型号,单位,数量,单价,金额,备注)

VALUES('001','001-A','RK001',6,'A-002','阿一波杯装紫菜汤海鲜味','1 箱*30 杯*7g','杯',70,2,140,NULL)

GO

insert into 入库单明细表(仓库编码,仓位编码,入库单号,序号,商品编码,商品名称,规格型号,单位,数量,单价,金额,备注)

VALUES('001','001-A','RK002',1,'B-001','金丝猴网双喜糖','1 箱*200 袋*30g','袋',50,3.20,160,NULL)

GO

insert into 入库单明细表(仓库编码,仓位编码,入库单号,序号,商品编码,商品名称,规格型号,单位,数量,单价,金额,备注)

VALUES('001','001-A','RK002',2,'B-002','金丝猴如意吉祥酥糖(罐装)','1 箱*8 罐*1068g','罐',10,5.5,55,NULL)

GO

任务 3

任务 3-1：查询客户资料表中所有客户的客户名称、联系人和电话。

在 SQLQuery 窗口中执行如下命令：

```
use 分销系统
go
select  客户名称,联系人,电话 from 客户资料
go
```

任务 3-2：查询客户资料表中所有客户的所有信息。

在 SQLQuery 窗口中执行如下命令：

```
use 分销系统
go
select * from  客户资料
go
```

任务 3-3：查询客户资料表中所有客户的客户编码、客户名称、电话，要求查询结果中"客户编号"列的标题为 ID、"电话"列的标题为联系电话。

在 SQLQuery 窗口中执行如下命令：

```
use 分销系统
go
select  客户编码  as ID,客户名称,电话  as  联系电话
from  客户资料
go
```

任务 3-4：查询销售订单明细表中所有记录的商品编码、商品名称，删除查询结果中的重复行。

在 SQLQuery 窗口中执行如下命令：

```
use 分销系统
go
select DISTINCT  商品编码,商品名称
from  销售订单明细表
go
```

任务 3-5：查询销售订单表中所有记录的客户名称、联系人、联系电话，只返回查询结果的前 1 行。

在 SQLQuery 窗口中执行如下命令：

```
use 分销系统
go
select TOP 1  客户名称,联系人,联系电话
from  销售订单
```

任务 3-6：查询销售订单明细表中所有记录的所有列，只返回查询结果的前 20%行。

在 SQLQuery 窗口中执行如下命令：

```
use 分销系统
go
select TOP 20 PERCENT *
from  销售订单明细表
go
```

任务 3-7：查询销售订单表中所有记录的所有列，要求在查询结果中多加一个标题为"运费"的列，运费等于总金额的 5%。

在 SQLQuery 窗口中执行如下命令：

```
use 分销系统
go
select * , 总金额*0.05 as  运费
from  销售订单
go
```

任务 3-8：查询销售订单表中所有记录的所有列，要求在查询结果中多加一个标题为"运费"的列，运费等于总金额的 5%，并将查询结果保存到一个新表"运费表"。

```
use 分销系统
go
select * , 总金额*0.05 as  运费  INTO  运费表
from  销售订单
go
```

任务 3-9：查询销售订单表中客户编码为 9-001 的记录的所有列。

在 SQLQuery 窗口中执行如下命令：

```
use 分销系统
go
select * from 销售订单
where  客户编码='9-001'
go
```

任务 3-10：查询销售订单表中总金额大于等于 400 的记录的客户名称、联系电话和总金额。

在 SQLQuery 窗口中执行如下命令：

```
use 分销系统
go
select 客户名称,联系电话,总金额 from 销售订单
where  总金额>=400
go
```

任务 3-11：查询销售订单表中客户编码为 9-012，同时总金额大于等于 400 的记录的所有列。

在 SQLQuery 窗口中执行如下命令：

```
use 分销系统
go
select * from 销售订单
where  客户编码='9-012' AND  总金额>=400
go
```

任务 3-12：查询销售订单表中客户编码为 9-001 或总金额大于等于 400 的记录的所有列。

在 SQLQuery 窗口中执行如下命令：

```
use 分销系统
go
select * from 销售订单
where  客户编码='9-001' OR  总金额>=400
go
```

任务 3-13：查询销售订单明细表中金额在 100～200 之间的记录的所有列。

在 SQLQuery 窗口中执行如下命令：

```
use 分销系统
go
select * from 销售订单明细表
where  金额  BETWEEN 100 AND 200
go
```

任务 3-14：查询销售订单明细表中金额在 100～200 之外的记录的所有列。

在 SQLQuery 窗口中执行如下命令：

```
use 分销系统
go
select * from 销售订单明细表
where  金额  NOT BETWEEN 100 AND 200
go
```

任务 3-15：查询销售订单明细表中商品编码为 A-001、B-001 和 C-001 的记录的所有列。

在 SQLQuery 窗口中执行如下命令：

```
use 分销系统
go
select * from 销售订单明细表
where 商品编码 IN ('A-001','B-001','C-001')
go
```

任务 3-16：查询客户资料表中联系人姓"王"的记录的所有列。

在 SQLQuery 窗口中执行如下命令：

```
use 分销系统
go
select * from 客户资料
where 联系人 LIKE '王%'
go
```

任务 3-17：查询客户资料表中联系人姓"王"，名字的第 2 个字为"小"或"晓"的记录的所有列。

在 SQLQuery 窗口中执行如下命令：

```
use 分销系统
go
select * from 客户资料
where 联系人 LIKE '王[小晓]%'
go
```

任务 3-18：查询仓库资料表中备注为 null 的记录的所有列。

在 SQLQuery 窗口中执行如下命令：

```
use 分销系统
go
select * from 仓库资料
where 备注 IS NULL
go
```

任务 3-19：查询销售订单明细表中所有记录，并按照金额由大到小的顺序输出。

在 SQLQuery 窗口中执行如下命令：

```
use 分销系统
go
select * from 销售订单明细表
order by 金额 desc
go
```

任务 3-20：查询销售订单明细表中所有记录，按照销售订单号由小到大、销售订单号相同时按照金额由大到小的顺序输出。

在 SQLQuery 窗口中执行如下命令：

```
use 分销系统
go
select * from 销售订单明细表
order by 销售订单号 asc,金额 desc
go
```

任务 3-21：查询销售订单明细表中销售订单号为 XS001 的记录，按照金额由大到小的顺序输出。

在 SQLQuery 窗口中执行如下命令：

```
use 分销系统
go
select * from  销售订单明细表
where  销售订单号='XS001'
order by  金额  desc
go
```

任务 3-22： 查询客户资料表中的记录数。

在 SQLQuery 窗口中执行如下命令：

```
use 分销系统
go
select count(*) as  客户数
from  客户资料
go
```

任务 3-23： 查询销售订单明细表中销售订单号为 XS001 的金额之和。

```
use 分销系统
go
select SUM(金额)
from  销售订单明细表
where  销售订单号='XS001'
go
```

任务 3-24： 查询销售订单所有记录的总金额的平均值。

```
use 分销系统
go
select AVG(总金额)
from  销售订单
go
```

任务 3-25： 查询销售订单所有记录的总金额最大值和最小值。

```
use 分销系统
go
select MAX(总金额) as  最大单, MIN(总金额) as  最小单
from  销售订单
go
```

任务 3-26： 查询销售订单中每个客户的订单数。

```
use 分销系统
go
select  客户编码, count(*) as  订单数
from  销售订单
group by  客户编码
go
```

任务 3-27： 查询销售订单中每个客户的订单总金额之和。

```
use 分销系统
go
select  客户编码, SUM(总金额) as  订单总金额
from  销售订单
```

```
group by  客户编码
    go
```

任务 3-28：查询销售订单中每个客户的订单总金额之和，从中筛选出订单总金额之和大于 400 的记录。

```
use  分销系统
    go
select  客户编码, SUM(总金额) as  订单总金额
from  销售订单
group by  客户编码
having SUM(总金额)>400
    go
```

任务 3-29：查询销售订单中 2007-01-01 以来每个客户的订单总金额之和，从中筛选出订单总金额之和大于 400 的记录。

```
use  分销系统
    go
select  客户编码, SUM(总金额) as  订单总金额
from  销售订单
where  日期>='2007-01-01'
group by  客户编码
having SUM(总金额)>400
    go
```

任务 3-30：查询销售订单明细表中有商品名称为"金丝猴网双喜糖"的客户的客户名称、联系人和联系电话。

```
use  分销系统
    go
select  客户名称,联系人,联系电话
from  销售订单
where  销售订单号  IN
(select distinct  销售订单号  from  销售订单明细表  where  商品名称='金丝猴网双喜糖')
    go
```

任务 3-31：查询销售订单明细表中没有订过商品名称为"金丝猴网双喜糖"的客户的客户名称、联系人和联系电话，销售员将把这些客户作为业务拓展对象。

注：没有订过"金丝猴网双喜糖"的客户，有可能也没有订过任何商品，所以必须从客户资料中查询。设计思路是，先查询订过"金丝猴网双喜糖"的客户，然后在客户资料中查询除了这些客户以外的记录。

```
use  分销系统
    go
select  客户名称,联系人,电话
from  客户资料
where  客户编码  NOT IN
(select distinct  客户编码  from  销售订单  where   销售订单号  IN
(select distinct  销售订单号  from  销售订单明细表  where  商品名称='金丝猴网双喜糖'))
    go
```

任务 3-32：查询销售订单表中总金额之和最高的 1 个客户的客户名称、联系人、电话和

传真，业务员将邀请这个客户出席公司年会。

```
use 分销系统
go
select 客户名称,联系人,电话,传真
from 客户资料
where 客户编码 IN
(select TOP 1 客户编码 from 销售订单
group by 客户编码 order by SUM(总金额) desc)
go
```

任务 3-33：查询销售订单表中总金额大于销售订单号为 XS001 的总金额的所有销售订单。

```
use 分销系统
go
select * from 销售订单
where 总金额>(select 总金额 from 销售订单 WHERE 销售订单号='XS001')
go
```

任务 3-34：在销售订单表中查询总金额大于客户编码为 9-001 的总金额（最大值）的所有销售订单。

```
use 分销系统
go
select * from 销售订单
where 总金额>ALL(select 总金额 from 销售订单 WHERE 客户编码='9-001')
go
```

任务 3-35：在销售订单表中查询总金额大于客户编码为 9-001 的总金额（最小值）的所有销售订单。

```
use 分销系统
go
select * from 销售订单
where 总金额>ANY(select 总金额 from 销售订单 WHERE 客户编码='9-001')
go
```

任务 3-36：查询仓位资料表的详细信息，要求有仓库编码、仓位编码、仓位名称、仓库位置 4 个字段。

注：一般情况下，2 个表是通过外键关系来连接的。在分销系统中，仓库资料和仓位资料两个表通过仓库编码建立外键关系，所以这两个表通过仓库编码来作为连接条件。

```
use 分销系统
go
select 仓位资料.仓库编码,仓位资料.仓位编码,仓位资料.仓位名称,仓库位置
from 仓位资料,仓库资料
where  仓位资料.仓库编码=仓库资料.仓库编码
go
```

任务 3-37：对仓库资料、仓位资料两个表做自然连接。

```
use 分销系统
go
select 仓位资料.*,仓库名称,仓库位置
from 仓位资料,仓库资料
```

```
where    仓位资料.仓库编码=仓库资料.仓库编码
    go
```

任务 3-38：将销售订单与销售订单明细表按照"销售订单号"做等值连接。

```
use 分销系统
    go
select a.销售订单号,a.日期,a.客户编码,a.送货地址,b.序号,商品编码,b.商品名称,b.金额
from  销售订单  a INNER JOIN  销售订单明细表  b ON a.销售订单号=b.销售订单号
    go
```

任务 3-39：查询销售订单表中总金额大于订单号为 XS001 的总金额的销售订单号、客户名称、联系电话、总金额。

```
use 分销系统
    go
select a.销售订单号,a.客户名称,a.联系电话,a.总金额
from  销售订单  a INNER JOIN  销售订单  b ON a.总金额>b.总金额
where b.销售订单号='XS001'
    go
```

任务 3-40：将销售订单表与销售订单明细表按照"销售订单号"做自然连接。

```
use 分销系统
    go
select a.日期,a.客户编码,a.客户名称,a.联系人,a.联系电话,a.送货地址,a.总金额,b.*
from  销售订单  a INNER JOIN  销售订单明细表  b ON a.销售订单号=b.销售订单号
    go
```

任务 3-41：客户资料表左外连接销售订单表。

```
use 分销系统
    go
select a.客户编码,a.客户名称,a.联系人,b.*
from 客户资料  a LEFT OUTER JOIN  销售订单  b ON a.客户名称=b.客户名称
    go
```

任务 3-42：删除销售订单的外键（客户编码），并往销售订单插入下面的一条记录。

```
use 分销系统
    go
insert  into  销售订单(销售订单号,日期,客户编码,客户名称,联系人,联系电话,送货地址,总金额,备注)
values('XS003','2008-10-01','C0002','谊家商场','赵小姐','020-85551111','天河北路号',7100,NULL)
    go
```

任务 3-43：客户资料表右外连接销售订单表。

```
use 分销系统
    go
select a.客户编码,a.客户名称,a.联系人,b.*
from 客户资料  a RIGHT OUTER JOIN  销售订单  b ON a.客户名称=b.客户名称
    go
```

任务 3-44：客户资料表全外连接销售订单表。

```
use 分销系统
    go
select a.客户编码,a.客户名称,a.联系人,b.*
from 客户资料  a FULL OUTER JOIN  销售订单  b ON a.客户名称=b.客户名称
```

```
go
```

任务 3-45：客户资料交叉连接销售订单。

```
use 分销系统
go
select a.客户编码,a.客户名称,a.联系人,b.*
from 客户资料 a CROSS JOIN 销售订单 b
go
```

任务 3-46：查询销售订单表中 2014-03-10 以来客户编码为 9-001 的订单的订单号、客户编码、客户名称、联系电话、送货地址。

注：本任务可以不用连接的方式进行查询，之所以用连接的方式，只是为了说明自连接的用法。

```
use 分销系统
go
select a.客户编码,a.客户名称,b.联系电话,b.送货地址
from 销售订单 a INNER JOIN 销售订单 b ON a.销售订单号=b.销售订单号
where a.日期>'2014-03-10' AND b.客户编码='9-001'
go
```

任务 3-47：删除销售订单表中销售订单号为 XS003 的记录。

```
use 分销系统
go
delete from   销售订单 where 销售订单号='XS003'
go
```

任务 3-48：查询销售订单明细表的销售订单号、商品编码、商品名称、数量、单价和采购订单明细表的采购订单号、商品编码、商品名称、数量、单价，并将它们通过 union 联合起来。

```
use 分销系统
go
select 销售订单号 as 单号,商品编码,商品名称,数量,单价 from 销售订单明细表
UNION
select 采购订单号 as 单号,商品编码,商品名称,数量,单价 from 采购订单明细表
go
```

任务 3-49：查询销售订单明细表的销售订单号、商品编码、商品名称、数量、单价和采购订单明细表的采购订单号、商品编码、商品名称、数量、单价，只需要商品编码为 A-001 的记录。

```
use 分销系统
go
select 销售订单号 as 单号,商品编码,商品名称,数量,单价 from 销售订单明细表
where 商品编码='A-001'
UNION
select 采购订单号 as 单号,商品编码,商品名称,数量,单价 from 采购订单明细表
where 商品编码='A-001'
go
```

任务 3-50：请使用连接查询完成任务 3-30，要求：执行结果完全一致（包括记录数量和字段数量）。

```
select 销售订单.客户名称,销售订单.联系人,联系电话
```

from 销售订单,销售订单明细表
where 销售订单.销售订单号=销售订单明细表.销售订单号 and 商品名称='金丝猴网双喜糖'

select a.客户名称,a.联系人,a.联系电话
from 销售订单 a inner join (select * from 销售订单明细表 where 商品名称='金丝猴网双喜糖') b on a.销售订单号=b.销售订单号

任务 3-51：请使用连接查询完成任务 3-31，要求：执行结果完全一致（包括记录数量和字段数量）。

select 客户名称,联系人,电话 from 客户资料 where 客户编码 not in
(select a.客户编码 from 销售订单 a inner join(select * from 销售订单明细表 where 商品名称='金丝猴网双喜糖') b
on a.销售订单号=b.销售订单号)

select c.客户名称,c.联系人,c.电话 from 客户资料 c left outer join
(select a.* from 销售订单 a inner join(select * from 销售订单明细表 where 商品名称='金丝猴网双喜糖') b
on a.销售订单号=b.销售订单号) d on c.客户编码=d.客户编码 where d.客户编码 is null

任务 3-52：使用连接查询完成任务 3-32，要求：执行结果完全一致（包括记录数量和字段数量）

select a.客户名称,a.联系人,a.电话
from 客户资料 a inner join (select top 1 客户编码 from 销售订单 group by 客户编码 order by sum (总金额) desc)b on a.客户编码=b.客户编码

select top 1 a.客户名称,a.联系人,a.电话
from 客户资料 a inner join (select 客户编码,sum (总金额) as 总金额 from 销售订单 group by 客户编码)b on a.客户编码=b.客户编码 order by b.总金额 desc

任务 3-53：使用连接查询完成任务 3-33，要求：执行结果完全一致（包括记录数量和字段数量）。

select a.* from 销售订单 a inner join 销售订单 b on a.总金额>b.总金额 where b.销售订单号='XS001'

select a.* from 销售订单 a inner join (select * from 销售订单 where 销售订单号='XS001') b on a.总金额>b.总金额

任务 3-54：使用连接查询完成任务 3-34，要求：执行结果完全一致（包括记录数量和字段数量）。

select a.* from 销售订单 a inner join (select max(总金额) as 总金额,客户编码 from 销售订单 group by 客户编码) b on a.总金额>b.总金额 WHERE b.客户编码='9-001'

select a.* from 销售订单 a inner join (select max(总金额) as 总金额 from 销售订单 WHERE 客户编码='9-001') b on a.总金额>b.总金额

任务 3-55：使用连接查询完成任务 3-35，要求：执行结果完全一致（包括记录数量和字段数量）。

select a.* from 销售订单 a inner join (select min(总金额) as 总金额,客户编码 from 销售订单 group by 客户编码) b on a.总金额>b.总金额 WHERE b.客户编码='9-001'

select a.* from 销售订单 a inner join (select min(总金额) as 总金额 from 销售订单 WHERE 客户编码='9-001') b on a.总金额>b.总金额

任务4

任务4-1：为分销系统数据库中的客户资料表创建一个唯一性非聚集索引 index_KHMC（客户名称）。

```
USE [分销系统]
GO
SET ANSI_PADDING ON
GO
CREATE UNIQUE NONCLUSTERED INDEX [index_KHMC] ON [dbo].[客户资料]
(
    [客户名称] ASC
)WITH (PAD_INDEX = OFF, STATISTICS_NORECOMPUTE = OFF, SORT_IN_TEMPDB = OFF,
IGNORE_DUP_KEY = OFF, DROP_EXISTING = OFF, ONLINE = OFF, ALLOW_ROW_LOCKS =
ON, ALLOW_PAGE_LOCKS = ON)

GO
```

任务4-2：用 Transact-SQL 语句为分销系统数据库中的供应商资料表的供应商名称创建一个唯一性非聚集索引 INDEX_GYSMC。

在 SQLQuery 窗口中执行如下命令：

```
USE 分销系统
GO
CREATE UNIQUE NONCLUSTERED INDEX INDEX_GYSMC ON   供应商资料(供应商名称)
GO
```

任务4-3：使用系统存储过程 Sp_helpindex 查看客户资料表中的索引信息。

在 SQLQuery 窗口中执行如下命令：

```
USE 分销系统
GO
exec Sp_helpindex   客户资料
GO
```

任务4-4：用 Transact-SQL 语句删除客户资料表的索引 index_KHMC。

在 SQLQuery 窗口中执行如下命令：

```
use 分销系统
go
Drop Index 客户资料.Index_KHMC
go
```

任务4-5：用 Transact-SQL 语句给销售订单表的总金额列创建索引 Index_ZJE。

在 SQLQuery 窗口中执行如下命令：

```
USE 分销系统
GO
CREATE NONCLUSTERED INDEX index_ZJE ON   销售订单(总金额)
GO
```

任务 4-6：用 Transact-SQL 语句给销售订单表的日期列创建索引 Index_RQ。

在 SQLQuery 窗口中执行如下命令：

```
USE 分销系统
GO
CREATE NONCLUSTERED INDEX index_RQ ON    销售订单(日期)
go
```

任务 4-7：为分销系统数据库创建一个视图，要求内连接销售订单表和销售订单明细表。

```
USE 分销系统
GO
CREATE VIEW [dbo].[XSMX_view]
AS
SELECT   dbo.销售订单.日期, dbo.销售订单明细表.商品名称, dbo.销售订单明细表.规格型号, dbo.
销售订单明细表.销售订单号,
          dbo.销售订单明细表.序号, dbo.销售订单明细表.单位, dbo.销售订单明细表.数量, dbo.销
售订单明细表.单价,
          dbo.销售订单明细表.金额
FROM    dbo.销售订单  INNER JOIN
          dbo.销售订单明细表 ON dbo.销售订单.销售订单号 = dbo.销售订单明细表.销售订单号
GO
```

任务 4-8：用 Transact-SQL 语句为分销系统数据库创建一个视图，要求内连接采购订单表和采购订单明细表。

在 SQLQuery 窗口中执行如下命令：

```
USE 分销系统
GO
create view CGMX_view
as
SELECT  日期,采购订单明细表. 采购订单号,序号,商品名称,规格型号,数量,单价,金额
FROM 采购订单  INNER  JOIN  采购订单明细表  ON  采购订单. 采购订单号= 采购订单明细表.
采购订单号
GO
```

任务 4-9：修改视图 XSMX_view，去掉视图中的"金额"列，新增一个由数量与单价的乘积得到的"计算金额"列。

```
USE 分销系统
GO
alter view XSMX_view
as
SELECT  销售订单.日期,销售订单明细表.销售订单号,序号,商品名称,规格型号,数量,单价,数量*单
价 as 计算金额
FROM 销售订单 INNER JOIN 销售订单明细表 ON 销售订单.销售订单号= 销售订单明细表.销
售订单号
GO
```

任务 4-10：删除视图 XSMX_view。

```
USE 分销系统
GO
Drop view XSMX_view
GO
```

任务 4-11：使用系统存储过程 SP_HELP 查看视图 CGMX_view 的基本信息。

```
USE 分销系统
GO
SP_HELP CGMX_view
GO
```

任务 4-12：使用系统存储过程 SP_HELPTEXT 查看视图 CGMX_view 的文本信息。

```
USE 分销系统
GO
SP_HELPTEXT CGMX_view
GO
```

任务 4-13：通过视图 CGMX_view 查询采购订单号为 CG001 的采购订单号、日期、商品名称、数量、单价、金额。

```
USE 分销系统
GO
select 采购订单号,日期,商品名称,数量,单价,金额 from   CGMX_view
where 采购订单号='CG001'
GO
```

任务 4-14：创建视图 SKD_view，该视图包含收款单表中的所有记录的非空列（收款单号，收款日期，收款人，应收总额，收款金额，客户编码，客户名称），然后往该视图添加一条记录。

```
USE 分销系统
go
create view SKD_view
as
select 收款单号,收款日期,收款人,应收总额,收款金额,客户编码,客户名称 from 收款单
go
insert SKD_view values ('SK001','2008-04-02','章艺谋',366.5,200,'9-001','春之花')
go
```

任务 4-15：通过视图 SKD_view 修改收款单号为 SK001 的收款金额为 300。

```
USE 分销系统
go
UPDATE SKD_view set 收款金额=300
where 收款单号='SK001'
go
```

任务 4-16：通过视图 SKD_view 删除收款单中收款人为"章艺谋"的收款记录。

```
USE 分销系统
go
delete from   SKD_view
where 收款人='章艺谋'
go
```

任务 4-17：为商品核对人员创建一个视图，视图名为 CCHD_view，包括出库单明细表的列（商品编码，商品名称，规格型号，单位，数量）。

```
USE 分销系统
GO
create view CCHD_view
```

as
SELECT 商品编码,商品名称,规格型号,单位,数量
FROM 出库单明细表
go

任务 5

任务 5-1：创建不带参数的存储过程 Proc_kcxx1，查询仓库编码为 001 的期初库存记录。

在 SQLQuery 窗口中执行如下命令：

```
USE 分销系统
GO
CREATE PROCEDURE Proc_kcxx1
As
    select 仓库编码,仓位编码,商品编码,商品名称,单位,期初数量,期初金额
    from 期初库存
where 仓库编码='001'
```

任务 5-2：执行存储过程 Proc_kcxx1。

在 SQLQuery 窗口中执行如下命令：

```
USE 分销系统
GO
EXEC Proc_kcxx1
GO
```

任务 5-3：创建带参数的存储过程 Proc_kcxx2。对任务 5-1 的存储过程进行改造，改成带一个参数"仓库编码"，可以查询指定仓库编码的期初库存记录。

注：在 SQL 中，所有的变量都是以@开头，而以@@开头的则是系统变量。

在 SQLQuery 窗口中执行如下命令：

```
CREATE PROCEDURE Proc_kcxx2
(@ckbm varchar(20))
As
    Select 仓库编码,仓位编码,商品编码,商品名称,单位,期初数量,期初金额
    from 期初库存
where 仓库编码=@ckbm
GO
```

任务 5-4：执行存储过程 Proc_kcxx2,查询仓库编码为 001 的期初库存信息。

在 SQLQuery 窗口中执行如下命令：

```
EXEC Proc_kcxx2 '001'
```

任务 5-5：创建带有多个输入参数并有默认值的存储过程 Proc_kcxx3。对任务 5-2 的存储过程进行改造，改成带两个参数"仓库编码"和"商品名称"，可以查询指定仓库编码和商品名称的期初库存记录，其中参数"仓库编码"默认值为 001。

在 SQLQuery 窗口中执行如下命令：

```
CREATE PROCEDURE Proc_kcxx3
(@spmc varchar(50), @ckbm varchar(20)= '001')
As
```

```
Select 仓库编码,仓位编码,商品编码,商品名称,单位,期初数量,期初金额
from 期初库存
    where 仓库编码=@ckbm and 商品名称=@spmc
```

任务 5-6：执行存储过程 Proc_kcxx3，查询仓库编码为 001，商品名称为"阿一波无沙紫菜 25g"的期初库存信息。

注：执行带多个参数的存储过程时，参数值直接用逗号隔开。对于带有默认值的参数，可以省略，当省略的情况下，该参数取默认值。

在 SQLQuery 窗口中执行如下命令：

```
EXEC Proc_kcxx3 '阿一波无沙紫菜 25g','001'
--由于在定义存储过程时为参数"仓库编码"指定了默认值 001，所以本任务在执行存储过程时可
以不为有默认值的参数"仓库编码"提供值。下面是另外两种写法，这 3 个语句效果上是等同的
EXEC Proc_kcxx3   '阿一波无沙紫菜 25g'
--或者
EXEC Proc_kcxx3 @spmc='阿一波无沙紫菜 25g'
```

任务 5-7：创建存储过程 Proc_kcxx_update，把期初库存中指定的记录（商品名称，仓库编码）更新为：期初金额＝期初数量×期初单价。

注：在存储过程中，不但可以写查询语句，还可以写其他的 SQL 语句，如插入、更新、删除数据的语句。

在 SQLQuery 窗口中执行如下命令：

```
CREATE PROCEDURE Proc_kcxx_update
@spmc varchar(50),@ckbm varchar(20)='001'
As
    Update 期初库存 set 期初金额=期初数量*期初单价
        where 仓库编码=@ckbm and 商品名称=@spmc
```

任务 5-8：执行存储过程 Proc_kcxx_update，将所有商品名称为"阿一波无沙紫菜 25g"且仓库编码为 001 的期初库存中的期初金额重新计算。

在 SQLQuery 窗口中执行如下命令：

```
EXEC Proc_kcxx_update '阿一波无沙紫菜 25g','001'
```

任务 5-9：将入库单明细表的商品单价（特定供应商供应商品）统一更新为某个指定价格。

注：下面的代码使用游标来实现任务 5-9 的功能。其实现思路为，首先将指定供应商对应的商品放入游标，然后从游标中一个个取出商品编码，根据商品编码更新相应的入库单明细表单价。本任务也可以不用游标来完成，之所以用游标，只是为了说明游标的用法。

在 SQLQuery 窗口中执行如下命令（"--"符号后面是注释）：

```
CREATE PROCEDURE Proc_rkdj_update
@gysbm varchar(20),@dj numeric(12,2)
--参数@gysbm 是指定的供应商编码；@dj 是指定的单价，为 2 位小数的数字类型
As
declare @spbm    varchar(20)
--定义一个变量名@spbm 用来从游标中读出数据
DECLARE crusor_spbm CURSOR FOR
    SELECT distinct 商品编码 FROM 入库单 a left outer join 入库单明细表 b on a.入库单号 = b.入库单号 where a.供应商编码=@gysbm
--这里定义一个名字为 crusor_spbm 的游标，并且从入库单中找到该指定供应商供应的所有商品编
```

码，存进游标中。Distinct 关键字用来去掉重复的商品编码值

```
     open crusor_spbm
```
--打开游标 crusor_spbm
```
          fetch next from crusor_spbm into @spbm
```
--从游标 crusor_spbm 里面读出一个商品编码，并赋值给变量@spbm
```
          while @@fetch_status=0
```
--建立一个 while 循环，当@@fetch_status＝0 时，即游标还没有到最后一行数据时，继续循环体的
执行
```
          BEGIN
```
--循环体开始
```
          update 入库单明细表 set 单价=@dj where 商品编码=@spbm
```
--将商品编码＝@spbm 的单价设置为指定单价
```
              Fetch next from crusor_spbm into @spbm
```
--将游标中下一个商品编码值赋值给@spbm，并且游标往下走一行
```
          END
```
--循环结束
```
     CLOSE crusor_spbm
```
--关闭游标 crusor_spbm
```
DEALLOCATE crusor_spbm
```
--释放游标 crusor_spbm

任务 5-10：执行存储过程 Proc_rkdj_update，将供应商编码为 8002 所提供的所有商品的入库单明细表单价统一更新为 3.3 元。

```
EXEC Proc_rkdj_update   '8002' , 3.3
```

任务 5-11：创建存储过程，更新指定入库单号的指定商品编码的单价为指定价格，并更新金额，同时也要更新该入库单主表的总金额。

注：本任务中有 3 个更新的操作：更新入库单明细表单价、更新入库单明细表金额、更新入库单的总金额，这 3 个操作具有一致性，即或者同时执行，或者同时不执行。可以通过事务来实现。其中"金额=数量*单价*(单价/单价)"，"(单价/单价)"当单价为非 0 时，等于 1；当单价为 0 时，零除出错。加上这个是为了说明事务对于出错的回滚操作。

在 SQLQuery 窗口中执行如下命令（"--"符号后面是注释）：

```
create PROCEDURE [dbo].[Proc_rkje_update]
@rkdh varchar(20),@spbm varchar(20),@dj numeric(12,2)
```
--参数@rkdh 是指定的入库单号；@spbm 为指定的商品编码；@dj 是指定的单价，为 2 位小数的数字类型
```
As
declare @i int
set @i=0
begin transaction
```
--定义事务开始
```
update 入库单明细表 set 单价=@dj where 入库单号=@rkdh and 商品编码=@spbm
set @i=@i+@@ERROR
```
--"(单价/单价)"当单价为非 0 时，等于 1；当单价为 0 时，出错。加上这个是为了说明事务对于出错的回滚操作
```
update 入库单明细表 set 金额=数量*单价*(单价/单价) where 入库单号=@rkdh and 商品编码
```

```
=@spbm
set @i=@i+@@ERROR

update 入库单 set 总金额=(select sum(金额) as zje from 入库单明细表 where 入库单号=@rkdh)
where 入库单号=@rkdh
set @i=@i+@@ERROR

If @i <> 0
--当@@Error <> 0，即上面 3 个 update 语句有出错时，回滚事务到初始阶段
    BEGIN
            ROLLBACK TRANSACTION
    END
ELSE
--否则，即上面 3 个 update 语句都成功执行时，提交事务完成所有操作
    BEGIN
            COMMIT TRANSACTION
    END
```

任务 5-12：执行此存储过程，将入库单号为 RK001，商品编码为 A-001 的单价改为 1.45 元，并相应更改金额和总金额。

注：前面 2 个 select 语句为执行存储过程前的数据，后面 2 个 select 语句为执行存储过程后的数据，方便对比前后的变化，本任务是 Proc_rkje_update 的事务执行成功的例子。

在 SQLQuery 窗口中执行如下命令：

```
Select * from   入库单
Select * from 入库单明细表
EXEC Proc_rkje_update   'RK001','A-001',1.45
Select * from   入库单
Select * from 入库单明细表
```

任务 5-13：执行存储过程 Proc_rkje_update，将入库单号为 RK001，商品编码为 A-001 的单价改为 0 元，并相应更改金额和总金额。

注：前面 2 个 select 语句为执行存储过程前的数据，后面 2 个语句 select 为执行存储过程后的数据，方便对比前后的变化，本任务是 Proc_rkje_update 的事务执行失败回滚的例子。

在 SQLQuery 窗口中执行如下命令：

```
Select * from   入库单
Select * from 入库单明细表
EXEC Proc_rkje_update   'RK001','A-001',0
Select * from   入库单
Select * from 入库单明细表
```

任务 5-14：创建一个简单的库存计算存储过程 pro_kcjs，有 4 个参数：仓库编码、仓位编码、商品编码、商品名称，通过该存储过程可以查询对应的库存信息。

```
create proc [dbo].[pro_kcjs](
@ckbh varchar(100) ='%%',
@cw varchar(100)= '%%',
@spbm varchar(100)='%%',
@spmc varchar(100)= '%%' )
```

```
as
create table #kc
(
ckbh varchar(100),
cw varchar(100),
spbm    varchar(100),
spmc    varchar(100),
sl      numeric(12,2)
)

declare @wherestr as varchar(5000)
declare @sqlstr as varchar(8000)
--产生 where 条件
set @wherestr = ' where  仓库编码  like ''' + @ckbh + ''' and  仓位编码  like ''' + @cw + ''' and  商品编码
like ''' + @spbm + ''' and  商品名称  like ''' + @spmc + ''''

--将期初库存插入临时表
--产生字符串
set @sqlstr = 'insert into #kc(ckbh,cw,spbm,spmc,sl) select  仓库编码,仓位编码,商品编码,商品名称,期
初数量  from  期初库存 ' + @wherestr
--执行字符串
print @sqlstr
exec (@sqlstr)
--将期初库存插入临时表结束

--将入库单插入临时表
--产生字符串
set @sqlstr = 'insert into #kc(ckbh,cw,spbm,spmc,sl) select  仓库编码,仓位编码,商品编码,商品名称,数
量  from  入库单明细表 ' + @wherestr
--执行字符串
exec (@sqlstr)
--将入库单插入临时表结束

--将出库单插入临时表
--产生字符串
set @sqlstr = 'insert into #kc(ckbh,cw,spbm,spmc,sl) select  仓库编码,仓位编码,商品编码,商品名称,-数
量  as  数量  from  出库单明细表 ' + @wherestr
--执行字符串
exec (@sqlstr)
--将出库单插入临时表结束

--将调拨单插入临时表
--产生字符串
set @sqlstr = 'insert into #kc(ckbh,cw,spbm,spmc,sl) select  仓库编码,仓位编码,商品编码,商品名称,数
量  from (select  调出仓库编码  as  仓库编码,调出仓位编码  as  仓位编码,商品编码,商品名称,-调拨
数量  as  数量  from  调拨单  dbd left outer join  调拨单明细表  dbdmxb on dbd.调拨单号=dbdmxb.调
```

拨单号 union all select 调入仓库编码 as 仓库编码,调入仓位编码 as 仓位编码,商品编码,商品名称,调拨数量 as 数量 from 调拨单 dbd left outer join 调拨单明细表 dbdmxb on dbd.调拨单号 =dbdmxb. 调拨单号) a ' + @wherestr
--执行字符串
exec (@sqlstr)
--将调拨单插入临时表结束

--将报废单插入临时表
--产生字符串
set @sqlstr = 'insert into #kc(ckbh,cw,spbm,spmc,sl) select 仓库编码,仓位编码,商品编码,商品名称,-报废数量 as 数量 from 报废单明细表 ' + @wherestr
--执行字符串
exec (@sqlstr)
--将报废单插入临时表结束

--将库存汇总计算
select ckbh as 仓库编码,cw as 仓位,spbm as 商品编码,spmc as 商品名称,sum(sl) as 数量 from #kc group by ckbh,cw,spbm,spmc

任务 5-15：执行存储过程 pro_kcjs 计算库存。

Exec pro_kcjs

任务 5-16：创建一个简单的应付款计算存储过程 pro_yfk。有 2 个参数：供应商编码、供应商名称，通过该存储过程可以查询对应的应付账款。

注：本任务是用一个非常笨的方法来计算应付账款，在实际应用系统中，采用的应付账款计算将比这个复杂得多。这里只是为了说明一个应付账款计算的思路。

```
--求应付款的简单存储过程
create proc pro_yfk(
@gysbm varchar(100)='%%',
@gysmc varchar(100)= '%%' )
as
create table #yfk
(
gysbm varchar(100),
gysmc varchar(100),
je     numeric(12,2),
)

declare @wherestr as varchar(5000)
declare @sqlstr as varchar(8000)
--产生 where 条件
set @wherestr = ' where 供应商编码 like ''' + @gysbm + ''' and 供应商名称 like ''' + @gysmc + ''''
--将入库单明细插入临时表
--产生字符串

set @sqlstr ='insert into #yfk(gysbm,gysmc,je) select 供应商编码,供应商名称,金额 from 入库单 left outer join 入库单明细表 b on a.入库单号=b.入库单号 ' + @wherestr
```

```
--执行字符串
print 1
exec (@sqlstr)
--将入库单插入临时表结束
print 2


--将付款单插入临时表
--产生字符串
set @sqlstr = 'insert into #yfk(gysbm,gysmc,je) select 供应商编码,供应商名称,-付款金额  from 付款
单' + @wherestr
--执行字符串
exec (@sqlstr)
--将付款单插入临时表结束


--将应付款汇总计算
select gysbm as  供应商编码,gysmc as  供应商名称,sum(je) as  金额  from #yfk group by gysbm,gysmc
```

任务 5-17：执行存储过程 pro_yfk 计算应付款。

```
Exec pro_yfk
```

任务 5-18：创建一个简单的应收款计算存储过程 pro_ysk。有 2 个参数：客户编码、客户名称，通过该存储过程可以查询对应的应收账款。

注：本任务是用一个非常笨的方法来计算应收账款，在实际应用系统中，采用的应收账款计算将比这个复杂得多。这里只是为了说明一个应收账款计算的思路。

```
--求应收款的简单存储过程
Create proc pro_ysk(
@khbm varchar(100)='%%',
@khmc varchar(100)= '%%' )
as
create table #ysk
(
khbm varchar(100),
khmc varchar(100),
je    numeric(12,2),
)


declare @wherestr as varchar(5000)
declare @sqlstr as varchar(8000)
--产生 where 条件
set @wherestr =' where  客户编码  like '" + @khbm + '" and  客户名称  like '" + @khmc + '"


--将出库单明细插入临时表
--产生字符串
set @sqlstr = 'insert into #ysk(khbm,khmc,je) select 客户编码,客户名称,金额  from 出库单  a left
outer join  出库单明细表  b on a.出库单号=b.出库单号 ' + @wherestr
--执行字符串
exec (@sqlstr)
```

--将出库单插入临时表结束

--将收款单插入临时表
--产生字符串
set @sqlstr = 'insert into #ysk(khbm,khmc,je) select 客户编码,客户名称,-收款金额 from 收款单' + @wherestr
--执行字符串
exec (@sqlstr)
--将收款单插入临时表结束

--将应收款汇总计算
select khbm as 客户编码,khmc as 客户名称,sum(je) as 金额 from #ysk group by khbm,khmc

任务 5-19：执行存储过程 pro_ysk 计算应收款。

Exec pro_ysk

任务 6

任务 6-1：给采购订单明细表创建一个触发器，限制该表中的数量字段不能大于 1000，避免过度采购：

```
Create TRIGGER TRI_check_cgmx
ON 采购订单明细表
FOR INSERT,UPDATE
AS
If (select 数量 from inserted)>1000
Begin
PRINT '采购数量超出上限，操作失败！'
Rollback
end
GO
```

任务 6-2：往采购订单明细表插入一条数据，检验前面的触发器执行情况。

```
Use 分销系统
GO
insert into 采购订单明细表(采购订单号,序号,商品编码,商品名称,规格型号,单位,数量,单价,金额)
values ('CG002',3,'B-001','金丝猴网双喜糖','1 箱*200 袋*30g','袋',1200,8,9600)
```

任务 6-3：创建带有提示信息的触发器。当用户在期初库存表中插入数据时，产生一条提示信息。

在 SQLQuery 窗口中执行如下命令：

```
Use 分销系统
GO
Create TRIGGER TRI_insert_qckc
on 期初库存
FOR INSERT
AS
PRINT '在期初库存表中插入了数据！'
```

```
GO
```

任务 6-4：往期初库存表中插入一条数据，验证任务 6-3 的触发器执行情况。

```
Use 分销系统
GO
insert into 期初库存
  (仓库编码,仓位编码,商品编码,商品名称,规格型号,单位,期初数量,期初单价,期初金额)
  values ('001','001-A' ,'A-001' ,'阿一波无沙紫菜 25g' ,'1 箱*80 包*25g ' ,'包' ,15 ,10,150)
GO
```

任务 6-5：创建限制取值范围约束的触发器。限制期初库存表中的期初数量和期初单价必须是大于 0 的数字。

在 SQLQuery 窗口中执行如下命令：

```
Use 分销系统
GO
Create TRIGGER TRI_check_qckc
ON 期初库存
FOR INSERT,UPDATE
AS
If exists(select * from inserted where isnull(期初数量,0)<0 or isnull(期初单价,0)<0)
Begin
PRINT '期初数量或期初单价不能为负数，更改失败！'
Rollback
End
GO
```

任务 6-6：往期初库存表中插入一条数据，验证任务 6-5 的触发器执行情况。

```
Use 分销系统
GO
insert into 期初库存
  (仓库编码,仓位编码,商品编码,商品名称,规格型号,单位,期初数量,期初单价,期初金额)
  values ('001','001-A' ,'A-001' ,'阿一波无沙紫菜 25g' ,'1 箱*80 包*25g ' ,'包' ,-15 ,10,-150)
GO
```

任务 6-7：为收款单创建一个 instead of 触发器，当新插入记录中收款金额小于应收总额时，备注内容自动填写为"未收讫"；而收款金额等于应收总额时，备注内容自动填写为"已收讫"。

在 SQLQuery 窗口中执行如下命令：

```
Use 分销系统
GO
Create TRIGGER TRI_SKD_BZ
ON 收款单
INSTEAD OF INSERT
AS
begin
  insert into 收款单 select * from inserted
  update 收款单 set 备注='未收讫' where  收款金额<应收总额  and (收款单号 in (select 收款单号 from inserted ))
  update 收款单 set 备注='已收讫' where  收款金额=应收总额  and (收款单号 in (select 收款单
```

```
号 from inserted ))
end
GO
```

任务 6-8：往收款单表中插入 2 条数据，验证任务 6-7 的触发器执行情况。

```
USE 分销系统
GO
insert 收款单 values ('SK001','2008-04-09','汪清凌','9-001','春之花', 366.50,366.50,NULL)
GO
insert 收款单 values ('SK002','2008-05-20','李铭','9-012','丫丫超市', 458.00,300,NULL)
GO
select * from 收款单
```

任务 6-9：使用系统存储过程 sp_help 查看触发器 TRI_check_cgmx 的所有者和创建时间。

在 SQLQuery 窗口中执行如下命令：

```
Use 分销系统
GO
sp_help TRI_check_cgmx
GO
```

任务 6-10：使用系统存储过程 sp_helptext 查看触发器 TRI_check_cgmx 的源代码。

在 SQLQuery 窗口中执行如下命令：

```
Use 分销系统
GO
sp_helptext TRI_check_cgmx
GO
```

任务 6-11：使用系统存储过程 sp_helptrigger 查看期初库存表的触发器清单。

在 SQLQuery 窗口中执行如下命令：

```
Use 分销系统
GO
sp_helptrigger 期初库存
GO
```

任务 6-12：修改触发器 TRI_check_cgmx 的定义，将采购订单明细表的数量字段的上限修改为 1200。

在 SQLQuery 窗口中执行如下命令：

```
Use 分销系统
GO
ALTER TRIGGER TRI_check_cgmx
ON 采购订单明细表
FOR INSERT,UPDATE
AS
If (select 数量 from inserted)>1200
Begin
PRINT '采购数量超出上限，操作失败！'
Rollback
end
GO
```

任务 6-13：删除触发器 TRI_insert_qckc。

在 SQLQuery 窗口中执行如下命令：

```
Use 分销系统
GO
drop trigger TRI_insert_qckc
GO
```

任务 6-14：创建用于保护分销系统数据库中的数据表不被删除的触发器。

在 SQLQuery 窗口中执行如下命令：

```
Use 分销系统
GO
create trigger disable_table_dropping
on database
for drop_table
as
begin
  raiserror('分销系统数据表不能被删除',16,10)
  rollback
end
GO
```

任务 6-15：删除付款单表，验证任务 6-14 的触发器执行情况。

在 SQLQuery 窗口中执行如下命令：

```
Use 分销系统
GO
drop table  付款单
GO
```

任务 6-16：为期初库存表创建一个触发器，保证插入新记录、更改期初数量或更改期初单价后期初金额都会而自动更新为期初数量和期初单价的乘积。

--对此触发器可以做如下分析：如果期初单价或者期初数量字段有更改，则将期初库存中序号与 Inserted 表中序号对应的记录的期初金额按公式"期初金额=期初单价*期初数量"计算后进行更新。

在 SQLQuery 窗口中执行如下命令：

```
Use 分销系统
GO
create trigger   TRI_update_qckc
on  期初库存  for insert,update
as
if update (期初单价) or update (期初数量)
Update 期初库存  set 期初金额=isnull(期初单价,0)*(isnull(期初数量,0)) where 序号 in ( select 序号 from inserted )
GO
```

任务 6-17：往期初库存表中插入一条记录，验证任务 6-16 的触发器执行情况。

```
Use 分销系统
GO
insert into  期初库存
```

```
(仓库编码,仓位编码,商品编码,商品名称,规格型号,单位,期初数量,期初单价,期初金额)
values ('001','001-A' ,'A-001' ,'阿一波无沙紫菜 25g' ,'1 箱*80 包*25g ' ,'包' ,35 ,1,350)
  go
  select * from  期初库存
GO
```

任务 6-18：为销售订单明细表创建一个触发器，无论该表的新增、修改或删除记录都能保证记录中的金额为数量和单价的乘积，同时其相应的销售订单主表中的总金额也能保持准确。

--对此触发器可以做如下分析：先在销售订单明细表中更新 Inserted 表中涉及的记录的金额字段，然后在销售订单表中更新 Inserted 表中涉及的销售订单号的总金额字段，还要注意兼顾删除记录的情况，在销售订单表中更新 Deleted 表中涉及的销售订单号的总金额字段。

在 SQLQuery 窗口中执行如下命令：

```
Use 分销系统
GO
create trigger   TRI_xsddmxb
on 销售订单明细表  for insert,update,delete
as
begin
  Update 销售订单明细表  set 金额=isnull(单价,0)*(isnull(数量,0))
    where 销售订单号+cast(序号  as  varchar(10))  in (select 销售订单号+cast(序号  as  varchar(10))
from inserted )
  --------------
    update 销售订单  set 总金额=a.总金额
    from
    (select 销售订单号, sum(金额) as 总金额  from 销售订单明细表  group by 销售订单号) a
      where 销售订单.销售订单号=a.销售订单号  and 销售订单.销售订单号  in (select 销售订单号
from inserted)


    --------------
    update 销售订单  set 总金额=a.总金额
    from
    (select 销售订单号, sum(金额) as 总金额  from 销售订单明细表  group by 销售订单号) a
      where 销售订单.销售订单号=a.销售订单号  and 销售订单.销售订单号  in (select 销售订单号
from deleted)
end
GO
```

任务 6-19：往期初库存插入 2 条记录，验证任务 6-18 的触发器执行情况。

```
Use 分销系统
GO
insert 销售订单明细表
(序号,销售订单号,商品编码,商品名称,规格型号,单位,数量,单价,金额)
values (5,'XS001','A-001','阿一波无沙紫菜 25g','1 箱*80 包*25g','包',10,3.5,20)
GO
insert 销售订单明细表
(序号,销售订单号,商品编码,商品名称,规格型号,单位,数量,单价,金额)
values (5,'XS002', 'A-001','阿一波无沙紫菜 25g','1 箱*80 包*25g','包',20,3.5,20)
```

```
GO
select * from  销售订单明细表
GO
select * from  销售订单
GO
```

任务 6-20：为销售订单明细表创建一个触发器，当某个销售订单对应的所有明细记录全部被删除后，把该销售订单记录也一并删除。

--此触发器可以做如下分析：使用 After 触发器，当销售订单明细表记录被删除时，若某销售订单号已经不存在于销售订单明细表但存在于 Deleted 表中，那么拥有该销售订单号的明细记录是刚被删除掉的，这时，只需要再在销售订单表中删除拥有该销售订单号的记录即可。

在 SQLQuery 窗口中执行如下命令：

```
Use 分销系统
GO
create trigger   TRI_del_xsdd
on 销售订单明细表  for   delete
as
begin
delete 销售订单  where  销售订单号  in
    (select distinct  销售订单号 from inserted
        where  销售订单号  not in
            (select distinct  销售订单号  from  销售订单明细表))
End
GO
```

任务 6-21：为销售订单表创建一个触发器，当某个销售订单记录被删除时，其对应的所有明细记录也全部同时删除掉。

此触发器可以做如下分析：从销售订单明细表中删除销售订单号存在于 Deleted 表中的记录。

在 SQLQuery 窗口中执行如下命令：

```
Use 分销系统
GO
create trigger   TRI_del_xsddmx
on 销售订单  for   delete
as
begin
delete 销售订单明细表  where  销售订单号  in
    (select distinct  销售订单号  from deleted )
End
GO
```

任务 6-22：删除销售订单明细表的数据，验证任务 6-20，任务 6-21 的触发器执行情况。

```
Use 分销系统
GO
delete   from   销售订单明细表
GO
```

任务 7

任务 7-1：为用户 Victoria 创建一个 SQL Server 登录名，没有指定密码或默认数据库。

在 SQLQuery 窗口中执行如下命令：

```
Use 分销系统
GO
EXEC sp_addlogin  'Victoria'
GO
```

任务 7-2：将分销系统数据库设置为用户 Victoria 的默认数据库。

在 SQLQuery 窗口中执行如下命令：

```
Use 分销系统
GO
EXEC sp_defaultdb 'Victoria',  '分销系统'
GO
```

任务 7-3：将 Victoria 的登录密码改为 coffee。

在 SQLQuery 窗口中执行如下命令：

```
Use 分销系统
GO
EXEC sp_password '', 'coffee' ,'Victoria'
GO
```

任务 7-4：删除用户 Victoria 的登录条目。

在 SQLQuery 窗口中执行如下命令：

```
Use 分销系统
GO
DROP LOGIN Victoria
GO
```

任务 7-5：添加一个登录名 dba，其密码为 123456，默认连接到的数据库为"分销系统"。

在 SQLQuery 窗口中执行如下命令：

```
use 分销系统
GO
create login dba with password='123456', default_database=分销系统
GO
```

任务 7-6：为分销系统数据库添加一个用户 USER_TEST（对应登录名[dba]），并将 db_owner 的角色赋予给该用户。

在 SQLQuery 窗口中执行如下命令：

```
use 分销系统
GO
create user USER_TEST for login dba with default_schema=dbo
GO
exec sp_addrolemember 'db_owner', 'USER_TEST'
GO
```

任务 7-7：为分销系统数据库作一个完整备份到 D 盘，备份文件名为"分销管理系统_备份"。

在 SQLQuery 窗口中执行如下命令：

```
use 分销系统
GO
BACKUP DATABASE 分销系统 TO  DISK ='D:\分销管理系统_备份'
GO
```

任务 7-8：将任务 7-7 的备份文件还原为"分销管理系统_NEW"。

在 SQLQuery 窗口中执行如下命令：

```
use 分销系统
GO
RESTORE DATABASE 分销管理系统_NEW
    FROM DISK = 'D:\分销管理系统_备份'
    WITH MOVE '分销系统' TO 'D:\分销管理系统.mdf',
    MOVE '分销系统_log' TO 'D:\分销管理系统_1.ldf',
STATS = 10, REPLACE
GO
```

任务 7-9：分离数据库"分销管理系统_NEW"。

在 SQLQuery 窗口中执行如下命令：

```
use 分销系统
GO
EXEC sp_detach_db @dbname = '分销管理系统_NEW'
GO
```

任务 7-10：将任务 7-9 分离的数据库文件附加为"分销管理系统"。

在 SQLQuery 窗口中执行如下命令：

```
EXEC sp_attach_db @dbname = '分销管理系统',
@filename1 = 'D:\分销管理系统.mdf',
@filename2= 'D:\分销管理系统_1.ldf'
GO
```

作业　学生成绩管理系统

本作业是设计一个简单的学生成绩管理系统，从需求分析到建模，数据库建立、表的创建、数据的插入、数据的修改、数据的查询、索引、视图、存储过程、触发器、安全管理等，构成一个完整的过程，供读者课外练习用。需要注意的是，所有的练习任务，都有可能用多种不同的 SQL 语句来实现，难度也会比分销系统的稍大一些。在教学安排上，可将本作业分解为课后的练习，也可在教学后段作为一个完整的项目练习来完成。

一、学生成绩管理系统的需求分析

1. 学生成绩管理系统简介

学生成绩管理系统主要应用于教育系统，包括学生管理、课程管理、成绩管理等功能。提供教师成绩录入、学生成绩查询等功能，是校园信息化建设的重要组成部分。

2. 学生成绩管理系统总体结构

简单的学生成绩管理系统主要包括教师档案、学生档案、课程档案、成绩表等。附图-1是典型学生成绩管理系统的结构图。

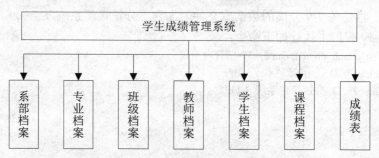

附图-1　学生成绩管理系统结构图

3. 功能描述

● 系部档案（附表-1）。

系部档案用来存储学校所有的系部信息，包括系部名称、系部地址、电话、联系人等。

附表-1　系部档案

系部档案	
系部编码：05	系部名称：　应用设计系
联系人：　　张三凤	电话：　　　020-88888888
办公室地址：艺术楼302	
备注：	

● 专业档案（附表-2）。

专业档案用来存储学校所有的专业信息，包括专业名称、专业简介、学分等等。

附表-2 专业档案

专业档案		
专业编码： 173	专业名称：	经济信息管理
系部： 05		
专业简介：		
学分要求：		
证书要求：		
备注：		

● 班级档案（附表-3）。

班级档案用来存储学校所有的班级信息，包括班级名称、专业编码、系部编码等。

附表-3 班级档案

班级档案		
系部编码：05	专业编码：	173
年级：2012 级	班级编码：	2012051731
班级名称：2012 经济信息管理 1 班		
学生人数： 40		
备注：		

● 教师档案（附表-4）。

教师档案用来存储学校所有的教师信息，包括教师姓名、职称、专长、系部等。

附表-4 教师档案

教师档案	
教师编码：201003	姓名： 李四
系部：05	职称：讲师
专长：数据库	
备注：	

- 学生档案（附表-5）。

学生档案用来存储学校所有的学生信息，包括学生姓名、学号、班级等。

附表-5 学生档案

学生档案

学号：201205173101	姓名： 吴天
系部：05	专业：173
年级：2012	班级：2012051731
性别：女	
备注：	

- 课程档案（附表-6）。

课程档案用来存储学校所有的课程信息，包括课程名称、系部、课程性质、学分等。

附表-6 课程档案

课程档案

课程编码：0013	课程名称： 数据库应用
系部：05	学分：4
课程性质：必修课	
备注：	

- 成绩表（附表-7）。

成绩表用来存储学校所有的成绩信息，包括学号、课程编码、成绩、教师编码等。

附表-7 成绩表

成绩表

学号：201205173101	课程编码：0013
教师编码：201003	成绩：80
备注：	

二、学生成绩管理系统数据库建模分析

数据库建模指的是对现实世界各类数据的抽象组织，确定数据库需管辖的范围、数据的组织形式等直至转化成现实的数据库。即将经过系统分析后抽象出来的概念模型转化为物理模型后，用 Visio 或 PowerDesigner 等工具建立数据库实体以及各实体之间关系的过程（实体一般是表）。

在数据库建模时，一般根据现有的表格，对其中的数据进行分析，同时要兼顾数据库设计范式，一般设计出来的数据库模型起码要符合 2NF 以上才算是合格的关系数据库。

1. 数据库模型图

附图-2 是用 Visio 建立的数据库模型图。

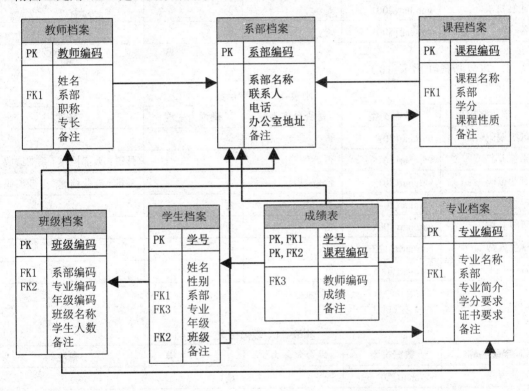

附图-2 学生成绩管理系统数据库模型图

2. 系部档案（附表-8）

附表-8 系部档案

字段名称	数据类型	是否允许为空	是否为主键	备注
系部编码	varchar(20)	否	是	
系部名称	varchar(100)	否	否	
联系人	varchar(20)	否	否	
电话	varchar(50)	否	否	
办公室地址	varchar(200)	否	否	
备注	varchar(500)	是	否	

3. 专业档案（附表-9）

附表-9 专业档案

字段名称	数据类型	是否允许为空	是否为主键	备注
专业编码	varchar(20)	否	是	
专业名称	varchar(100)	否	否	
系部	varchar(20)	否	否	外键：系部档案（系部编码）
专业简介	varchar(1000)	否	否	
学分要求	varchar(200)	否	否	
证书要求	varchar(200)	是	否	
备注	varchar(500)	是	否	

4. 班级档案（附表-10）

附表-10 班级档案

字段名称	数据类型	是否允许为空	是否为主键	备注
班级编码	varchar(20)	否	是	
系部编码	varchar(20)	否	否	外键：系部档案（系部编码）
专业编码	varchar(20)	否	否	外键：专业档案（专业编码）
年级	varchar(20)	否	否	
班级名称	varchar(100)	否	否	
学生人数	Numeric(12,0)	是	否	
备注	varchar(500)	是	否	

5. 教师档案（附表-11）

附表-11 教师档案

字段名称	数据类型	是否允许为空	是否为主键	备注
教师编码	varchar(20)	否	是	
姓名	varchar(100)	否	否	
系部	varchar(20)	否	否	外键：系部档案（系部编码）
职称	varchar(20)	是	否	
专长	varchar(200)	是	否	
备注	varchar(500)	是	否	

6. 学生档案（附表-12）

附表-12 学生档案

字段名称	数据类型	是否允许为空	是否为主键	备注
学号	varchar(20)	否	是	
姓名	varchar(20)	否	否	

续表

字段名称	数据类型	是否允许为空	是否为主键	备注
性别	varchar(2)	否	否	
系部	varchar(20)	否	否	外键：系部档案（系部编码）
专业	varchar(20)	否	否	外键：专业档案（专业编码）
年级	varchar(20)	否	否	
班级	varchar(20)	否	否	外键：班级档案（班级编码）
备注	varchar(500)	是	否	

7. 课程档案（附表-13）

附表-13 课程档案

字段名称	数据类型	是否允许为空	是否为主键	备注
课程编码	varchar(20)	否	是	
课程名称	varchar(100)	否	否	
系部	varchar(20)	否	否	外键：系部档案（系部编码）
学分	Numeric(12,0)	否	否	
课程性质	varchar(200)	是	否	
备注	varchar(500)	是	否	

8. 成绩表（附表-14）

附表-14 成绩表

字段名称	数据类型	是否允许为空	是否为主键	备注
学号	varchar(20)	否	组合主键	外键：学生档案（学号）
课程编码	varchar(20)	否		外键：课程档案（课程编码）
教师编码	varchar(20)	否	否	外键：教师档案（教师编码）
成绩	Numeric(12,0)	否	否	
备注	varchar(500)	是	否	

三、学生成绩管理系统数据库的创建

练习 3-1：创建一个数据库"学生成绩管理系统"，该数据库的主数据文件的逻辑名称是"学生成绩管理系统_DATA"，操作系统文件是"学生成绩管理系统_DATA.MDF"，大小是15MB，最大是 30MB，以 20%的速度增加；该数据库的日志文件的逻辑名称是"学生成绩管理系统_LOG"，操作系统文件是"学生成绩管理系统_LOG.LDF"，大小是 3MB，最大是 10MB，以 1MB 的速度增加。

四、学生成绩管理系统表的创建与维护

1. 创建表

练习 4-1：参考附表-8 用 Transact-SQL 创建系部档案。

练习 4-2：参考附表-9 用 Transact-SQL 创建专业档案。

练习 4-3：参考附表-10 用 Transact-SQL 创建班级档案。

练习 4-4：参考附表-11 用 Transact-SQL 创建教师档案。

练习 4-5：参考附表-12 用 Transact-SQL 创建学生档案。

练习 4-6：参考附表-13 用 Transact-SQL 创建课程档案。

练习 4-7：参考附表-14 用 Transact-SQL 创建成绩表。

2. 表的数据

附表-15 至附表-21 是学生成绩管理系统表的部分数据。

附表-15 系部档案

系部编码	系部名称	联系人	电话	办公室地址	备注
01	外语系	余海	020-22334455	行政楼 302	
05	应用设计系	王丽	020-34556677	艺术楼 302	

附表-16 专业档案

专业编码	专业名称	系部	专业简介	学分要求	证书要求	备注
173	经济信息管理	05	经济信息管理	118 分，必修 90，限选 10，任选 18	双证书：会计类，计算机类证书+英语证书	
051	计算机应用	05	计算机应用	118 分，必修 90，限选 10，任选 18	双证书：计算机类证书+英语证书	
021	商务英语	01	商务英语	128 分，必修 100，限选 10，任选 18	双证书：第二外语+英语证书	

附表-17 班级档案

班级编码	系部编码	专业编码	年级	班级名称	学生人数	备注
2012051731	05	173	2012	2012 经济信息管理 1 班	40	
2012051732	05	173	2012	2012 经济信息管理 2 班	40	
2013050511	05	051	2013	2013 计算机应用 1 班	33	
2013010211	01	021	2013	2013 商务英语 1 班	44	

附表-18 教师档案

教师编码	姓名	系部	职称	专长	备注
201007	杨二	05	副教授	数据库，软件工程	
201008	萧晓	05	讲师	经济学	
201009	吴天	01	教授	口语	

附表-19 学生档案

学号	姓名	性别	系部	专业	年级	班级	备注
201205173101	陈小而	男	05	173	2012	2012051731	
201205173102	罗小妹	女	05	173	2012	2012051731	

续表

学号	姓名	性别	系部	专业	年级	班级	备注
201205173103	巫明星	男	05	173	2012	2012051731	
201205173201	阳一夜	男	05	173	2012	2012051732	
201205173202	徐小玲	女	05	173	2012	2012051732	
201205173203	王舞阳	男	05	173	2012	2012051732	
201305051101	林励志	男	05	051	2013	2013050511	
201305051102	涂晓阳	女	05	051	2013	2013050511	
201305051103	于海	男	05	051	2013	2013050511	
201301021101	舞天姬	男	01	021	2013	2013010211	
201301021102	李武一	女	01	021	2013	2013010211	
201301021103	余骸	男	01	021	2013	2013010211	

附表-20 课程档案

课程编码	课程名称	系部	学分	课程性质	备注
0013	数据库应用	05	4	必修课	
0005	商务英语写作	01	5	必修	

附表-21 成绩表

学号	课程编码	教师编码	成绩	备注
201205173101	0013	201007	55	
201205173102	0013	201007	78	
201205173103	0013	201007	90	
201205173201	0013	201007	76	
201205173202	0013	201007	90	
201205173203	0013	201007	67	
201305051101	0013	201007	99	
201305051102	0013	201007	67	
201305051103	0013	201007	67	
201301021101	0005	201009	56	
201301021102	0005	201009	78	
201301021103	0005	201009	60	

3. 插入数据

练习 4-8：使用 SQL Server Management Studio 给系部档案录入附表-15 所示数据。

练习 4-9：使用 SQL Server Management Studio 给专业档案录入附表-16 所示数据。

练习 4-10：使用 SQL Server Management Studio 给班级档案录入附表-17 所示数据。

练习 4-11：使用 SQL Server Management Studio 给教师档案录入附表-18 所示数据。

练习 4-12：使用 SQL Server Management Studio 给学生档案录入附表-19 所示数据。

练习 4-13：使用 SQL Server Management Studio 给课程档案录入附表-20 所示数据。

练习 4-14：使用 SQL Server Management Studio 给成绩表录入附表-21 所示数据。

练习 4-15：修改"陈小而"的"数据库应用"成绩为 60 分。

练习 4-16：修改"商务英语"专业的"证书要求"为"英语六级"。

练习 4-17：修改"萧晓"的职称为"副教授"。

练习 4-18：修改成绩表中成绩大于等于 90 的备注为"优秀"，小于 60 的为"不及格"。

五、对学生成绩管理系统数据库进行查询操作

练习 5-1：查询出陈小而的所有成绩，要求输出学号、姓名、专业、课程名称、成绩字段。具体结果如附图-3 所示。

	学号	姓名	专业	课程名称	成绩
1	201205173101	陈小而	经济信息管理	数据库应用	60

附图-3

练习 5-2：查询统计出 2012 经济信息管理 1 班的每门成绩的最高分、最低分和平均分。要求输出班级名称、课程名称、最高分、最低分和平均分。具体结果如附图-4 所示。

	班级名称	课程名称	最高分	最低分	平均分
1	2012经济信息管理1班	数据库应用	90	60	76.000000

附图-4

练习 5-3：查询出每门课程的最高分，最低分和平均分。要求输出课程名称，最高分，最低分和平均分。具体结果如附图-5 所示。

	课程名称	最高分	最低分	平均分
1	商务英语写作	78	56	64.666666
2	数据库应用	99	60	77.111111

附图-5

练习 5-4：查询出成绩表的所有成绩，要求输出学号、姓名、专业、班级、课程名称、成绩字段，按专业、课程名称、学号由大到小顺序排序。具体结果如附图-6 所示。

练习 5-5：查询出"数据库应用"课程每个班的最高分、最低分和平均分。要求输出班级名称、课程名称、最高分、最低分和平均分。具体结果如附图-7 所示。

练习 5-6：查询出成绩表的前 5 名（按成绩从大到小），要求输出学号、姓名、专业、级、课程名称、成绩字段，按成绩由大到小顺序排序。具体结果如附图-8 所示。

练习 5-7：查询出所有不及格的成绩。要求输出学号、姓名、专业、班级、课程名称、成绩、并按专业由大到小、课程名称由大到小、学号由小到大顺序排序。具体结果如附图-9 所示。

	学号	姓名	专业	班级	课程名称	成绩
1	201301021101	舞天姬	商务英语	2013商务英语1班	商务英语写作	56
2	201301021102	李武一	商务英语	2013商务英语1班	商务英语写作	78
3	201301021103	余骸	商务英语	2013商务英语1班	商务英语写作	60
4	201205173101	陈小而	经济信息管理	2012经济信息管理1班	数据库应用	60
5	201205173102	罗小妹	经济信息管理	2012经济信息管理1班	数据库应用	78
6	201205173103	巫明星	经济信息管理	2012经济信息管理1班	数据库应用	90
7	201205173201	阳一夜	经济信息管理	2012经济信息管理2班	数据库应用	76
8	201205173202	徐小玲	经济信息管理	2012经济信息管理2班	数据库应用	90
9	201205173203	王舞阳	经济信息管理	2012经济信息管理2班	数据库应用	67
10	201305051101	林励志	计算机应用	2013计算机应用1班	数据库应用	99
11	201305051102	涂晓阳	计算机应用	2013计算机应用1班	数据库应用	67
12	201305051103	于海	计算机应用	2013计算机应用1班	数据库应用	67

附图-6

	班级名称	课程名称	最高分	最低分	平均分
1	2012经济信息管理1班	数据库应用	90	60	76.000000
2	2012经济信息管理2班	数据库应用	90	67	77.666666
3	2013计算机应用1班	数据库应用	99	67	77.666666

附图-7

	学号	姓名	专业	班级	课程名称	成绩
1	201305051101	林励志	计算机应用	2013计算机应用1班	数据库应用	99
2	201205173103	巫明星	经济信息管理	2012经济信息管理1班	数据库应用	90
3	201205173202	徐小玲	经济信息管理	2012经济信息管理2班	数据库应用	90
4	201301021102	李武一	商务英语	2013商务英语1班	商务英语写作	78
5	201205173102	罗小妹	经济信息管理	2012经济信息管理1班	数据库应用	78

附图-8

	学号	姓名	专业	班级	课程名称	成绩
1	201301021101	舞天姬	商务英语	2013商务英语1班	商务英语写作	56

附图-9

练习 5-8：查询出所有达到优秀（大于等于 90 分）的成绩。要求输出学号、姓名、专业、班级、课程名称、成绩，并按专业由大到小、课程名称由大到小、学号由小到大顺序排序。具体结果如附图-10 所示。

	学号	姓名	专业	班级	课程名称	成绩
1	201205173103	巫明星	经济信息管理	2012经济信息管理1班	数据库应用	90
2	201205173202	徐小玲	经济信息管理	2012经济信息管理2班	数据库应用	90
3	201305051101	林励志	计算机应用	2013计算机应用1班	数据库应用	99

附图-10

练习 5-9：查询出参加"数据库应用"考试的总人数。要求输出课程名称，人数。具体结果如附图-11 所示。

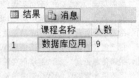

	课程名称	人数
1	数据库应用	9

附图-11

练习 5-10：查询出每个学生已经获得的总学分（不及格不算学分）。要求输出学号，姓名，总学分。具体结果如附图-12 所示。

	学号	姓名	总学分
1	201205173101	陈小而	4
2	201205173102	罗小妹	4
3	201205173103	巫明星	4
4	201205173201	阳一夜	4
5	201205173202	徐小玲	4
6	201205173203	王舞阳	4
7	201301021102	李武一	5
8	201301021103	余骸	5
9	201305051101	林励志	4
10	201305051102	涂晓阳	4
11	201305051103	于海	4

附图-12

六、学生成绩管理系统数据库索引和视图的设计

练习 6-1：用 Transact-SQL 语句给成绩表的成绩列创建索引 Index_CJ。

练习 6-2：用 Transact-SQL 语句给成绩表的学号列创建索引 Index_XH。

练习 6-3：用 Transact-SQL 语句给成绩表的课程编码列创建索引 Index_KCBM。

练习 6-4：建立一个视图 VIEW_CJ1，视图内容为 2012 经济信息管理 1 班的数据库应用成绩，要求输出班级、学号、姓名、课程名称、成绩字段。具体结果如附图-13 所示。

	班级	学号	姓名	课程名称	成绩
1	2012经济信息管理1班	201205173101	陈小而	数据库应用	60
2	2012经济信息管理1班	201205173102	罗小妹	数据库应用	78
3	2012经济信息管理1班	201205173103	巫明星	数据库应用	90

附图-13

练习 6-5：建立一个视图 VIEW_CJ2，视图内容为数据库应用课程所有的成绩，要求输出班级、学号、姓名、课程名称、成绩字段。具体结果如附图-14 所示。

练习 6-6：建立一个视图 VIEW_CJ3，视图内容为数据库应用课程所有不及格的成绩，要求输出班级、学号、姓名、课程名称、成绩字段。具体结果如附图-15 所示。

附图-14

附图-15

练习 6-7：建立一个视图 VIEW_CJ4，视图内容为商务英语写作课程的所有成绩，要求输出班级、学号、姓名、课程名称、成绩字段。具体结果如附图-16 所示。

	班级	学号	姓名	课程名称	成绩
1	2013商务英语1班	201301021101	舞天姬	商务英语写作	56
2	2013商务英语1班	201301021103	余骸	商务英语写作	60
3	2013商务英语1班	201301021102	李武一	商务英语写作	78

附图-16

练习 6-8：建立一个视图 VIEW_CJ5，视图内容为商务英语写作课程的所有不及格成绩，要求输出班级、学号、姓名、课程名称、成绩字段。具体结果如附图-17 所示。

	班级	学号	姓名	课程名称	成绩
1	2013商务英语1班	201301021101	舞天姬	商务英语写作	56

附图-17

七、学生成绩管理系统数据库存储过程的规划与设计

练习 7-1：创建不带参数的存储过程 Proc_cj1，查询出陈小而的所有成绩，要求输出学号、姓名、专业、课程名称、成绩字段。执行该存储过程，具体结果如附图-18 所示。

	学号	姓名	专业	课程名称	成绩
1	201205173101	陈小而	经济信息管理	数据库应用	60

附图-18

练习 7-2：创建带参数的存储过程 Proc_cj2，带有 1 个参数姓名，可以查询出指定学生的

所有成绩，要求输出学号、姓名、专业、课程名称、成绩字段。执行该存储过程查询舞天姬的所有成绩，具体结果如附图-19所示。

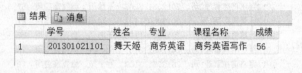

附图-19

练习 7-3：创建带 2 个参数的存储过程 Proc_cj3，2 个参数分别是班级和课程名称，可以查询出指定班级指定课程的所有成绩，要求输出学号、姓名、专业、课程名称、成绩字段。执行该存储过程，查询 2012 经济信息管理 1 班的数据库应用的所有成绩，具体结果如附图-20所示。

	学号	姓名	专业	课程名称	成绩
1	201205173101	陈小而	经济信息管理	数据库应用	60
2	201205173102	罗小妹	经济信息管理	数据库应用	78
3	201205173103	巫明星	经济信息管理	数据库应用	90

附图-20

练习 7-4：创建带 2 个参数且有默认值的存储过程 Proc_cj4，2 个参数分别是班级和课程名称，其中班级参数有默认值 2012 经济信息管理 2 班，可以查询出指定班级指定课程的所有成绩，要求输出学号、姓名、专业、课程名称、成绩字段。使用默认值执行该存储过程，查询 2012 经济信息管理 2 班的数据库应用的所有成绩，具体结果如附图-21所示。

	学号	姓名	专业	课程名称	成绩
1	201205173201	阳一夜	经济信息管理	数据库应用	76
2	201205173202	徐小玲	经济信息管理	数据库应用	90
3	201205173203	王舞阳	经济信息管理	数据库应用	67

附图-21

八、学生成绩管理系统数据库触发器的规划与设计

练习 8-1：给成绩表创建一个触发器，触发器名字 tri_cjb_cj，限制该表中的成绩字段只能是 0～100 的数字，以免成绩无意义。

练习 8-2：给成绩表创建一个 instead of 触发器，触发器名字 tri_cjb_bz，当成绩小于 60 时，自动修改备注为"不及格"。

练习 8-3：创建一个 DDL 触发器，触发器名字 tri_disable_tabledrop，保护"学生成绩管理系统"数据库中的表不被删除。

九、学生成绩管理系统数据库安全管理与维护

练习 9-1：为用户 Victoria 创建一个 SQL Server 登录名，没有指定密码或默认数据库。

练习 9-2：将"学生成绩管理系统"设置为用户 Victoria 的默认数据库。

练习 9-3：将 Victoria 的登录密码改为 123456。

练习 9-4：删除用户 Victoria 的登录名。

练习 9-5：添加一个登录名 db，其密码为 123456，默认连接到的数据库为"学生成绩管理系统"。

练习 9-6：为数据库"学生成绩管理系统"添加一个用户 USER_TEST（对应登录名[db]），并将 db_owner 的角色赋予给该用户。

练习 9-7：为数据库"学生成绩管理系统"作一个完整备份到 D 盘，备份文件名为"学生成绩管理系统_备份"。

练习 9-8：将练习 9-7 的备份文件还原为"学生成绩管理系统_NEW"。

练习 9-9：分离数据库"学生成绩管理系统_NEW"。

练习 9-10：将练习 9-9 分离的数据库文件附加为"学生成绩管理系统_NEW"。

作业答案

为了方便读者学习，附上本书作业的答案，但希望读者能够尽量不看答案，先自己动手做一做，因为做一次比看一百次的效果都要好。而且对于一个项目的实现，实现的方法也不是唯一的，所以读者不必拘泥于答案，尽可能开放思维解决问题。当读者能独立完成这个系统，可以说已经掌握了数据库的基本知识了。

练习 3-1：创建一个数据库"学生成绩管理系统"，该数据库的主数据文件的逻辑名称是"学生成绩管理系统_DATA"，操作系统文件是"学生成绩管理系统_DATA.MDF"，大小是15MB，最大是 30MB，以 20%的速度增加；该数据库的日志文件的逻辑名称是"学生成绩管理系统_LOG"，操作系统文件是"学生成绩管理系统_LOG.LDF"，大小是 3MB，最大是 10MB，以 1MB 的速度增加。

注：以下代码的前提是硬盘上存在目录 e:\yxl\，或者将 e:\yxl\改成一个已经存在的目录，否则将不能成功执行。

```
CREATE DATABASE  学生成绩管理系统
ON
    PRIMARY (NAME = 学生成绩管理系统_data,
    FILENAME='e:\yxl\学生成绩管理系统_data.mdf',
SIZE = 15MB,
    MAXSIZE = 30MB,
    FILEGROWTH=20%)
LOG ON
    (NAME = 学生成绩管理系统_log,
    FILENAME = 'e:\yxl\学生成绩管理系统_log.ldf',
    SIZE = 3MB,
    MAXSIZE = 10MB,
    FILEGROWTH = 1MB)
```

练习 4-1：参考附表-8 用 Transact-SQL 创建系部档案。

```
USE 学生成绩管理系统
GO
```

```
CREATE TABLE 系部档案
(
系部编码 varchar(20) NOT NULL PRIMARY KEY,
系部名称 varchar(100) NOT NULL,
联系人 varchar(20) NOT NULL,
电话 varchar(50) NOT NULL,
办公室地址 varchar(200) NOT NULL,
备注 varchar(500) NULL
)

GO
```

练习 4-2：参考附表-9 用 Transact-SQL 创建专业档案。

```
USE 学生成绩管理系统
GO
CREATE TABLE 专业档案
(
专业编码 varchar(20) NOT NULL PRIMARY KEY,
专业名称 varchar(100) NOT NULL,
系部 varchar(20) NOT NULL FOREIGN KEY REFERENCES 系部档案(系部编码),
专业简介 varchar(1000) NOT NULL,
学分要求 varchar(200) NOT NULL,
证书要求 varchar(200) NULL,
备注 varchar(500) NULL
)

GO
```

练习 4-3：参考附表-10 用 Transact-SQL 创建班级档案。

```
USE 学生成绩管理系统
GO
CREATE TABLE 班级档案
(
班级编码 varchar(20) NOT NULL PRIMARY KEY,
系部编码 varchar(20) NOT NULL FOREIGN KEY REFERENCES 系部档案(系部编码),
专业编码 varchar(20) NOT NULL FOREIGN KEY REFERENCES 专业档案(专业编码),
年级 varchar(20) NOT NULL,
班级名称 varchar(100) NOT NULL,
学生人数 Numeric(12,0) NULL,
备注 varchar(500) NULL
)

GO
```

练习 4-4：参考附表-11 用 Transact-SQL 创建教师档案。

```
USE 学生成绩管理系统
GO
CREATE TABLE 教师档案
(
```

```
教师编码  varchar(20) NOT NULL PRIMARY KEY,
姓名  varchar(100) NOT NULL,
系部  varchar(20) NOT NULL FOREIGN KEY REFERENCES  系部档案(系部编码),
职称  varchar(20) NULL,
专长  varchar(200) NULL,
备注  varchar(500) NULL


)
```

练习 4-5：参考附表-12 用 Transact-SQL 创建学生档案。

```
USE  学生成绩管理系统
GO
CREATE TABLE  学生档案
(
学号  varchar(20) NOT NULL PRIMARY KEY,
姓名  varchar(20) NOT NULL,
性别  varchar(2) NOT NULL,
系部  varchar(20) NOT NULL FOREIGN KEY REFERENCES  系部档案(系部编码),
专业  varchar(20) NOT NULL FOREIGN KEY REFERENCES  专业档案(专业编码),
年级  varchar(20) NOT NULL ,
班级  varchar(20) NOT NULL FOREIGN KEY REFERENCES  班级档案(班级编码),
备注  varchar(500) NULL


)
```

练习 4-6：参考附表-13 用 Transact-SQL 创建课程档案。

```
USE  学生成绩管理系统
GO
CREATE TABLE  课程档案
(
课程编码  varchar(20) NOT NULL PRIMARY KEY,
课程名称  varchar(100) NOT NULL,
系部  varchar(20) NOT NULL FOREIGN KEY REFERENCES  系部档案(系部编码),
学分  Numeric(12,0) NOT NULL,
课程性质  varchar(200) NULL,
备注  varchar(500) NULL


)
```

练习 4-7：参考附表-14 用 Transact-SQL 创建成绩表。

```
USE  学生成绩管理系统
GO
CREATE TABLE  成绩表
(
学号  varchar(20) NOT NULL FOREIGN KEY REFERENCES  学生档案(学号),
课程编码  varchar(20) NOT NULL FOREIGN KEY REFERENCES  课程档案(课程编码),
教师编码  varchar(20) NOT NULL FOREIGN KEY REFERENCES  教师档案(教师编码),
成绩  Numeric(12,0) NOT NULL,
备注  varchar(500) NULL,
```

```
primary key(学号,课程编码)
)
```

练习 4-8：使用 SQL Server Management Studio 给系部档案录入附表-15 所示数据。

insert into 系部档案(系部编码,系部名称,联系人,电话,办公室地址,备注)

values('01','外语系','余海','020-22334455','行政楼 302',null)

go

insert into 系部档案(系部编码,系部名称,联系人,电话,办公室地址,备注)

values('05','应用设计系',   '王丽',   '020-34556677',   '艺术楼 302',null)

go

练习 4-9：使用 SQL Server Management Studio 给专业档案录入附表-16 所示数据。

insert into 专业档案(专业编码,专业名称,系部,专业简介,学分要求,证书要求,备注)

values('173',   '经济信息管理',   '05',   '经济信息管理'   ,'118 分，必修 90，限选 10，任选 18',   '双证书：会计类，计算机类证书+英语证书',null)

go

insert into 专业档案(专业编码,专业名称,系部,专业简介,学分要求,证书要求,备注)

values('051',   '计算机应用'   ,'05'   ,'计算机应用'   ,'118 分,必修 90,限选 10,任选 18',   '双证书：计算机类证书+英语证书',null)

go

insert into 专业档案(专业编码,专业名称,系部,专业简介,学分要求,证书要求,备注)

values('021',   '商务英语',   '01'   ,'商务英语',   '128 分，必修 100，限选 10，任选 18'   ,'双证书：第二外语+英语证书',null)

练习 4-10：使用 SQL Server Management Studio 给班级档案录入附表-17 所示数据。

insert into 班级档案(班级编码,系部编码,专业编码,年级,班级名称,学生人数,备注)

values('2012051731','05','173','2012','2012 经济信息管理 1 班',40,null)

go

insert into 班级档案(班级编码,系部编码,专业编码,年级,班级名称,学生人数,备注)

values('2012051732','05','173','2012','2012 经济信息管理 2 班',40,null)

go

insert into 班级档案(班级编码,系部编码,专业编码,年级,班级名称,学生人数,备注)

values('2013050511','05','051','2013','2013 计算机应用 1 班',33,null)

go

insert into 班级档案(班级编码,系部编码,专业编码,年级,班级名称,学生人数,备注)

values('2013010211','01','021','2013','2013 商务英语 1 班',44,null)

练习 4-11：使用 SQL Server Management Studio 给教师档案录入附表-18 所示数据。

insert into 教师档案(教师编码,姓名,系部,职称,专长,备注)

values('201007','杨二','05','副教授','数据库，软件工程',null)

go

insert into 教师档案(教师编码,姓名,系部,职称,专长,备注)

values('201008','萧晓','05','讲师','经济学',null)

go

insert into 教师档案(教师编码,姓名,系部,职称,专长,备注)

values('201009','吴天','01','教授','口语',null)

练习 4-12：使用 SQL Server Management Studio 给学生档案录入附表-19 所示数据。

insert into 学生档案(学号,姓名,性别,系部,专业,年级,班级,备注)

values('201205173101','陈小而','男','05','173','2012','2012051731',null)

go
insert into 学生档案(学号,姓名,性别,系部,专业,年级,班级,备注)
values('201205173102','罗小妹','女','05','173','2012','2012051731',null)
go
insert into 学生档案(学号,姓名,性别,系部,专业,年级,班级,备注)
values('201205173103','巫明星','男','05','173','2012','2012051731',null)
go
insert into 学生档案(学号,姓名,性别,系部,专业,年级,班级,备注)
values('201205173201','阳一夜','男','05','173','2012','2012051732',null)
go
insert into 学生档案(学号,姓名,性别,系部,专业,年级,班级,备注)
values('201205173202','徐小玲','女','05','173','2012','2012051732',null)
go
insert into 学生档案(学号,姓名,性别,系部,专业,年级,班级,备注)
values('201205173203','王舞阳','男','05','173','2012','2012051732',null)
go
insert into 学生档案(学号,姓名,性别,系部,专业,年级,班级,备注)
values('201305051101','林励志','男','05','051','2013','2013050511',null)
go
insert into 学生档案(学号,姓名,性别,系部,专业,年级,班级,备注)
values('201305051102','涂晓阳','女','05','051','2013','2013050511',null)
go
insert into 学生档案(学号,姓名,性别,系部,专业,年级,班级,备注)
values('201305051103','于海','男','05','051','2013','2013050511',null)
go
insert into 学生档案(学号,姓名,性别,系部,专业,年级,班级,备注)
values('201301021101','舞天姬','男','01','021','2013','2013010211',null)
go
insert into 学生档案(学号,姓名,性别,系部,专业,年级,班级,备注)
values('201301021102','李武一','女','01','021','2013','2013010211',null)
go
insert into 学生档案(学号,姓名,性别,系部,专业,年级,班级,备注)
values('201301021103','余骸','男','01','021','2013','2013010211',null)

练习 4-13：使用 SQL Server Management Studio 给课程档案录入附表-20 所示数据。
insert into 课程档案(课程编码,课程名称,系部,学分,课程性质)
values('0013','数据库应用','05',4,'必修课')
go
insert into 课程档案(课程编码,课程名称,系部,学分,课程性质)
values('0005','商务英语写作','01',5,'必修')

练习 4-14：使用 SQL Server Management Studio 给成绩表录入附表-21 所示数据。
go
insert into 成绩表(学号,课程编码,教师编码,成绩)
values('201205173101','0013','201007',55)
go
insert into 成绩表(学号,课程编码,教师编码,成绩)
values('201205173102','0013','201007',78)

```
go
insert into 成绩表(学号,课程编码,教师编码,成绩)
values('201205173103','0013','201007',90)
go
insert into 成绩表(学号,课程编码,教师编码,成绩)
values('201205173201','0013','201007',76)
go
insert into 成绩表(学号,课程编码,教师编码,成绩)
values('201205173202','0013','201007',90)
go
insert into 成绩表(学号,课程编码,教师编码,成绩)
values('201205173203','0013','201007',67)
go
insert into 成绩表(学号,课程编码,教师编码,成绩)
values('201305051101','0013','201007',99)
go
insert into 成绩表(学号,课程编码,教师编码,成绩)
values('201305051102','0013','201007',67)
go
insert into 成绩表(学号,课程编码,教师编码,成绩)
values('201305051103','0013','201007',67)
go
insert into 成绩表(学号,课程编码,教师编码,成绩)
values('201301021101','0005','201009',56)
go
insert into 成绩表(学号,课程编码,教师编码,成绩)
values('201301021102','0005','201009',78)
go
insert into 成绩表(学号,课程编码,教师编码,成绩)
values('201301021103','0005','201009',60)
```

练习 4-15：修改"陈小而"的"数据库应用"成绩为 60 分。

```
update 成绩表 set 成绩=60 where 学号=(select 学号 from 学生档案 where 姓名='陈小而') and
课程编码=(select 课程编码 from 课程档案 where 课程名称='数据库应用')
```

练习 4-16：修改"商务英语"专业的"证书要求"为"英语六级"。

```
update 专业档案 set 证书要求='英语六级' where 专业名称='商务英语'
```

练习 4-17：修改"萧晓"的职称为"副教授"。

```
update 教师档案 set 职称='副教授' where 姓名='萧晓'
```

练习 4-18：修改成绩表中成绩大于等于 90 分的备注为"优秀",小于 60 分的为"不及格"。

```
update 成绩表 set 备注='优秀' where 成绩>=90
update 成绩表 set 备注='不及格' where 成绩<60
```

练习 5-1：查询出陈小而的所有成绩,要求输出学号、姓名、专业、课程名称、成绩字段。具体结果如附图-3 所示。

```
select a.学号,姓名,专业名称 as 专业,课程名称,成绩 from 学生档案 a,专业档案 b,课程档案 c,成
绩表 d where a.专业=b.专业编码 and a.学号=d.学号
and c.课程编码=d.课程编码 and 姓名='陈小而'
```

练习 5-2：查询统计出 2012 经济信息管理 1 班的每门成绩的最高分、最低分和平均分。要求输出班级名称、课程名称、最高分、最低分和平均分。具体结果如附图-4 所示。

select 班级名称,课程名称,max(成绩) as 最高分,min(成绩) as 最低分,avg(成绩) as 平均分 from 学生档案 a,班级档案 b,课程档案 c,成绩表 d

where a.班级=b.班级编码 and a.学号=d.学号 and c.课程编码=d.课程编码 and b.班级名称='2012 经济信息管理 1 班' group by 班级名称,课程名称

练习 5-3：查询出每门课程的最高分、最低分和平均分。要求输出课程名称、最高分、最低分和平均分。具体结果如附图-5 所示。

select 课程名称,max(成绩) as 最高分,min(成绩) as 最低分,avg(成绩) as 平均分 from 课程档案 c,成绩表 d

where c.课程编码=d.课程编码 group by 课程名称

练习 5-4：查询出成绩表的所有成绩，要求输出学号、姓名、专业、班级、课程名称、成绩字段，按专业由大到小、课程名称由大到小、学号由小到大顺序排序。具体结果如附图-6 所示。

select a.学号,姓名,专业名称 as 专业,班级名称 as 班级,课程名称,成绩 from 学生档案 a,专业档案 b,课程档案 c,成绩表 d,班级档案 e where a.专业=b.专业编码 and a.学号=d.学号

and c.课程编码=d.课程编码 and a.班级=e.班级编码 order by 专业名称 desc, 课程名称 desc,学号

练习 5-5：查询出"数据库应用"课程每个班的最高分、最低分和平均分。要求输出班级名称、课程名称、最高分、最低分和平均分。具体结果如附图-7 所示。

select 班级名称,课程名称,max(成绩) as 最高分,min(成绩) as 最低分,avg(成绩) as 平均分 from 学生档案 a,班级档案 b,课程档案 c,成绩表 d

where c.课程编码=d.课程编码 and a.班级=b.班级编码 and a.学号=d.学号 and 课程名称='数据库应用' group by 班级名称,课程名称

练习 5-6：查询出成绩表的前 5 名（按成绩从大到小），要求输出学号、姓名、专业、班级、课程名称、成绩字段，按成绩由大到小顺序排序。具体结果如附图-8 所示。

select top 5 a.学号,姓名,专业名称 as 专业,班级名称 as 班级,课程名称,成绩 from 学生档案 a,专业档案 b,课程档案 c,成绩表 d,班级档案 e where a.专业=b.专业编码 and a.学号=d.学号

and c.课程编码=d.课程编码 and a.班级=e.班级编码 order by 成绩 desc

练习 5-7：查询出所有不及格的成绩。要求输出学号、姓名、专业、班级、课程名称、成绩，并按专业由大到小，课程名称由大到小，学号由小到大顺序排序。具体结果如附图-9 所示。

select a.学号,姓名,专业名称 as 专业,班级名称 as 班级,课程名称,成绩 from 学生档案 a,专业档案 b,课程档案 c,成绩表 d,班级档案 e where a.专业=b.专业编码 and a.学号=d.学号

and c.课程编码=d.课程编码 and a.班级=e.班级编码 and 成绩<60 order by 专业名称 desc, 课程名称 desc,学号

练习 5-8：查询出所有达到"优秀"（大于等于 90 分）的成绩。要求输出学号、姓名、专业、班级、课程名称、成绩，并按专业、课程名称、学号由大到小顺序。具体结果如附图-10 所示。

select a.学号,姓名,专业名称 as 专业,班级名称 as 班级,课程名称,成绩 from 学生档案 a,专业档案 b,课程档案 c,成绩表 d,班级档案 e where a.专业=b.专业编码 and a.学号=d.学号

and c.课程编码=d.课程编码 and a.班级=e.班级编码 and 成绩>=90 order by 专业名称 desc, 课程名称 desc,学号

练习 5-9：查询出参加"数据库应用"考试的总人数。要求输出课程名称、人数。具体结果如附图-11 所示。

```
select 课程名称,count(*) as 人数 from 课程档案 c,成绩表 d
  where c.课程编码=d.课程编码 and 课程名称='数据库应用' group by 课程名称
```

练习 5-10：查询出每个学生已经获得的总学分（不及格不算学分）。要求输出学号、姓名、总学分。具体结果如附图-12 所示。

```
select a.学号,姓名,sum(学分) as 总学分 from 学生档案 a,专业档案 b,课程档案 c,成绩表 d where
a.专业=b.专业编码 and a.学号=d.学号
and c.课程编码=d.课程编码 and 成绩>=60 group by a.学号,姓名
```

练习 6-1：用 Transact-SQL 语句给成绩表的"成绩"列创建索引 Index_CJ。

```
USE 学生成绩管理系统
GO
CREATE NONCLUSTERED INDEX index_ZJE ON 成绩表(成绩)
go
```

练习 6-2：用 Transact-SQL 语句给成绩表的"学号"列创建索引 Index_XH。

```
USE 学生成绩管理系统
GO
CREATE NONCLUSTERED INDEX index_XH ON 成绩表(学号)
go
```

练习 6-3：用 Transact-SQL 语句给成绩表的"课程编码"列创建索引 Index_KCBM。

```
USE 学生成绩管理系统
GO
CREATE NONCLUSTERED INDEX index_KCBM ON 成绩表(课程编码)
go
```

练习 6-4：建立一个视图 VIEW_CJ1，视图内容为 2012 经济信息管理 1 班的数据库应用成绩，要求输出班级、学号、姓名、课程名称、成绩字段。具体结果如附图-13 所示。

```
create view view_cj1 as
select 班级名称 as 班级,a.学号,姓名,课程名称,成绩 from 学生档案 a,班级档案 b,课程档案 c,成
绩表 d
where a.班级=b.班级编码 and a.学号=d.学号 and c.课程编码=d.课程编码 and 班级名称='2012 经济
信息管理 1 班' and 课程名称='数据库应用'
go
select * from view_cj1
```

练习 6-5：建立一个视图 VIEW_CJ2，视图内容为数据库应用所有的成绩，要求输出班级、学号、姓名、课程名称、成绩字段。具体结果如附图-14 所示。

```
create view view_cj2 as
select 班级名称 as 班级,a.学号,姓名,课程名称,成绩 from 学生档案 a,班级档案 b,课程档案 c,成
绩表 d
where a.班级=b.班级编码 and a.学号=d.学号 and c.课程编码=d.课程编码 and 课程名称='数据库应
用'
go
select * from view_cj2
```

练习 6-6：建立一个视图 VIEW_CJ3，视图内容为数据库应用所有不及格的成绩，要求输出班级、学号、姓名、课程名称、成绩字段。具体结果如附图-15 所示。

```
create view view_cj3 as
select 班级名称 as 班级,a.学号,姓名,课程名称,成绩 from 学生档案 a,班级档案 b,课程档案 c,成
```

绩表 d

where a.班级=b.班级编码 and a.学号=d.学号 and c.课程编码=d.课程编码 and 课程名称='数据库应用' and 成绩<60

go

select * from view_cj3

练习6-7：建立一个视图VIEW_CJ4，视图内容为商务英语写作的所有成绩，要求输出班级、学号、姓名、课程名称、成绩字段。具体结果如附图-17所示。

create view view_cj4 as

select 班级名称 as 班级,a.学号,姓名,课程名称,成绩 from 学生档案 a,班级档案 b,课程档案 c,成绩表 d

where a.班级=b.班级编码 and a.学号=d.学号 and c.课程编码=d.课程编码 and 课程名称='商务英语写作'

go

select * from view_cj4

练习6-8：建立一个视图VIEW_CJ5,视图内容为商务英语写作的所有不及格成绩，要求输出班级、学号、姓名、课程名称、成绩字段。具体结果如附图-18所示。

create view view_cj5 as

select 班级名称 as 班级,a.学号,姓名,课程名称,成绩 from 学生档案 a,班级档案 b,课程档案 c,成绩表 d

where a.班级=b.班级编码 and a.学号=d.学号 and c.课程编码=d.课程编码 and 课程名称='商务英语写作' and d.成绩<60

go

select * from view_cj5

go

练习7-1：创建不带参数的存储过程Proc_cj1，查询出陈小而的所有成绩，要求输出学号、姓名、专业、课程名称、成绩字段。执行该存储过程，具体结果如附图-19所示。

create proc proc_cj1

as

select a.学号,姓名,专业名称 as 专业,课程名称,成绩 from 学生档案 a,专业档案 b,课程档案 c,成绩表 d where a.专业=b.专业编码 and a.学号=d.学号

and c.课程编码=d.课程编码 and 姓名='陈小而'

go

exec proc_cj1

go

练习7-2：创建带参数的存储过程Proc_cj2，带有1个参数姓名，可以查询出指定学生的所有成绩，要求输出学号、姓名、专业、课程名称、成绩字段。执行该存储过程查询舞天姬的所有成绩，具体结果如附图-20所示。

create proc proc_cj2(@xm varchar(20))

as

select a.学号,姓名,专业名称 as 专业,课程名称,成绩 from 学生档案 a,专业档案 b,课程档案 c,成绩表 d where a.专业=b.专业编码 and a.学号=d.学号

and c.课程编码=d.课程编码 and 姓名=@xm

go

exec proc_cj2 '舞天姬'

go

练习 7-3：创建带 2 个参数的存储过程 Proc_cj3，2 个参数分别是班级和课程名称，可以查询出指定班级指定课程的所有成绩，要求输出学号、姓名、专业、课程名称、成绩字段。执行该存储过程，查询 2012 经济信息管理 1 班的数据库应用的所有成绩，具体结果如附图-21 所示。

```
create proc proc_cj3(@bj varchar(100),@kcmc varchar(100))
as
select a.学号,姓名,专业名称 as 专业,课程名称,成绩 from 学生档案 a,专业档案 b,课程档案 c,成
绩表 d,班级档案 e where a.专业=b.专业编码 and a.学号=d.学号
and c.课程编码=d.课程编码 and a.班级=e.班级编码 and 班级名称=@bj and 课程名称=@kcmc
go
exec proc_cj3 '2012 经济信息管理 1 班','数据库应用'
go
```

练习 7-4：创建带 2 个参数且有默认值的存储过程 Proc_cj4，2 个参数分别是班级和课程名称，其中班级参数有默认值 2012 经济信息管理 2 班，可以查询出指定班级指定课程的所有成绩，要求输出学号、姓名、专业、课程名称、成绩字段。使用默认值执行该存储过程，查询 2012 经济信息管理 2 班的数据库应用的所有成绩，具体结果如附图-22 所示。

```
create proc proc_cj4(@bj varchar(100)='2012 经济信息管理 2 班',@kcmc varchar(100))
as
select a.学号,姓名,专业名称 as 专业,课程名称,成绩 from 学生档案 a,专业档案 b,课程档案 c,成
绩表 d,班级档案 e where a.专业=b.专业编码 and a.学号=d.学号
and c.课程编码=d.课程编码 and a.班级=e.班级编码 and 班级名称=@bj and 课程名称=@kcmc
go
exec proc_cj4 @kcmc='数据库应用'
```

练习 8-1：给成绩表创建一个触发器，触发器名字 tri_cjb_cj，限制该表中的"成绩"字段只能是 0～100 的数字，以免成绩无意义。

```
Use 学生成绩管理系统
go
Create TRIGGER tri_cjb_cj
ON 成绩表
FOR INSERT,UPDATE
AS
If exists(select * from inserted where isnull(成绩,0)<0 or isnull(成绩,0)>0)
Begin
PRINT '成绩只能 0 到 100，更改失败！'
Rollback
End
go
```

练习 8-2：给成绩表创建一个触发器，触发器名字 tri_cjb_bz，当成绩小于 60 时，自动修改备注为"不及格"。

```
Use 学生成绩管理系统
GO
Create TRIGGER tri_cjb_bz
ON 成绩表
INSTEAD OF INSERT
```

```
AS
begin
    insert into 成绩表 select * from inserted
    update 成绩表 set 备注='不及格' where  成绩<60  and (学号 in (select 学号 from inserted ))
and (课程编码 in (select 课程编码 from inserted ))
end
GO
```

练习 8-3：创建一个 DDL 触发器，触发器名字 tri_disable_tabledrop，保护"学生成绩管理系统"数据库中的表不被删除。

```
Use 学生成绩管理系统
Go
create trigger tri_disable_tabledrop
on database
for drop_table
as
begin
    raiserror('学生成绩管理系统表不能被删除',16,10)
    rollback
end
go
```

练习 9-1：为用户 Victoria 创建一个 SQL Server 登录名，没有指定密码或默认数据库。

--在 SQLQuery 窗口中执行如下命令：

```
Use 学生成绩管理系统
Go
EXEC sp_addlogin  'Victoria'
Go
```

练习 9-2：将"学生成绩管理系统"设置为用户 Victoria 的默认数据库。

在 SQLQuery 窗口中执行如下命令：

```
Use 学生成绩管理系统
Go
EXEC sp_defaultdb 'Victoria',  '学生成绩管理系统'
Go
```

练习 9-3：将 Victoria 的登录密码改为 123456。

在 SQLQuery 窗口中执行如下命令：

```
Use  学生成绩管理系统
Go
EXEC sp_password '', '123456' ,'Victoria'
Go
```

练习 9-4：删除用户 Victoria 的登录名。

在 SQLQuery 窗口中执行如下命令：

```
Use  学生成绩管理系统
Go
DROP LOGIN Victoria
go
```

练习 9-5：添加一个登录名 db，其密码为 123456，默认连接到的数据库为"学生成绩管理系统"。

在 SQLQuery 窗口中执行如下命令：

```
use   学生成绩管理系统
Go
create login db with password='123456', default_database=学生成绩管理系统
go
```

练习 9-6：为数据库"学生成绩管理系统"添加一个用户 USER_TEST（对应登录名[db]），并将 db_owner 的角色赋予给该用户。

在 SQLQuery 窗口中执行如下命令：

```
use   学生成绩管理系统
Go
create user USER_TEST for login db with default_schema=dbo
go
exec sp_addrolemember 'db_owner', 'USER_TEST'
go
```

练习 9-7：为数据库"学生成绩管理系统"作一个完整备份到 D 盘，备份文件名为：学生成绩管理系统_备份。

在 SQLQuery 窗口中执行如下命令：

```
use   学生成绩管理系统
Go
BACKUP DATABASE  学生成绩管理系统  TO   DISK ='D:\学生成绩管理系统_备份'
go
```

练习 9-8：将练习 9-7 的备份文件还原为"学生成绩管理系统_NEW"。

在 SQLQuery 窗口中执行如下命令：

```
RESTORE DATABASE  学生成绩管理系统_NEW
    FROM DISK = 'D:\学生成绩管理系统_备份'
    WITH MOVE '学生成绩管理系统_data' TO 'D:\学生成绩管理系统.mdf',
    MOVE '学生成绩管理系统_log' TO 'D:\学生成绩管理系统_1.ldf',
STATS = 10, REPLACE
Go
```

练习 9-9：分离数据库"学生成绩管理系统_NEW"。

在 SQLQuery 窗口中执行如下命令：

```
EXEC sp_detach_db @dbname = '学生成绩管理系统_NEW'
go
```

练习 9-10：将练习 9-9 分离的数据库文件附加为"学生成绩管理系统_NEW"。

在 SQLQuery 窗口中执行如下命令：

```
EXEC sp_attach_db @dbname = '学生成绩管理系统_NEW ',
@filename1 = 'D:\学生成绩管理系统.mdf',
@filename2= 'D:\学生成绩管理系统_1.ldf'
Go
```